ISBN 978-3-662-23926-1
ISBN 978-3-662-26038-8 (eBook)
DOI 10.1007/978-3-662-26038-8

Die Variationen S/R und O/o insbesondere bei gramnegativen Darmbakterien (zur Variabilität, Differenzierung, Chemie, Toxikologie und Immunologie der Formtypen).

Von

E. Kröger.

Mit 19 Abbildungen.

Aus dem Hygiene-Institut der Universität Göttingen (Direktor Prof. Dr. F. Schütz).

Inhalt.

Einleitung.

Die bakteriellen Variabilitäten gewinnen im Rahmen der Forschungen zur Morphologie, zur Chemie, Physiologie, Pathologie und auch zur Genetik der Bakterien zunehmend an Bedeutung. Unter diesem Blickwinkel haben auch die sog. S (smooth-Glatt)- und R (rough-Rauh)-Formen vor allem der Pneumokokken und gramnegativen Darmbakterien verschiedentlich erneute und aufschlußreiche Bearbeitungen gefunden. Zweifellos erscheinen die S- und R-Formen für derartige Studien auch besonders geeignet. Es sind *natürliche Modelle,* bei denen zwei als Einzelorganismen sonst in Erscheinungs- und Lebensform weitgehend identische Bakterien sich im wesentlichen nur in einem glatten oder rauhflächigen Koloniewachstum (S, R) und manchmal auch der antigenen Wirkung der Zelleibsubstanzen (O/o) unterscheiden. In diesem Sinne sind auch Paralleluntersuchungen mit der S- und R- sowie O- und o-Form des gleichen Bacteriums entweder bei Erhalt jeweils der kompletten Bakterien oder Verwendung gleichartig hieraus gewonnener Substanzen von Erfolg. Da den nach ihren Antigenitätsmerkmalen als O-Antigene definierten Bakterienstoffen eine besondere Bedeutung für die in vivo-Reaktionen der Bakterien bei Makroorganismen wie Pathogenität (Virulenz, Toxicität, Pyrogenität), Schutzkörperbildung u. ä. zugeschrieben wird, interessieren vor allem auch die entsprechenden Parallelversuche bei unterschiedlichem Antigengehalt der Bakterien. S/R- und O/o-Variation der Bakterien sind bei allen diesen Untersuchungen als wesensverschiedene Merkmalssysteme der Bakterien jedoch streng auseinanderzuhalten. Mangels genügender Kenntnis der Zusammenhänge und Gegebenheiten ist dies im bisherigen Schrifttum leider unterblieben. Die folgende, auch diesen Erkenntnissen bereits Rechnung tragende Darstellung bemüht sich im übrigen nach der Schilderung der bisherigen Untersuchungen zum bakteriellen S/R- und O/o-Formenwechsel um die Einordnung der Ergebnisse dieser Untersuchungen in die bisherigen einschlägigen Lehrmeinungen der Mikrobiologie. Es wird sich dabei erweisen, wo diese letzteren zu bestätigen oder aber abzuwandeln sind.

I. S- und R-Formen bei verschiedenen grampositiven und gramnegativen Bakterien.

Dissoziationsvorgänge, d. h. das Auftreten von spontanen oder artifiziellen Varianten, sind bei Bakterien schon lange bekannt. Preiss (1911) berichtet schon über avirulente Varianten sonst virulenter Bakterien, Eisenberg (1914) und Bauch (1918) von serologischen Dissoziationen bei den verschiedenartigsten Gruppen von Erregern. Rainer Müller gibt an, daß seine Beschreibungen und Abbildungen von Wachstumsvariabilitäten in den Jahren 1909 und 1912, Béguin und Grabar (1952), daß die von Nicolle (1898), bereits den später als solche von Arkwright (1920) bei *gramnegativen Darmbakterien* mit S-(smooth-Glatt) und R (rough-Rauh)-Formen bezeichneten Kolonietypen entsprachen. Letztere hält Arkwright auch für identisch mit der schon 1913 von Lingelsheim beschriebenen „Q“-Form. Nach Arkwright sind es Schütze (1921) und vor allem Bruce White (ab 1925), die den S/R-Formenwechsel bei den gramnegativen Darmbakterien weiterbearbeiteten. Später folgt noch eine Fülle anderer Arbeiten mit meist ganz speziellen Gesichtspunkten, worauf im weiteren Verlauf der

Abhandlung zurückgekommen wird. In neuere Bakteriologielehrbücher oder Monographien hat die S/R-Variation inzwischen ebenfalls zunehmend Eingang gefunden (H. SCHMIDT 1940 und 1950, KAUFFMANN 1951 und 1954, DUBOS 1947, BRAUN 1947, SMITH und MARTIN 1948, BADER 1949, MILES und PIRIE 1949, GUNDEL 1950, KOLLE-HETSCH 1952).

Außer bei gramnegativen Darmbakterien sind S- und R-Formen bei folgenden Bakterien beschrieben worden:

Pneumokokken. Hier hat der S/R-Formenwechsel (s. Abb. 1) experimentell und für die Grundlagenforschung besonders interessiert, denn bei Pneumokokken gelangen erstmals in der Bakteriologie experimentell sichere in vivo- und in vitro-Typenwandlungen (GRIFFITH 1928, NEUFELD 1928, H. MEYER 1929, ALLOWAY 1932, HARRIS 1938, LANGWALD und NIELSEN 1944). DAWSON und Mitarbeiter (1931, 1932) erreichten dabei auch Umwandlungen von R-Keimen (des Pneumokokkentyps II) in S-Keime (vom Typ III) s. Kapitel XI. (Weiteres zu Pneumokokken s. S. 479, 577 und 580.)

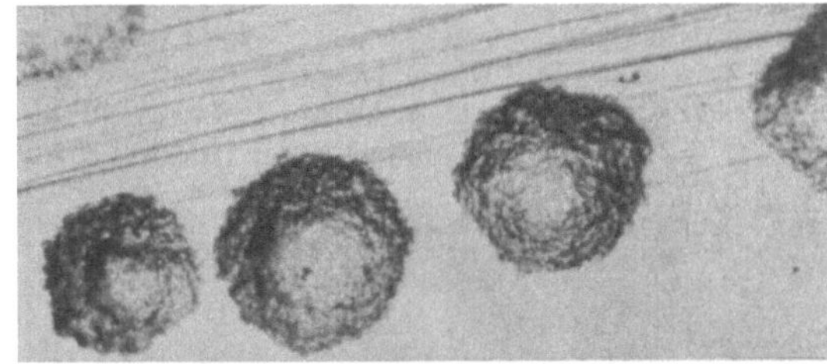
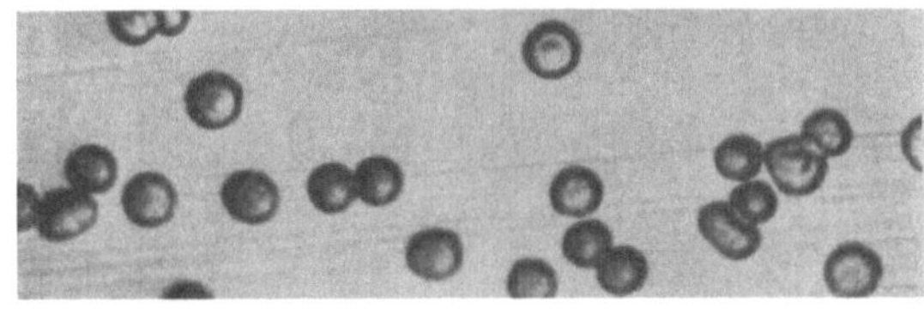

Abb. 1. Glatt (oben) und rauh (unten) wachsende Pneumokokken. (Nach AUSTRIAN 1953).

Besonders diskutiert wird weiter auch ein eventuell r S- und R-Formenwechsel bei *Diphtheriebakterien.* Schon YU beschrieb 1930 eine Dissoziation der Diphtheriebakterien in S- und R-Formen auf Blutagar. CHRISTISON (1934/35), MORTON (1940) und GRUMBACH 1945) erklären dann den trocken- und rauhwachsenden Gravistyp als R- und den feucht- und glänzendwachsenden Mitistyp als S-Form. MORTON (1940) fügte noch eine dem Intermedius entsprechende SR-Form und einen D („dwarf")-Formtyp bei. CLAUBERG und Mitarbeiter (1936) waren demgegenüber der Ansicht, daß ein jeder Kulturtyp seine S- und R-Formen abspalten könne. Für die Diphtheriebakterien vom Gravistyp hat jedoch schon CASELITZ (1949) auf Grund orientierender Untersuchungen ihre Deklarierung als „R-Formen" abgelehnt. Ebenso haben auch KRÖGER und THOFERN (1952) in eingehenderen Untersuchungen klargelegt, daß in der Tat die Diphtheriebakterien vom Kulturtyp Gravis nicht als R-Formen, sowie die Diphtheriebakterien vom Typ Mitis nicht als S-Formen in dem bei gramnegativen Darmbakterien bisher üblichen Sinne aufgefaßt werden können.

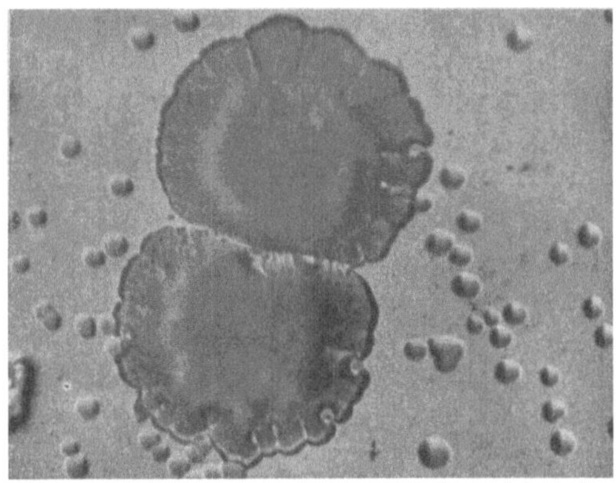

Abb. 2. R-Form von Staph. aureus. (Nach HOFFSTAEDT und YOUMANS.)

Das gleiche gilt auch für nicht suspensionsstabile *Streptokokken,* die GUNDEL und WÜSTENBERG (1937) und SEELEMANN (1948) zu den „Rauh"formen rechnen, während GRUMBACH z. B. Endocarditis lenta-Keime als Rauhformen deutet. Sonst wurden Dissoziationsformen hämolysierender Streptokokken von COWAN (1922—1924), TODD (1928), WARD und LYONS (1936) und DAWSON, HOBBY und OLMSTEAD (1938) angegeben. Die letzteren Autoren beschrieben dabei die heute üblichen 3 Streptokokkenformen M (mucoid), S (smooth) und

R (rough). Nach PAUL (1934) sollen Beziehungen zwischen Strept. viridans und R-Mutanten von Pneumokokken bestehen.

Weiter wurden S-, R- (und M[1] = Schleim- oder Kapsel-)Dissoziationsformen noch unterschieden bei

Staphylokokken: M-, S- und R-Formen (BIGGER und Mitarbeiter 1927, GILBERT 1931, HOFFSTAEDT und YOUMANS 1932, SWINGLE 1935), s. Abb. 2, S. 477;

Meningokokken: Angehörige der Gruppe II (SMITH und MARTIN 1948) R-Formen;

M. tetragenus: M-, S- und R-Form (REIMANN 1935);

H. influenzae: S- und R-Form (PITTMANN 1931, s. Abb. 3), M-, S- und R-Formen (SCHANDLER, FOTHERGILL und DINGLE 1937—1939);

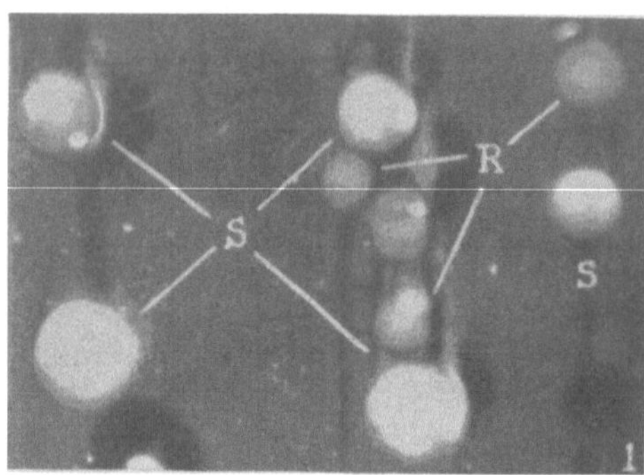

Abb. 3. S- und R-Form von H. influenzae. (Nach PITTMANN.)

H. pertussis: Dissoziationsformen I bis IV, dabei III und IV R-Formen (LESLIE und GARDNER 1951);

Klebs. pneumoniae: M-, S- und R-Form (OSTERMANN und RETTGER 1941, HUMPHERIES 1944);

Tuberkelbakterien: S- und R-Formen (PETROFF 1927, PETTROFF, BRANCH und STEENKEN 1929, PETTROFF und STEENKEN 1930, STEENKEN 1934—1935, SMITHBURN 1935, OATWAY und STEENKEN 1936, STEENKEN und GARDNER 1943, CRONIN 1952) s. Abb. 4a und b; weiteres zu den Tuberkelbakterien s. S. 480 u. 481 und Kapitel VI, 1.

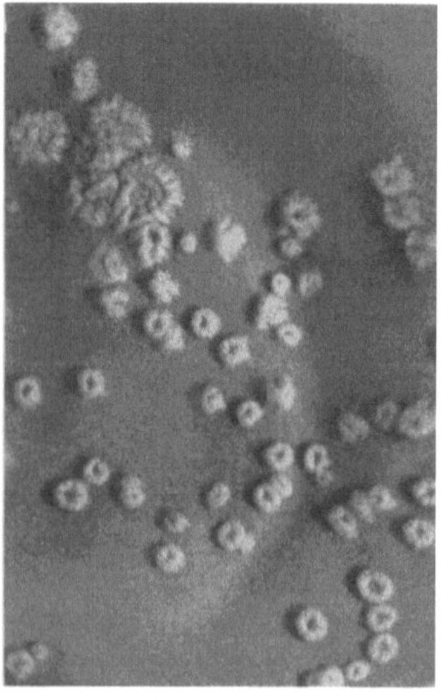

a

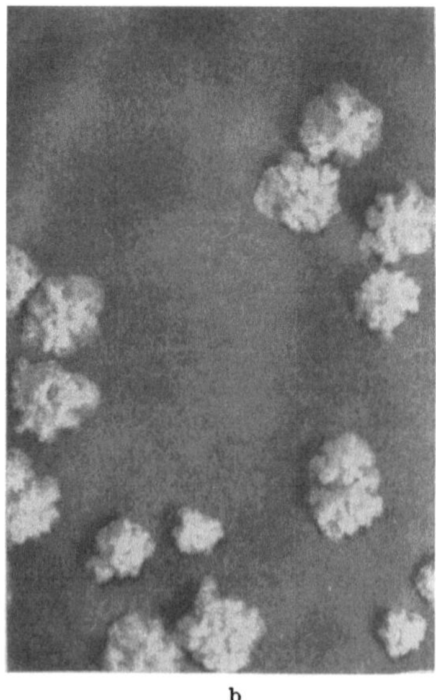

b

Abb. 4a u. b. R-Formen von Tuberkelbakterien. a) S-Form. b) R-Form. (Nach STEENKEN.)

Choleravibrionen: Dissoziationsformen (BAERTHLEIN 1911, P. EISENBERG 1912, BALTEANU 1926); S- und R-Formen (POPESCU, COMBIESCO und SORU 1934, DAMBROVICEANU, COMBIESCO und SORU 1934, SORU 1934); M-, S- und R-Formen (WHITE 1935—1940);

[1] Nach BRAUN (1947) sind M-Formen gewöhnlich bekapselt und im übrigen auch von S-Form-Charakter, jedoch auch typische M-Formen mit im übrigen R-Form- oder R-Form-ähnlichen Merkmalen beschrieben (REED 1937, MELLON 1942, BRAUN, BONESTELL 1947).

Ps. pyoceaneum: Pleomorphie (SCHÜRMAYER 1895), M-Form (SONNENSCHEIN 1927), S- und R-Form (SMITH und MARTIN);

Brucellen: R-Formen (PAMPANA 1931); A-, M- und R-Formen (MILES 1939), M-, S- und R-Formen (HUDDLESON 1940, MICKLE 1940, BRAUN 1946);

Past. tularensis: S- und R-Formen (EIGELSBACH, BRAUN und HERRING 1951); nicht salzempfindliche virulente und salzempfindliche nichtvirulente Formen (EIGELSBACH und Mitarbeiter 1951, AVI-DOR und YANIV 1952 und 1953);

B. anthracis: M-, S- und G-Formen (GRATIA 1924, NUNGESTER 1929), M-, S- und R-Form (STERNE 1937 und 1938, CHU 1952), S- und R-Formen (WILSON und MILES 1946);

„*Metadysenteriaebacillen*" (Castellani): S-, Intermediär- und R-Formen (AICHELBURG und BOGETTI 1934).

Zu der hier gegebenen Aufzählung ist entsprechend der bereits eingangs gemachten Andeutung ausdrücklich darauf zu verweisen, daß von den verschiedenen Autoren dabei unter S- und R-Formen nicht immer die gleiche Variation gemeint ist. Auch sind bei anderen als den gramnegativen Darmbakterien zum Teil schon Umbenennungen erfolgt, so bei *Pneumokokken* und *Tuberkelbakterien.* Anfangs wurden hier allgemein die SSS-haltigen (s. unten) und virulenten Pneumokokken und die virulenten Tuberkelbakterien ohne Rücksicht auf ihren morphologischen Kolonietyp als S-Form, die SSS-freien Pneumokokken und avirulenten Tuberkelbakterien als R-Formen bezeichnet. Später sind sowohl bei Pneumokokken durch Empfehlungen von DAWSON und Mitarbeitern (1938) und DUBOS (1946) und bei Tuberkelbakterien durch OATWAY und STEENKEN (1936) jedoch Änderungen dahingehend vorgenommen, daß die S- und R-Formenbezeichnung im Sinne der Bestrebungen auch dieser Darstellung für die gramnegativen Darmbakterien von der Kennzeichnung antigener Strukturveränderungen zunächst wieder gelöst wurde.

Bei *Pneumokokken* wurde leider jedoch nur der R-Formbegriff wieder mit dem morphologischen Erscheinungsbild der Kolonie in Verbindung gebracht. Die spezifische Polysaccharide enthaltenden Pneumokokken wurden mit M (Mucoid)-Form und nur die hiervon freien glattwachsenden Stämme als S-Form gegenüber der runzelig, faden- und mycelartig wachsenden morphologisch typischen R-Form (SHINN 1937) bezeichnet. Danach waren hier jetzt avirulente Pneumokokken nicht mehr nur R-, sondern S- oder R-Formen und die virulenten Keime nur M-Formen.

In der Folge sind diese Definitionen DAWSONS von TAYLOR (1949), AUSTRIAN und MACLEOD (1949) sowie AUSTRIAN (1953) erneut in Richtung der SSS-Eigenschaft abgewandelt worden,

Nomenclature of Pneumococcal Morphologic Variants.

GRIFFITH (1923)	DAWSON (1938)	TAYLOR (1949)	AUSTRIAN and MACLEOD (1949)	Proposed (AUSTRIAN 1953)	Antigen		
					C polysaccharide	M protein	SSS
Smooth (S)	Mucoid (M)	Smooth (S)	Encapsulated (S)	Non-filamentous capsulated (fil—S+)	+	+	+
Rough (R)	Smooth (S)	Rough (R)	Griffith rough (GR)	Non-filamentous non-capsulated (fil—S—)	+	+	—
—	—	—	—	Filamentous capsulated (fil+S+)	+	+	+
—	Rough (R)	Extreme rough (ER)	Dawson rough (DR)	Filamentous non-capsulated (fil+S—)	+	+	—

worüber vorstehendes Schema von Austrian (1953) Auskunft gibt. In dem Schema ist von Austrian noch das Kriterium des fadenförmigen Wachstums nach der Zellteilung als angenommene Ursache der unregelmäßigen und randgekerbten Oberfläche des betreffenden Kolonietyps angeführt (s. Kapitel II, 1).

Besser wäre sicher auch hier zur getrennten Kennzeichnung der morphologischen und antigenen Strukturveränderungen eine konsequente Bezeichnung entsprechend der im Kapitel III, 2 und XI, 3 begründeten S/R-*plus* O/o-Formbezeichnung bei den gramnegativen Darmbakterien (SC — glatt, bekapselt; Sc — glatt, nicht bekapselt; Rc — rauh, nicht bekapselt usw.).

Bei den *Tuberkelbakterien* ist die S/R-Bezeichnung wieder ganz auf das koloniemorphologische Erscheinungsbild festgelegt, wobei als bisher einziger Fall der bakteriologischen Nomenklatur dem morphologischen Kriterium das Virulenzkriterium der Stämme als offizielle Bezeichnung in besonderer Kennzeichnung beigefügt wird: z. B. R_v = rough, virulent; R_a = rough, avirulent; R_{in} = rough, intermediate; S_{ch} = smooth chromogenic; S_{cha} = smooth chromogenic, avirulent. Danach sind bei Tuberkelbakterien auch morphologische R-Formen avirulent *und* virulent (Petroff, Brands und Steenken 1930) sowie S-Formen teils hochvirulent (Smithburn 1935), teils wenig virulent (Petroff und Steenken 1930 und Steenken 1935).

II. Die Morphologie der S- und R-Formen.

1. Das makroskopische Koloniebild der S- und R-Form auf festem Nährsubstrat.

Seit Arkwright werden die S- und R-Formen gramnegativer Darmbakterien wie folgt beschrieben: Die S-Formen erscheinen auf festem Nährsubstrat rund, glatt, gewölbt und mehr oder weniger glänzend, die R-Formen dagegen flach, rauh, matt und mit unregelmäßiger Begrenzung. Typische *makroskopische* Bilder einer S- und einer R-Form zeigt die Abb. 5 (Kultur nach 24 Std Brutschrank 37° und 1 Tag Zimmertemperatur):

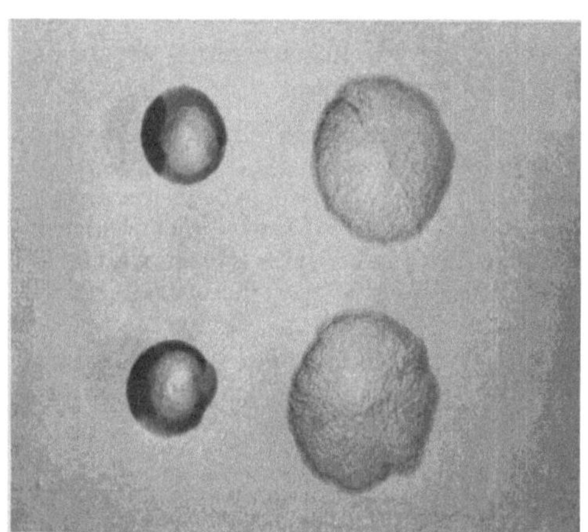

a b

Abb. 5. Morphologisch typische S- und R-Form von S. paratyph. B (Stamm „Kröger B I"). a) S-Form b) R-Form.

Ebenfalls recht eindrucksvoll dokumentieren sich die Formunterschiede unter dem Phasenmikroskop. Abb. 6 zeigt entsprechende Aufnahmen einer 3stündigen Nähragarkultur des gleichen Stammes von J. v. Prittwitz und Gaffron (1952).

2. Die Feinstruktur der S- und R-Kolonien.

Das *Zustandekommen* der unterschiedlichen Kolonieformen ist wie bei Pneumokokken (Griffith 1923, Dawson 1934, Austrian 1953) auch bei den gramnegativen Darmbakterien in der Literatur von mehreren Autoren auf eine *verschiedene Teilungsart* und sich daraus ergebende unterschiedliche *Lagebeziehungen* zwischen den einzelnen Bakterien in Verbindung gebracht worden.

K. Hu (1936) stützt sich hierbei auf Studien an Einzellkulturen. Nach ihm kommt es bei stumpfwinkliger Lage der sich teilenden Bakterien zueinander zu kreisförmiger „glatter"

Anordnung. Bei Tendenz jedoch, in der Teilung sich in gerader Linie anzulegen, würden Bakterien aus ihrer Lage herausgedrängt, die bei Innehaltung ihrerseits der gleichen Teilungsform zu gekräuselt und „rauh" angeordneten Bakterienreihen führten.

Auch SEAL (1937) sowie ROELCKE und INTLEKOFER (1938) sind die Ansicht, daß Zellteilung und Wachstum bei rauhen und glatten Formen nicht gleichartig seien. Bakterien von *glatten* Stämmen teilten sich rascher und bildeten schneller größere Nester, wobei die Zellen dichter aneinander hingen und Klumpen ergäben. Die einzelnen Individuen der

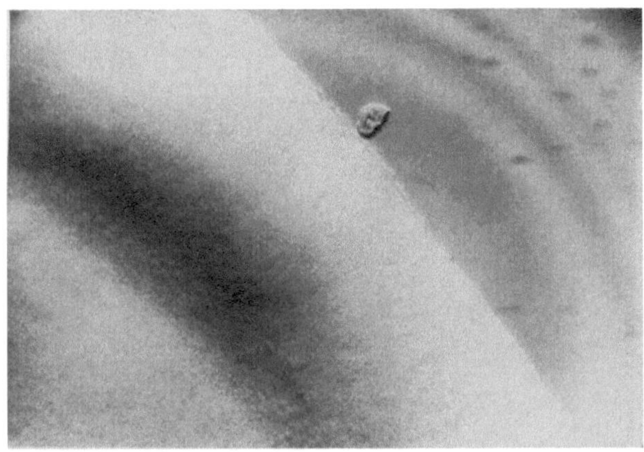

a

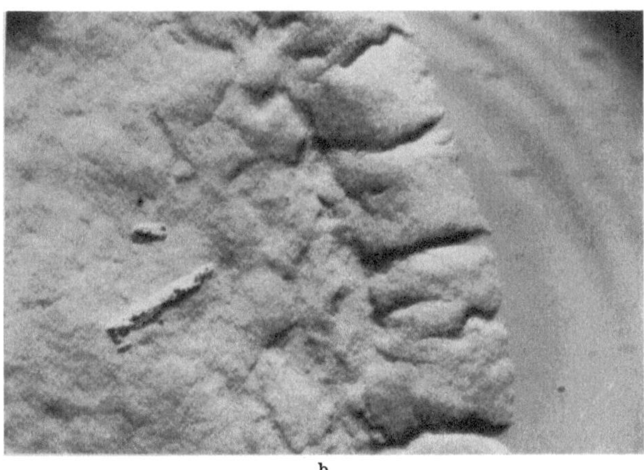

b

Abb. 6 a u. b. S. paratyph. B-Stamm „Kröger B I". Phasenkontrastachromat 10fach, schräg. Vergr. 1:60. a S-Form. b R-Form.

Rauhformen seien wesentlich plumper und weit weniger beweglich; dadurch entstünden lange Ketten, die sich in Bändern und Wellen parallel zum Kolonierand anordneten, während die glatten Kolonien am ehesten mit einem Streichholzhaufen zu vergleichen seien. So weise der Kolonieaufbau mit der *Lagerung der einzelnen Stäbchen* beginnend deutliche Unterschiede auf.

Ähnliche Angaben finden sich auch bei DUBOS (1947) und SMITH und MARTIN (1948) auf Grund von entsprechenden Mitteilungen von BISSET (1938) und KAHN (1939), wobei nach späteren Mitteilungen von BISSET (1952 u. 1953) die R-Formzelle auch über eine „characteristic septate structure" verfügen soll.

Diese Angaben erscheinen unter dem Blickwinkel der heute durch die Phasenkontrastmikroskopie verbesserten Möglichkeit der Verfolgung des Bakterienwachstums von Beginn der Teilungsphasen an nicht mehr nur von grundsätzlichem, sondern auch von praktischem Interesse. Es würde sich dann unter Umständen eine einfache Methodik zur Differenzierung von S- oder R-Form in Zweifelsfällen ergeben, ebenso die Überprüfung der Reinheit dieser Formen erleichtert sein. (Die hier durchaus vorhandenen und leicht zu Fehldeutungen führenden Schwierigkeiten sind in Kapitel V geschildert.)

Auf Veranlassung des Verfassers hat daher zur Überprüfung der obigen Angaben J. v. Prittwitz und Gaffron (1952) in unserem Institut einige der in

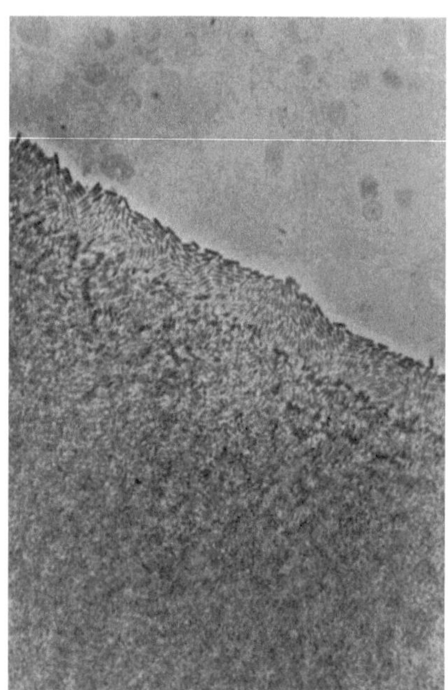

a

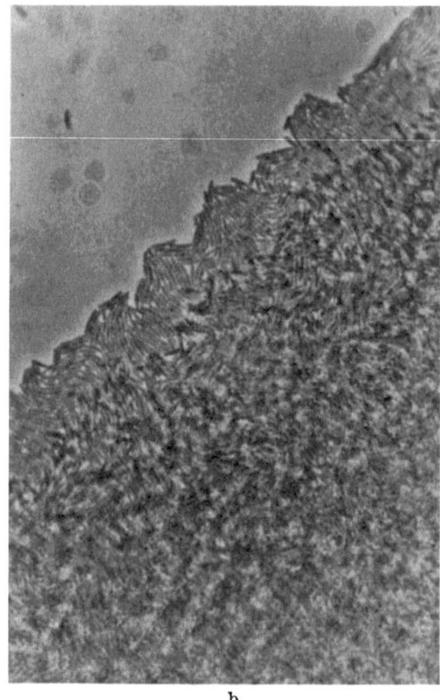

b

Abb. 7a u. b. S. paratyph. B (Stamm Kröger B III). Phasenkontrastachromat 42fach. Vergr. 1:900. a) S-Form. b) R-Form.

den folgenden Kapiteln öfter zitierten und vom Verfasser experimentell verwandten S- und R-Formen unter dem Phasenkontrastmikroskop in ihrem Wachstum verfolgt. Das praktisch gleichlautende Ergebnis sei mit den Abb. 7 und 8 von 3stündigen Nähragarkulturen von S. paratyph.-B-Stämmen demonstriert (Methodik der Bildgewinnung s. v. Prittwitz und Gaffron).

J. v. Prittwitz und Gaffron faßt ihre hier mit den Abb. 7 und 8 gezeigten Untersuchungsergebnisse anders als neuerlich Candelli und Pitzurra (1935) dahingehend zusammen, „daß es nicht gelungen ist, mit den Mitteln des Phasenkontrastmikroskops aus dem Aussehen und der Lagerung *einzelner* Stäbchen bereits junge Kulturen gramnegativer Darmbakterien auf festen Nährböden der Rauh- oder Glattform des betreffenden Stammes zuzuordnen".

Eine genaue Identifizierung ergab sich erst dann, wenn die Kolonie schon *makroskopisch typische Merkmale* aufwies. Der Unterschied beruhte aber auch da nicht auf den Lagebeziehungen der *einzelnen Keime* zueinander, die im Gegensatz zu mikroskopischen Befunden anderer Autoren in jeder Phase der Untersuchungen für Glatt- und Rauhformen nicht unterschiedlich gefunden wurden. Nur bei der Betrachtung der Kolonie mit schwächeren

Vergrößerungen ergaben sich auffällige Änderungen von *Stäbchengroßverbänden*, wobei die Frage entstand, ob diese Gruppierung mit bestimmten Antigeneigenschaften der Bakterien (Vorhandensein oder Fehlen des O-Antigens) vielleicht ursächlich verknüpft sei. Häufig sah man innerhalb der Kolonie Partien, die mit dem makroskopischen Gesamteindruck nicht übereinstimmten, so daß die Untersucherin geneigt war, nur von einem Überwiegen des glatten oder rauhen Typus im Erscheinungsbild zu sprechen.

Wie die diagnostische Tabelle in Kapitel V zeigt, waren die hier beobachteten S-Formen sämtlich Stämme mit komplettem O-Antigen und enthielt nur die R-Form von S. paratyph. B-Stamm Kröger B II restliche O-Anteile. Serologisch merkbare Beziehungen zwischen diesen vom Gesamteindruck abweichenden Partien und der antigenen Struktur dieser Bakterien bestanden also nicht. Auf Grund der später zu schildernden Nährbodenabhängigkeit des S- und R-Formenbildes (s. Kapitel XI, 2) dürften diese Partien möglicherweise als Zeichen nicht gleichmäßiger Reaktion aller Keime einer S- und R-Kolonie auf die gleichen Nährbodenbedingungen anzusehen sein.

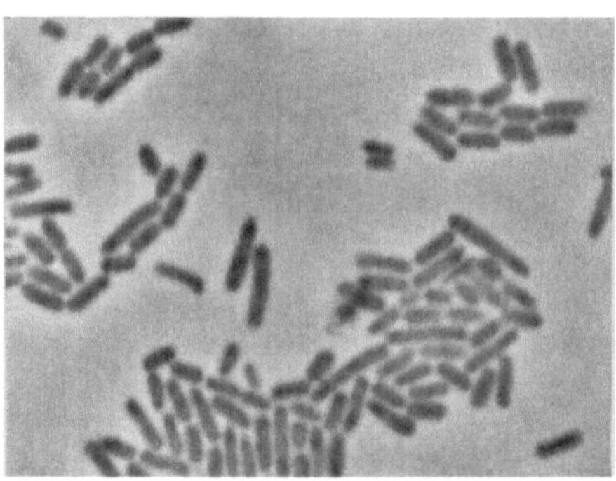

a

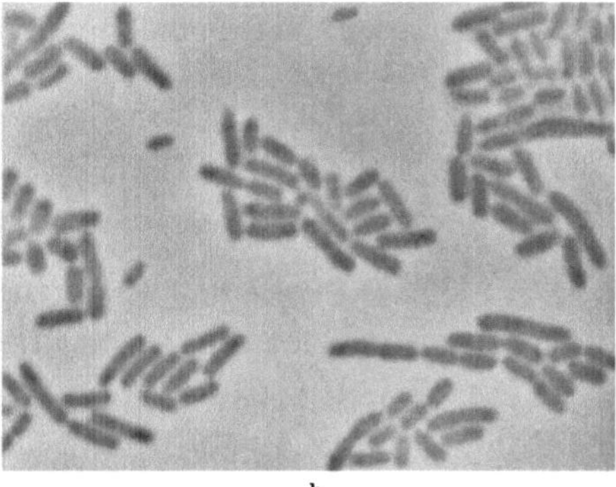

b

Abb. 8 a u. b. S. paratyph. B (Stamm Kröger B II). Phasenkontrastölimmersion 90fach. Vergr. 1:2000. a) S-Form. b) R-Form.

Diese Untersuchungen zeigen, daß jedenfalls phasenkontrastmikroskopisch die S- und R-Eigenschaften gramnegativer Darmbakterien sich in der *Feinstruktur* der einzelnen Kolonien der betreffenden Keime unmittelbar nach der Zellteilung nicht eindeutig äußern.

J. v. PRITTWITZ und GAFFRON hat dann noch ergänzende Versuche angestellt, ob mit Hilfe der Membranfärbung nach GUTSTEIN (Fixierung, Tanninbehandlung, Färbung) und der FEULGENschen Nuclealreaktion oder der n/HCl-Giemsa-Methode ROBINOWs (Fixierung, Hydrolyse, Färbung, Differenzierung und Gegenfärbung) eine Differenzierung und Einordnung der einzelnen Bakterien als Rauh- oder Glattform möglich sei; ebenfalls mit negativen Ergebnissen.

Damit wird unterstrichen, daß die Formeigenschaften S und R sich nicht *in morphologischen Kriterien* eines *einzelnen Bacteriums äußern*. Der morphologische Unterschied S oder R dokumentiert sich erst im größeren Bakterienverband, weshalb man mit anderen Worten sagen möchte, daß er demnach kein „Individualsymptom", sondern ein „Gruppen- oder Gemeinschaftskriterium" ist.

Im übrigen ist ein Unterschied der S(O)- und R(o)-Kulturen gelegentlich, aber mit Ausnahmen nicht systematisch (s. auch KOLLER 1948 und Kapitel IX) in einzelnen *fermentativen* Leistungen und dem *Grad* der *Schleimwall*bildung vorhanden, wie dies auch mit den Teststämmen des Verfassers wieder festgestellt werden konnte. Ein regelmäßiger Unterschied soll jedoch nach den quantitativen Untersuchungen von FELIX und PITT (1951) auf Grund besserer Anpassungsfähigkeit und größerer Anspruchslosigkeit der R(o)-Formen in der *Vermehrungsfähigkeit* bei *künstlicher* Kultivierung bestehen (s. hintere Spalten der Tabelle 17d, S. 542, Kapitel VI), was aber ebenfalls nicht immer zutrifft und wesentlich auch von den Kulturbedingungen abhängt (s. Kapitel XI und BRAUN 1947).

Die Unabhängigkeit von Zell- und Koloniemorphologie voneinander wird dann auch für andere Bakterien noch berichtet, so von Reimann (1936 und 1937) für Microc. tetragenus, Reed (1937) für S. marcescens, Mayer (1938) für B. vermiforme, Gillespie und Rettger (1939) für B. megatherium, Ostermann und Rettger (1941) für die Friedländer- und Coli-Aerogenes-Gruppe und von Humphries (1944) für Kleb. pneumoniae.

3. Die S- und R-Form im flüssigen Nährsubstrat.

Wie auf festen Nährböden sollen sich bereits nach den Angaben von Arkwright S- und R-Formen gramnegativer Darmbakterien makroskopisch auch in ihrem Wachstum in *flüssigen* Nährsubstraten unterscheiden. S-Formen wachsen danach mit diffuser Trübung einer Nährbouillon, demgegenüber R-Formen spontan sedimentieren und dann einen Bodensatz bei klar überstehender Nährflüssigkeit bilden. Diese Wachstumseigentümlichkeiten sind jedoch mit dem Problem der unterschiedlichen Salzempfindlichkeit der S- und R-Formen verknüpft, weshalb erst in dem späteren Kapitel IV näher hierauf eingegangen wird.

III. Die antigene Struktur der S- und R-Formen der gramnegativen Darmbakterien (O- und o-Formen).

1. Zur Antigenstruktur gramnegativer Darmbakterien.

Im Zusammenhang mit den Studien zum S/R-Formenwechsel interessieren *nur die ,,Körper''antigene* der gramnegativen Darmbakterien. Hierzu kann im wesentlichen an die früheren Ausführungen von Bader in dieser Zeitschrift angeknüpft werden. Im Hinblick auf die später folgenden Ausführungen sei nur noch folgendes kurz wiederholt oder als Ergänzung hinzugefügt:

Die *O*-Antigene stellen mit dem *Vi*(Virulenz)-, dem *M*(mucosus)- und dem *R*(Rauh)-Antigen die Körperantigene dar, zu denen eventuell noch besondere „Tiefenantigene" (ς_1- und ς_2-Antigen von Bruce White 1932, I-, R- und ς-Antigen von Rauss 1940) kommen.

Die *O-Antigene* tragen ihre Bezeichnung nach der — da unbegeißelt — *ohne* Hauch wachsenden O-Form der Proteus-Stämme (Weil und Felix 1920), demgegenüber die begeißelte Form mit *Hauch* wächst (H-Form). Die O-Antigene sind hitzestabi,l druckfest (Vignais und Mitarbeiter 1954) und nach der geltenden Lehrmeinung mit dem „Endotoxin" identisch (H. Schmidt 1950, Prigge 1952). Sie agglutinieren körnig, werden mit römischen Ziffern bezeichnet und sind in den meisten gramnegativen Darmbakterien zu mehreren vorhanden. Eines der O-Antigene ist häufig mehreren Typen einer Art gemeinsam und charakterisiert damit die Gruppenzugehörigkeit innerhalb der Art. Es gibt einzelne O-Antigene, die auch auf andere Gruppen übergreifen wie z. B. das Antigen XII der Salmonellabakterien. Chemisch sind die O-Antigene Verbindungen von Kohlenhydraten und Lipoiden (Lipoid A und B, s. unten), weshalb auch die von Boivin eingeführte Bezeichnung „Glucolipoide" sich einbürgerte. Die O-Antigene sind chemisch noch wenig (s. Kapitel V, 2), durch Phagen jedoch z. B. bereits das IX-Antigen von Typhus- und Gärtner-Bakterien unterscheidbar (Billaudelle 1950). Für die antigene Wirksamkeit der O-Antigene ist der Polysaccharidanteil von Bedeutung, der für sich allein nur als typisches „Hapten" angesehen wurde („residual" Ag nach Boivin) und nach den Erkenntnissen aus den Morganschen Arbeiten bei Ruhrbakterien erst durch „konjugiertes" Protein zum „Vollantigen" komplettiert werden soll (Morgan und Partridge 1940—1942). Das Polysaccharid ist in dem O-Komplex die Determinante für die Spezifität, die Phospholipoidkomponente B gilt für die Antigenwirkung der O-Antigene belanglos. Sie schien nach H. Schmidt vielleicht an der pharmakologisch-toxisch (enterotropen) Wirkung des Antigens beteiligt, demgegenüber jedoch schon früher O. Westphal das O-Vollantigen-, den Kohlenhydratprotein- und den Kohlenhydratlipoid(B)-komplex gleich toxisch fand. Auch nach Helmert und Heymann (1951), Peter (1951) sowie Cmelik (1952 und 1953) kommt dem Phospholipoid (B)-Anteil des O-Komplexes an den biologischen Wirkungen des letzteren keine essentielle Bedeutung zu.

Die O-spezifischen Polysaccharide wurden dann genauer als O-Lipopolysaccharide gefunden (phosphoryliertes Polysaccharid + Lipoid A — s. unten). Nach O. Westphal und Lüderitz (1954) läßt sich daher unter Berücksichtigung auch der Untersuchungsergebnisse von Morgan und Partridge bei Ruhr- und Typhusbakterien (s. oben), von Miles und Pirie (1939) bei Brucellen und von Goebel und Mitarbeiter (1940—1945) bei Flexner-Ruhrbakterien der O-Komplex mit seinen im genuinen Material aneinander gebundenen Komponenten zur Zeit am besten wie folgt in einem Schema wiedergeben:

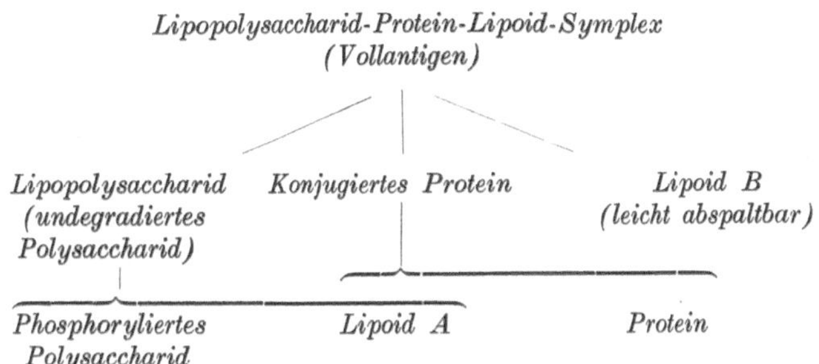

Am Aufbau der genuinen Symplexe sind die Komponenten ungefähr folgendermaßen beteiligt: ~ 45—60% phosphoryliertes Polysaccharid, ~ 5—15% Phospholipoid A, ~ 15—20% Protein und ~ 10% Phospholipoid B. Der genuine Symplex wird im allgemeinen in einer Ausbeute von 5—10% aus den Bakterien gewonnen.

Die O-Lipopolysaccharide stellen sich in diesem Symplex als elektrophoretisch einheitliche hochmolekulare wasserlösliche Substanzen dar, die auch z. B. bei Kaninchen (Morgan und Pirie 1939—1941, Kröger 1953, Hurni unveröffentlicht) noch deutlich antigen und auch nach Homma und Mitarbeiter (1951/52), Takeda (1953), Ogata (1953), Hurnie (unveröffentlicht) noch beträchtlich Schwarzmann-aktiv sind. Weitere Untersuchungen ergaben die Bedeutung des Lipoidanteils A hier für die Toxicität und auch für bestimmte andere Reizstoffeigenschaften der Lipopolysaccharide der gramnegativen Darmbakterien (s. Kapitel VI). (Weiteres zur Chemie der O-Antigene s. Kapitel V, 2 und zu ihrer Bedeutung für die Pathogenität Kapitel VI.)

Nach Miles und Pirie (1949) bilden im übrigen die O-Antigenkomplexe wahrscheinlich eine 5 mμ dicke Auflage auf der Lipoproteidcharakter tragenden *cytoplasmatischen Zellmembran* (s. Abb. 9a u. b — Salton und Horne 1951 und 1952 und unter 3). Nach Weidel und Mitarbeiter (1954) besteht dabei die Membran aus einem phenolunlöslichen Anteil als Grundgerüst, während phenollösliche Lipoide und Lipoproteide vermutlich als Deckschicht darüberliegen. Bestimmten Zuckerbausteinen aus der Zellmembran der O-haltigen Formen kommt nach Goebel und Jesaitis (1953), sowie Weigel (1954) anscheinend eine Bedeutung für die Phagenrezeption der Zellen zu (s. Kapitel X).

Das *Vi-Antigen* (s. Jude 1950) — wegen seines vermuteten Zusammenhangs mit der Virulenz der Typhusbakterien von Felix und Pitt (1934) so bezeichnet (s. Kapitel VI) — ist im Gegensatz zu den O-Antigenen thermolabil und gegenüber hohen Drücken unterschiedlich empfindlich (Vignais und Mitarbeiter 1954). Die Thermolabilität bedeutet nach Rauss und Vertényi (1952) jedoch nicht eine Zerstörung des Vi-Antigens durch Hitze, sondern nur die hierdurch erfolgende Ablösung von der Bakterienzelle, weshalb es auch in den Zentrifugatüberständen erhältlich ist. Das Vi-Antigen ist ebenfalls ein Glucolipoid („polyside Vi-Hapten" — Grabar und Corvazier 1951), jedoch chemisch von den O-Antigenen unterscheid- und abtrennbar, sowie weniger toxisch als diese letzteren (Boivin und Mesrobeanu 1938, Henderson und Morgan 1938, Félix und Pitt 1951, s. Kapitel V, 2).

Es verursacht O-Inagglutinabilitäten und hat insoweit auch für die praktische bakteriologische Diagnostik eine Bedeutung. Der Nachweis serologisch gleichen, nur im physikalisch-chemischen Verhalten unterscheidbaren Vi-Antigens (Felix 1952) erfolgte bisher bei Typhus- und einigen anderen Salmonellabakterien (Paratyphus C, S. Newport, S. ballerup, S. Hormaedei, Kauffmann 1935, Rouchdi 1938, 1939, Kauffmann und Møller 1940), sowie bei Colibakterien (Boivin 1941, Kauffmann 1941) und bei einem Pasteurellastamm (Pirosky 1938). Die Differenzierungsmöglichkeit von Typhusbakterien durch hochspezifische Vi-Phagen (Craigie und Yen 1938, Craigie und Felix 1947) in mehr als 30 Typen (Brandis 1953) spricht für eine sehr viel ausgeprägtere Konfigurationsspezifität gegen Phagen, als die Reichweite der serologischen Spezifität bisher festzustellen gestattet (H. Schmidt 1950). Die hauptsächliche biologische Funktion des Vi-Antigens sehen Felix und Pitt (1951) im Schutz des O-Antigens gegen die Wirkung natürlicher oder Immunantikörper und damit des Bacteriums gegen eine Serumwirkung (s. Kapitel VI, 1 und 2). Vi-Antigene sind dann noch von Felix und Pitt (1936) für S. paratyph. A, B und tyhimurium beschrieben und dabei mit Hilfe spezifischer Phagen jeweils verschiedene Untertypen (z. B. für S. paratyph. A und B bisher 9 bzw. 10) festgestellt (Felix und Callow 1943 und 1951, Nicolle und Mitarbeiter 1953). Vi-ähnliche Antigene fanden Braun und Unat (1942/43) bei Bakterien der Alkalescensgruppe (Kauffmann 1949), bei denen Archer (1942) ebenfalls schon einen hitzelabilen, O-Inagglutinabilität verursachenden Faktor beschrieben hatte. Für Shiga-Ruhrbakterien beschrieben ähnliches Schuetze (1944), dessen Befunde durch Olitzki, Schelubsky und Koch (1946) sowie Schelubsky und Olitzki (1947, 1948) bestätigt wurden, weiterhin Madsen (1949) mit einer Anzahl von O-inagglutinablen Sh. flexneri- und Sh. boydis-Stämmen ebenso Bader (1951) bei Sh. flexnerie 6. Jedoch konnten all diese Antigene chemisch noch nicht definiert werden (Morgan, Felix 1949).

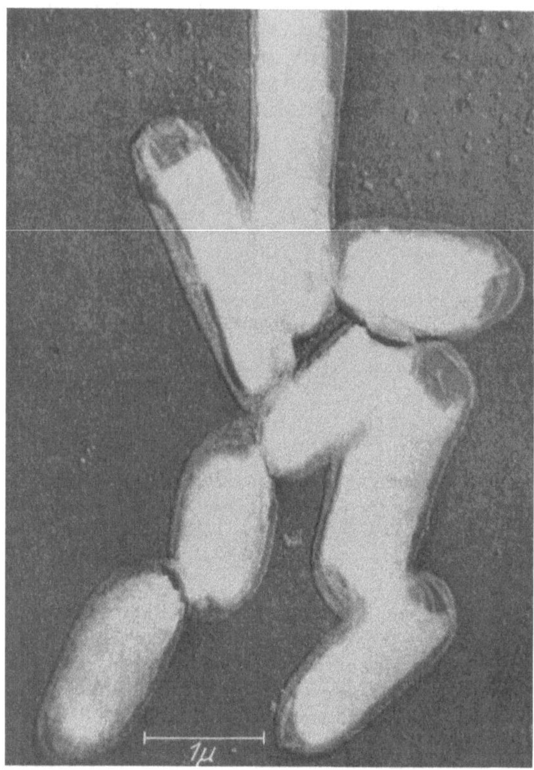

Abb. 9a.

Von Kauffmann u. a. besteht Neigung derartige Vi-ähnliche Antigene den Hüll- oder Kapselantigenen (s. unten) zuzuordnen, was von Felix (1951) jedoch abgelehnt wird, wie zwischen beiden genannten Autoren auch noch differente Auffassungen zu den Beziehungen von Vi- und Salm. O V-Antigen bestehen.

Das *M-Antigen* (Kauffmann) hat größere Bedeutung bisher nicht erlangt. Mit seiner Hilfe läßt sich die Identität des Schleimes von Salmonella-Paratyphus B und Salmonella-Potsdam erweisen. Positive Reaktionen mit M-Serum ergaben zunächst nur Paratyphus B-Bakterien, später dann jedoch eine ganze Anzahl von Salmonellatypen, bisher insgesamt 12 (Bader 1949, H. Schmidt 1950).

Das *R-Antigen* der Salmonellabakterien — wegen seiner angenommenen Verbreitung von Schütze (1921) als „kosmopolitisches" Antigen bezeichnet — findet sich auch nach Ide (1938) bei R-Formen vieler Salmonellabakterien unabhängig von der Gruppenzugehörigkeit, nach BOIVIN und Mitarbeitern (1942) vereinzelt auch bei Colibakterien, jedoch nicht bei R-Formen von Ruhrbakterien (IDE). Nach GRINNELL (1931) sowie BOIVIN (1942), KRÖGER (1953), BÉGUIN und GRABAR (1953) kommt es auch in S-Formen von Salmonellabakterien vor (s. unter 2). Das R-Antigen ist thermostabil. Seine chemische Natur könnte nach H. SCHMIDT dem konjugierten Protein entsprechen, nach WHITE (1927) und W. BRAUN (1947) ist es ein Lipoidkomplex, nach DEKKER und Mitarbeiter (1946) eine amphotere Substanz mit isoelektrischem Punkt bei $p_H{}^2$ und 2,5. Im Sinne der Vermutung auch von GRINNEL (1931) reagierten bei KRÖGER (1954) quantitative *Proteinfraktionen aus O- und o-Formen mit R-Antikörpern* (s. Kapitel V, 2).

Alle bisher erhaltenen R-Antigenpräparate waren auch reich an Polysacchariden, die im Gegensatz zu den Verhältnissen bei den O-Formen hier nicht für den serologischen Charakter der R-Formen verantwortliche Substanzen sind (WHITE 1931, MALEK 1938, MACKENZIE und PIKE 1939, HENDERSON 1939, BOIVIN 1939, KRÖGER 1954 — s. Kapitel V, 2). Das R-Antigen war für BOIVIN (1939) nicht toxisch aber antigen, jedoch sind o-endotoxische Wirkungskomplexe in Ro-Formen inzwischen festgestellt (MONDOLFO und HOUNIE 1947, BOROFF 1949, TAL 1950, DIGEON und Mitarbeiter 1952, KRÖGER 1952 und 1953, WESTPHAL und LÜDERITZ 1954 — s. Kapitel VI, 2 und VII).

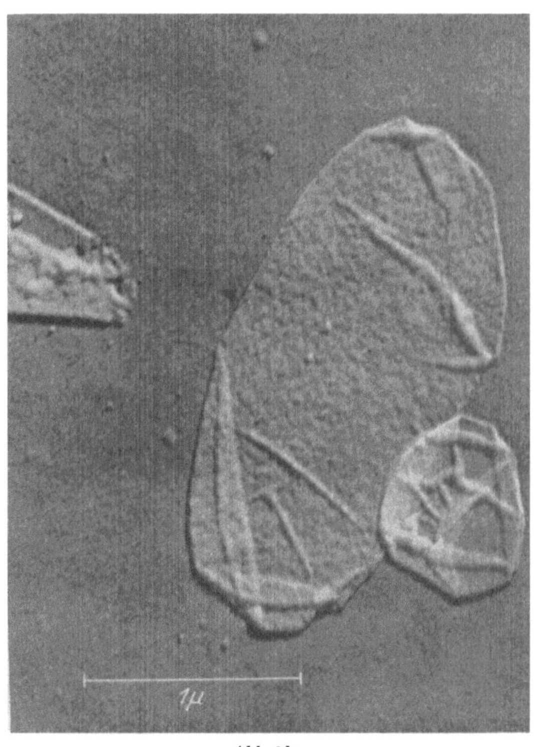

Abb. 9b.

Abb. 9a u. b. Elektronenoptische Aufnahmen von Zellmembranen bei E. coli (links gewaschene Zellen mit bereits erkenntlicher Membran, rechts durch Erhitzen und Auszentrifugieren gewonnene isolierte Membran). (Nach SALTON und HORNE 1951).

Auch das R-Antigen soll komplex sein und nach HENDERSON (1939) aus 2 *proteinfreien* Antigenen bestehen. Das eine soll dabei wahrscheinlich oberflächlicher und das andere in den tieferen Schichten des Bakterienkörpers bei S- und R-Stämmen vorhanden sein und letzteres dem R- und ς-Antigen von BRUCE WHITE (1932/33) entsprechen. Demgegenüber sind für WHITE das ς- und für KRÖGER das R-Antigen Proteine bzw. *proteinhaltig* (Kapitel V, 2). Vom R-Antigen trennte RAUSS (1940) noch ein über dem R-Antigen liegendes und als erste Phase der R-Variation „vorübergehend bei jedem Stamm auftretendes" besonderes Tiefenantigen für sog. Intermediärformen ab (I-Antigen).

Von den ebenfalls O-Inagglutinabilität verursachenden *Hüll-* oder Kapselantigenen L, A und B der Colibakterien (KAUFFMANN mit Mitarbeitern 1943—1947) sind die L-Antigene thermolabil und in ihrer chemischen Zusammensetzung unbekannt. Die A-Antigene sind Polysaccharide und thermostabil, die B-Antigene wiederum chemisch unbekannt und thermolabil bezüglich ihrer Fähigkeit, die Colibakterien inagglutinabel zu machen, und thermostabil bezüglich ihrer Antikörperbindungsfähigkeit. Außer bei Colibakterien sollen nach LAUTROP (1950) sowie OEDING (1950) Diphtheriebakterien und nach THULE (1948) Streptokokken den L-Antigenen entsprechende Hüllantigene enthalten, zu welcher Frage an anderer Stelle kritisch Stellung genommen wurde (KRÖGER und THOFERN 1952). Bei Ruhrbakterien (Sh. boydis) beschreiben erstmals EWING, EDWARDS und HUCKS (1951) ein Kapsel (K)-Antigen mit Beziehungen zum

Kapselantigen der Klebsiellatypen 21 und 11, jedoch keinen Beziehungen zu den 59 K-Antigenen der E. coli-Gruppe (s. zu den Hüllantigenen auch oben unter Vi-Antigen).

Die *H-Antigene* sind nach H. Schmidt (1940) die Geißelsubstanz, der H-Receptor mit Craigie die morphologische intakte Geißel. Die H-Antigene haben möglicherweise Eiweißnatur (H. Schmidt 1950), sind gegen hohe Drücke empfindlich (Vignais und Mitarbeiter 1954), und gelten als thermolabil. Es ist letzteres hier so zu verstehen, daß die Antigensubstanzen selbst zwar ebenfalls thermostabil sind, jedoch nicht die zu ihrem agglutinatorischen Nachweis im Bacterium notwendige Intaktheit ihres Geißelapparates. Die H-Antigene agglutinieren im Gegensatz zu den Körperantigenen in Antiseren flockig und sind je nach Ausbildungsgrad der Geißeln leichter (Proteusbakterien, Salmonellen) oder schwerer (Colibakterien) nachweisbar. Reine O-Formen dieser Bakterien enthalten, da geißellos, keine H-Antigene, ebenso nicht die unbegeißelten Ruhrbakterien, die im Falle des Fehlens des O-Antigens (o-Form) zum Teil überhaupt keine Agglutinine mehr erzeugen sollen (Ide 1938, Prigge und Kicksch 1941, Smolens und Mitarbeiter 1946, H. Schmidt 1950).

2. Die Antigenverhältnisse bei den S- und R-Formen und ihre Bedeutung für die Nomenklatur.

Die morphologischen S- und R-Formen des gleichen Bacteriums sind, wie bereits eingangs erwähnt, häufig unterschiedlicher Antigenstruktur, wobei jedoch ausschließlich die Körperantigene betroffen sind, und auch ein eventueller Formenwechsel völlig unabhängig von den H-Antigenen und deren etwaigen Phasenwechsel erfolgt (mit dem H-Antigen verknüpfte Dissoziationsformen — s. Le Minor 1952, Transmissionen im H-Antigentyp — s. Peso und Edwards 1951). Hatte schon Schütze (1921) festgestellt, daß die R-Variation mit tiefgreifenden serologischen Veränderungen einhergehe, so fand Bruce White (ab 1925) dann, daß Rauhstämmen das thermostabile Körperantigen (O-Antigen) der Glattstämme fehle. Da dieser Befund sich in der Folge häufig bestätigte, bürgerte sich schnell ein, unter S/R-Formenwechsel zugleich einen Strukturwechsel im O-Antigen zu verstehen.

Bezeichnet man im Sinne der hier und in persönlicher Mitteilung an Verf. auch von Prigge postulierten Forderungen nach präzisen Formulierungen die O-antigenhaltigen Formen als O-Formen, die O-antigenfreien Formen als o-Formen, so wäre nach dem noch üblichen Gebrauch die S-Form zugleich auch die O-Form und die R-Form die o-Form. Der S/R-Formenwechsel wäre gleichzeitig ein O/o-Strukturwechsel.

Schon frühere wie auch spätere Untersucher haben jedoch von Beobachtungen berichtet, nach denen insbesondere morphologische R-Formen nicht O-antigenfrei waren (Meyer und Goldenberg 1933, Habs und Mitarbeiter 1934/35, Waaler 1936, Scholtens 1937, Haas 1937, Dubos 1947, Caselitz 1949 und 1951), aber auch S-Formen kein O-Antigen aufwiesen (Felix und Olitzki 1926, Waaler 1936, Scholtens 1937, Haas 1937, Prigge und Kiksch 1941, Roelcke 1940). Ähnlich wurden Unabhängigkeiten von Antigenstruktur und Koloniemorphologie für andere Bakterien festgestellt (Aarison 1936 — B. granulosis; Hadley 1938, Mellon und Mitarbeiter 1944, Pike 1946 — Streptokokken; Dawson 1934 — Pneumokokken; Braun 1946 und 1947, Mingle und Manthel 1941 — Br. abortus; Takita 1937 — bei Wechsel von Typen- zu gruppenspezifischen Antigen bei Sh. flexneri). Dennoch blieb es bei der Gewohnheit, die morphologische und antigene Unterschiedsart mit der gleichen Kennzeichnung S/R zu versehen.

Diese Erweiterung der zunächst aus der Morphologie erwachsenden Bezeichnung zur Kennzeichnung auch von Veränderungen auf einem so wesensverschiedenen Gebiet wie den serologischen Eigenschaften der Bakterien erschwert ohne Zweifel die Klärung von sich aus schon schwieriger Probleme.

Die Durchsicht der einschlägigen Literatur ergibt dann auch, daß z. B. bei Bearbeitungen der Genese des S/R-Formenwechsels oder etwa der Möglichkeiten einer experimentellen Einflußnahme auf den Formenwechsel Uneinigkeiten unter den Autoren laufend dadurch entstehen, daß nicht klar herausgestellt ist, ob im jeweiligen Fall der morphologische Formen- oder der antigene Strukturwechsel gemeint ist. Ergeben sich so Schwierigkeiten schon für den Nachuntersucher, so auch für die Diskussion der mitgeteilten Ergebnisse wie auch ihre kritische Einordnung und Würdigung im Rahmen einer Gesamtschau zum S/R-Problem. Es ist deshalb auch nur zu begrüßen, wenn Bader (1949) in seiner monographischen Darstellung der Salmonellabakterien wenigstens anführt, daß „die Uneinheitlichkeit der Rauhdefinition es geraten erscheinen läßt, ihr Kriterium jeweils anzuführen" (s. auch Møller (1948).

Kröger (1903) hält die geschilderte Doppelverwendung der S-R-Bezeichnung nicht nur für einen Mangel an Logik, sondern auch für eine sprachliche Unmöglichkeit. Das Vorhandensein oder Fehlen von O-Antigenen ist nur mittelbar nachzuweisen, die Ausdrücke glatt und rauh bezeichnen dagegen im üblichen Sprachgebrauch optisch direkt wahrnehmbare Eigenschaften. Ein schon bei Scholtens (1937) zitierter Satz unterstreicht das hier vorhandene Gewaltsame. Dort wird von einem mit glatten Kolonien wachsenden Stamm ohne O-Antigen (So-Form) gesagt, „daß man ihn, was das Antigen anbelangt, rauh, aber was die äußeren Eigenschaften angeht, glatt nenne". Wäre auch das äußere Erscheinungsbild rauh, würde der Stamm demnach als doppelt rauh zu benennen sein (vgl. auch typische R-Kolonie von B. anthracis als S-Form — Wilson und Miles 1946).

Im übrigen ist jedoch die eben zitierte frühere Arbeit von Scholtens (1937) besonders hervorzuheben, da in ihrem systematischen Teil schon einmal völlig klar und unmißverständlich äußere Kolonieeigenschaften und Antigenverhältnisse streng auseinander gehalten sind. Leider verläßt Scholtens diese Konsequenz bei der Zusammenfassung seiner Versuchsergebnisse zu einem Nomenklaturschema.

Scholtens untersuchte Typhusbakterien, deren Antigenstruktur gegenüber den meisten anderen Salmonellen durch das zusätzlich vorhandene Vi-Antigen kompliziert ist. Es kam ihm dabei auf den Zusammenhang von Vi- und O-Antigen mit der äußeren Glatt- und Rauheigenschaft der Stämme an. Untersucht wurden von ihm

50 Typhusstämme mit O- und Vi-Antigen, morphologisch sämtlich S-Formen;
9 Typhusstämme mit nur O-Antigen, morphologisch sämtlich S-Formen;
21 Typhusstämme ohne O-Antigen, davon
8 Typhusstämme ohne O-Antigen und mit Vi-Antigen, morphologisch 3mal S- und 5mal R-Formen;
13 Typhusstämme ohne O-Antigen, morphologisch sämtlich R-Formen.

Scholtens leitet aus diesen und den später zu schildernden experimentellen Umzüchtungsversuchen an diesen Stämmen einen Parallelismus zwischen Antigenstruktur und morphologischer Kolonieeigenschaft mit den Kernpunkten ab, daß „äußere Glatteigenschaft eines Stammes vom Vorhandensein des O- und Vi-Antigens oder mindestens einem der beiden abhänge und es keine Faktoren gäbe, die bei Abwesenheit dieser beiden Antigene Typhusbakterien äußere Glatteigenschaften geben könnten", was nach Waaler (1936), Haas (1937), Prigge und Kicksch (1941) sowie Roelcke (1940) z. B. bei Ruhr- und Colibakterien jedoch möglich ist.

Scholtens stellt dann das schon erwähnte Nomenklaturschema über den Glatt-Rauh-Formenwechsel wie folgt auf:

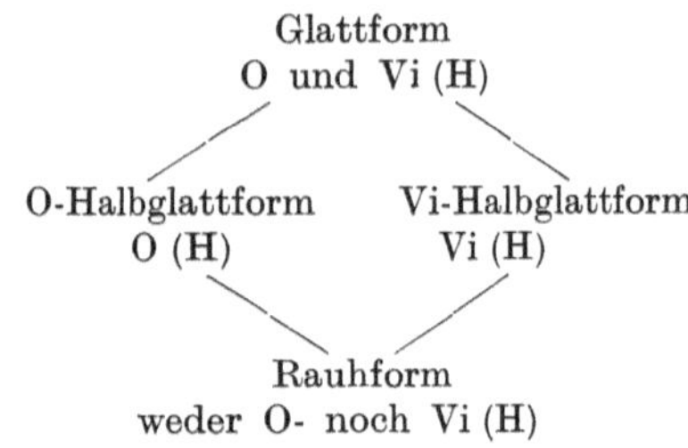

( ) = Antigen für den S-R-Formenwechsel ohne Bedeutung.

Ganz abgesehen von den sachlichen Einwendungen gegen die hiermit ebenfalls wieder erfolgende Identifizierung von Glattform mit O + Vi-haltigem und Rauhform mit O- und Vi-antigenfreiem Bacterium erscheint vor allem der Ausdruck „Halbglattform" als unglücklich, inkonsequent und verwirrend. Unbefangen würde man hierunter verstehen, daß die Stammkolonien nicht mehr ganz in der glatten Form wachsen. Es ist jedoch das Fehlen entweder von O- oder Vi-Antigen gemeint, das nach den obigen Versuchsergebnissen von SCHOLTENS bei Fehlen des letzteren aber weiterhin morphologische S-Formen, bei Fehlen des ersteren morphologisch S- und R-Formen und jedenfalls in keinem Fall morphologische Zwischenformen ergab.

CASELITZ (1949), der an dieses Schema anschließt, möchte es für nicht Vi-antigenhaltige Salmonellastämme wie folgt modifizieren:

S-Form
O (H)-Antigen
|
Ü-Form
R- und O (H)-Antigen
|
R-Form
R (H)-Antigen

Wenn hierbei auch das unglückliche und mißverständliche Wort Halbglattform vermieden und durch das unverbindlichere Wort „Übergangsform" ersetzt ist, so erscheint auch diese Formulierung noch nicht ausreichend. Im Sinne der Forderung nach Konsequenz möchte man die möglichen morphologischen und serologischen Unterschiede als zwei grundsätzlich verschiedene Dinge in zwei getrennten Schematas dargestellt sehen:

Gramnegative Darmbakterien ohne Vi-Antigen.

a) *S-R-Formenwechsel*	b) *O-o-Strukturwechsel*
S-Form morphologisch typisch glatt	(H) O-Form mit kompletten O-Antigengehalt
Üm-Form morphologische Übergangsform morphologisch nicht typisch glatt oder rauh	(H) Zs-Form serologische Zwischenform, mit reduziertem O-Antigengehalt (Ω-Form)
R-Form morphologisch typisch rauh	(H) O-Form O-antigenfrei

Der Ausdruck „serologische Zwischenform" statt „serologische Übergangsform" erscheint dabei als dem Inhalt nach weniger zu dynamischen Vorstellungen verleitende Bezeichnung besser. Es wird nämlich später gezeigt werden (Kapitel XI, 1), daß die hier gemeinten Formtypen in ihren Antigenstrukturmerkmalen durchaus konstant sein können, und sich keineswegs nach der einen oder anderen Seite (S $\rightleftarrows$ R bzw. O $\rightleftarrows$ o) weiterentwickeln müssen. Demgegenüber erscheint bei dem morphologischen Formenwechsel die Bezeichnung „Übergangsform“ durchaus am Platze, da hier z. B. durch einfache Nährbodenveränderungen (s. Kapitel XI, 2) jeder Stamm ohne weiteres phänotypisch mit glatten oder rauhen Kolonien dargestellt werden kann.

Von HEYMANN (1952) ist für den speziellen Fall der FLEXNER-Ruhrbakterien für die im Rahmen der O→o-Variation vor sich gehende Verminderung bzw. den Verlust des Typ-Antigens den sich hier ergebenden serologischen Zwischenformen die Bezeichnung „Ω-Form“ gegeben worden. Da diese Bezeichnung durchaus in der Richtung der eben aufgeführten Überlegung liegt, ist sie *im ganzen folgenden Text für alle gramnegativen Darmbakterien noch nicht O-freier, aber auch nicht O-kompletter Form ebenfalls verwandt.*

Mit dem eigenen letztgenannten Nomenklaturvorschlag wären zur Charakterisierung der Formen- und Antigeneigenschaften eines Stammes ohne Vi-Antigen demnach folgende Kombinationen möglich (m = morphologisch, s = serologisch, Üm = morphologische Übergangsform, Ω = serologische Zwischenform):

SO	(H)-Stamm	= äußerlich glatt, mit komplettem O-Antigengehalt;
SΩ	(H)-Stamm	= äußerlich glatt, mit reduziertem O-Antigengehalt;
So	(H)-Stamm	= äußerlich glatt, O-frei;
ÜmO	(H)-Stamm	= morphologisch nicht typisch glatt oder rauh, mit komplettem O-Antigengehalt;
ÜmΩ	(H)-Stamm	= morphologisch nicht typisch glatt, oder rauh, mit reduziertem O-Antigengehalt;
Ümo	(H)-Stamm	= morphologisch nicht typisch glatt oder rauh, O-frei;
RO	(H)-Stamm	= äußerlich rauh, mit komplettem O-Antigengehalt;
RΩ	(H)-Stamm	= äußerlich rauh, mit reduziertem O-Antigengehalt;
Ro	(H)-Stamm	= morphologisch rauh, O-frei[1].

Für Vi-antigenhaltige Stämme ergänzten sich diese Schemata durch Hinzunahme der Formenmöglichkeit des sog. V-W-Formenwechsels (Vorhandensein von viel oder wenig Vi-Antigen), d. h. um die Charakterisierung als V (viel)-, VW (mäßig viel)- und W (wenig oder gar kein Vi-Antigen enthaltender) -Formtyp. Die Kombinationsmöglichkeit im Rahmen des S/R-Formen- und O/o-Strukturwechsels erhöhte sich damit auf $3 \times 9 = 27$.

Kompliziert sich damit auch äußerlich die Form- und Strukturtypenbezeichnung (ein rauhwachsender reiner Typhus-Vi-Stamm würde demnach als RoV-Stamm, ein glattwachsender O-haltiger und Vi-freier Stamm als SOW-Stamm zu bezeichnen sein), so möchte man dennoch im Interesse der sachlichen Klarheit an derartigen Kennzeichnungen festhalten.

KAUFFMANN hat demgegenüber früher schon vorgeschlagen, zur Vereinfachung eventuell den Rauhbegriff bei Bakterien mit Vi-Antigen serologisch unabhängig vom Vi-Gehalt nur mit dem Fehlen von O-Antigen zu verbinden (wie RAUSS reine Typhus-Vi-Stämme einfach mit neuer Bezeichnung als „A-Stämme“ kennzeichnen möchte). Die bisherigen Ausführungen dürften schon zur Genüge erwiesen haben, daß derartige Vereinfachungsvorschläge den heutigen Kenntnissen über die Differenziertheit der hier vorhandenen Vorgänge doch zu wenig Rechnung tragen.

---

[1] R-Form mit O-Antigenrest = Row (HEYMANN 1952).

Es bliebe noch zu diskutieren, daß mit obigen Nomenklaturvorschlägen zwar mit Prigge (1952) insoweit konform gegangen wird, als auch dieser die besondere Kennzeichnung des antigenen Strukturwechsels und zwar unabhängig vom S/R-Formenwechsel für dringend wünschenswert hielt. Prigge wollte jedoch im Sinne schon früherer Vorschläge (Prigge und Kicksch 1941) mit der Bezeichnung O/o-Form gleichzeitig ein Vorhandensein oder Fehlen von „Endotoxin" ausdrücken.

Voraussetzung für diesen Vorschlag ist eine Identität von O-Antigen und „Endotoxin", die nach Prigge (1952) und H. Schmidt (1950) auch gegeben ist, während schon Aoki und Krizumi (1938) jedoch die toxisch wirkende Substanz von S. typhi murium von den Agglutinogenen dieser Bakterien unterschieden haben wollen. Nach diesen Autoren müßten hier Toxin und Agglutinogen als zwei ganz voneinander verschiedene Substanzen betrachtet werden, zu welchem Ergebnis auch die Untersuchungen unter anderem von Mondolfo und Hounie (1947) und Boroff (1949) gelangen. Die Ausführungen der Kapitel V, 2 und VI, 2 und 3 werden jedenfalls zeigen, daß auch zu erwägen ist, ob nicht künftige Untersuchungen wie schon jetzt eine Aufsplitterung der O-Antigene in verschiedene chemische Komponenten mit unterschiedlicher physiologischer Wirkung, auch die bisherigen „Endotoxine" als einen Komplex von Wirkungsfaktoren finden könnten. Die bisherigen Ergebnisse der Kapitel VI sprechen schon dafür, daß O-Antigen- und Endotoxinkomplexe mindestens nur bedingt weiterhin als identisch gelten können, woraus sich dann die Notwendigkeit einer neuen Präzisierung des O/o-Begriffes ergäbe — mit den gleichen Schwierigkeiten, wie sie sich jetzt für die Beschränkung der S/R-Formenbezeichnung auf ihren ursprünglichen Wort Gehalt ergeben. Es wäre deshalb unseres Erachtens besser, entsprechend der Regelung für die Virulenzeigenschaft der Tuberkelbakterien (Kapitel I) auch bei Diskussionen der Probleme der Endotoxinwirkungskomplexe von vornherein nicht vor einer wiederum gesonderten Kennzeichnung des Formenwechsels „Vorhandensein/Fehlen von Endotoxin" zurückzuschrecken (En/en-, Ek/ek-, T/t-Formen- oder Strukturwechsel, je nachdem ob Änderungen im Endo-, Ekto- oder dem gesamten Toxingehalt gemeint sind).

Auf jeden Fall sollte im Hinblick auf nachgewiesene endotoxische Komponente auch in o-Formen (s. Kapitel III, 1 und VI, 2) bei den Endotoxinen der O-Form nur von O-Endotoxinen gegenüber denen der o-Form als o-Endotoxin gesprochen werden (Kröger 1953, Westphal und Lüderitz 1954).

Inzwischen ist — wie bereits erwähnt — aus der zitierten Arbeit von Prigges Mitarbeiter Heymann (1952) zu schließen, daß inzwischen dort zunächst einmal die O/o-Kennzeichnung ebenfalls für die *serologische* O- und o-Formenbezeichnung anerkannt wird.

Es ist dann noch zu erwähnen, daß Boivin (1939) den S/R-Begriff mit der *chemischen* Zusammensetzung der S- und R-Formen verknüpfen möchte.

Danach wären als Glattform die glykolipoidhaltigen Stämme und als Rauhform nur solche, die kein Glykolipoid enthalten, zu bezeichnen. Da jedoch eine Parallelität zwischen äußerem Koloniebild und chemischer Konstitution der Einzelbakterien ebenfalls nicht immer gegeben ist (s. Kapitel V, 2), so wird man gegen diesen Vorschlag die gleichen grundsätzlichen Bedenken geltend zu machen haben, die zur Forderung einer Eigenbenennung des O/o-Strukturwechsels Anlaß gaben.

Die Ausführungen zur Nomenklatur seien mit einem Hinweis auf solche Bakterienstämme abgeschlossen, die als Zwischenformen zu den die „Grenzfälle" darstellenden typischen SO- und Ro-Formen bereits in der Literatur eine Rolle spielen:

So wurde von Boivin und Mitarbeitern (1936) ein Colistamm (C 14) beschrieben, der stark rauh wuchs, aber reichlich O-Antigen enthielt (RO-Form).

Die Typhusstämme von Scholtens (1937) wurden bereits genannt: SOV-, SOW-, RoV- und RoW-Stämme.

Sehr bekannt ist in der Literatur der sog. Typhus-Vi I-Stamm von Bathnagar und Mitarbeitern (1938) (SoV-Stamm), der jedoch nach des Verf. Beobachtungen (1949—1951) wie bei FELIX und PITT (1951) immer wieder auch SOV-Formen zeigt und nach BILLAUDELLE (1949) sogar in SOW-Formen dissozieren kann.

Weitere bekannte Typhusstämme sind dann noch die WEIL- und FELIX-Stämme (1920) Typ 2 (SOV-Form), H 901 (SOW-Form), 0 901 (SOW-Form), die Typhusstämme von LEWIS (1938) (SOV-, SOW- und RoV-Form), der ebenfalls eine SOW-Form darstellende 0—125 von ROSCHKA (1953), der Watson-Stamm von PERRY, FINDLAY und BENSTED (1933) (SOV-Form), der Ty 6-Stamm von FELIX und OLITZKI (1926) (SoV-Form) und der Ty 2-Rough-Stamm von FELIX und PITT (1935) (RoW-Form) — s. Kapitel VI.

Zwischenformen anderer Salmonellen (ohne Vi-Antigen) und zwar von S. paratyph. B, S. Dublin neben den typischen SO- und Ro-Formen beschreibt ausführlich CASELITZ: Ůmo-, RO-, RΩs-Formen, außerdem im Rahmen experimenteller Ultraschallversuche bei Typhusbakterien SOV-, SOW- und SoW-Formen (s. Kapitel IX und XI).

Unter den Ruhrstämmen sind bekannter geworden der Dysenterie-Aoki-Stamm (HAAS 1937) als So-Form und der Shiga-Ruhr-Stamm von PRIGGE (1941) in seinen Dissoziationsformen Dys 16 O und 16 o bzw. 58 o (bei Verf. inzwischen konstant RO- und Ro-Form, s. unten).

Auch die Arbeiten von VOGELSANG (1932), MEYER und GOLDENBERG (1932) und HABS und Mitarbeitern (1934/35) setzen sich wiederholt mit dem Problem der Zwischenformen auseinander. Leider ist in diesen Arbeiten nicht immer erkenntlich, welche der Unterschiedsarten bei Verwendung der S- und R-Bezeichnung wirklich gemeint ist.

Die in dieser Abhandlung wiederholt zitierten wie auch in anderen Arbeiten (O. WESTPHAL und Mitarbeiter 1952—1954, v. PRITTWITZ und GAFFRON 1952, JENSEN und WORATZ 1952) verwandten S/R- und O/Ω/o-Test-Stämme des Verf. stellen nach dem Kulturbild auf gewöhnlichen 2—2,5%igen Fleischwasseragarplatten und nach den serologischen Daten folgende Formen dar (s. Kapitel V):

E. coli-Stamm „Kröger R I“ rauh — Ro (w) oder Ro;
E. coli-Stamm „Kauffmann“ (O 18-Gruppe) glatt — SO; zugehörige R-Form — Ro;
S. paratyph. B-Stamm „Kröger B I“ glatt — SO; rauh — Ro;
S. paratyph. B-Stamm „Kröger B II“ glatt — SO; rauh — RΩ;
S. paratyph. B-Stamm „Kröger B III“ glatt — SO; rauh — Ro;
S. Dublin-Stamm „Caselitz“ glatt — SO; rauh — Ro (w);
Shiga-Ruhr-„Prigge“-Stamm (Dys 16 O) — RO; (Dys 58 o) — Ro.

3. Das Vorkommen des R-Antigens in S- und R- bzw. O/o-Formen.

Nach ARKWRIGHT (1921), SCHÜTZE (1922) und BRUCE WHITE (ab 1925) haben sich, wie schon erwähnt, später noch GRINNELL (1931), IDE (1938), BOIVIN und Mitarbeiter (1942), MØLLER (1948), CASELITZ (1949) und KRÖGER (1952/53) mit der Frage des Vorhandenseins des R-Antigens in den verschiedenen Formen, Typen und zum Teil auch Arten der gramnegativen Darmbakterien beschäftigt.

GRINNELL schließt dabei aus Überkreuzversuchen mit agglutinierenden Seren von 4 Varianten eines Typhusstammes (einer glatten beweglichen, einer glatten unbeweglichen, einer rauhen beweglichen und einer rauhen unbeweglichen Variante), daß *alle* Varianten ein gemeinsames somatisches (und demnach nicht O-) Antigen besäßen und zwar anscheinend mit dem Bakterienprotein verbunden. Der glatte und rauhe Charakter würde dann durch eine weitere Substanz, wahrscheinlich ein Kohlenhydrat bestimmt, wobei noch zu untersuchen sei, ob die Verschiedenheit der Glatt- und Rauhform durch qualitative oder quantitative Unterschiede der Kohlenhydratfraktion bedingt sei.

IDE gelangt dann durch Untersuchungen in der Komplementbindungsreaktion an Stelle eines allgemeinen serologischen „Kosmopolitanismus“ des R-Antigens im Sinne von SCHUETZE zu d ei verschiedenen Gruppen, die er als ersten, zweiten und dritten R-Typus bezeichnet. Die 3 Gruppen standen in keiner Beziehung zu den O-Antigenen und den auf sie aufgebauten Untergruppen der Salmonellen. Von wenigen Ausnahmen abgesehen, ließen sich sämtliche in der R-Form vorliegenden Salmonellastämme einer dieser 3 Gruppen zuordnen. Serologische Beziehungen zu den R-Formen in der Dysenterie- und der Esch. coli-Gruppe fand er nicht.

BOIVIN, CORRE und LEHOULT stellten jedoch das Salm.-R-Antigen bei 3 unter 100 von ihnen untersuchten Colistämmen fest. Nach ihnen ist das R-Antigen auch nicht nur in allen Salmonellen und hier in den R-Formen, sondern ebenso in den Glattformen vorhanden.

MØLLER untersuchte 12 E. coli-Stämme und fand das R-Antigen nur in den R-Formen und zwar in 2 verschiedenen R-Gruppen.

CASELITZ erhielt mit einem Anti-R-Serum von S. Dublin nicht nur positive Agglutinationen des homologen R(o)-Stammes, sondern auch der „Übergangsformen" (RΩ-Formen) dieses Stammes. Ebenso zeigte auch eine „Übergangsform" (RΩ) von S. paratyph. B eine positive Reaktion mit diesem Antikörper.

In Versuchen von KRÖGER (1952/53) wurde mit sechs verschiedenen S/R-„Stammpaaren" bekannter Antigenstruktur diesen Angaben nochmals nachgegangen. Dabei wurden die *Teststämme gegen je ein Anti-R-Serum* von einem Salmonellastamm (Serum Nr. 928 RB, hergestellt mit S. paratyph. B-Stamm Kröger B I — Ro-Form) und einem Colistamm [Serum Nr. 982 RC, hergestellt mit E. coli-Stamm Kröger R I — Ro- oder Ro(w)-Form] geprüft. Die Prüfung erfolgte orientierend in der Probeagglutination auf dem Objektträger und eingehender entsprechend dem Vorgehen von IDE (1938) in der Komplementbindungsreaktion. BOIVIN und Mitarbeiter (1939) verwandten demgegenüber vor allem die Präcipitation.

Zu den *Agglutinationstesten* bei Rauhstammprüfungen weisen schon frühere Untersucher auf die hierbei störende Neigung der Bakterien zur Spontanagglutination hin, deren Ursache jedoch erst im Kapitel IV zu besprechen ist. Sie war auch IDE Anlaß, zur *Komplementbindungsreaktion* überzugehen, wobei er 1stündig bei 60 und 100° erhitzte Bakterienaufschwemmungen als Antigen benutzte und diese gegen Immunseren der genannten R-Typ-Stämme austitrierte.

Die *eigenen* Ergebnisse im *Probeagglutinationstest* (PA) und in der *Komplementbindungsreaktion* (KBR) führten bei *gleichem Vorgehen* zunächst wie IDE zu folgendem Ergebnis (KRÖGER 1952):

Sowohl in der Probeagglutination (PA) wie in den Komplementbindungsreaktionen (KBR) zeigten eine

positive Reaktion — die R-Formen der Salmonella- und Colistämme und zwar sowohl die Ro-Formen wie auch die noch O-antigenhaltige RΩ-Form von S. paratyph. B-Stamm Kröger B II sowie in der PA die beiden Ruhrformen (die RO-Form nur gegen Anti-RC);

negative Reaktion — die SO-Formen der Salmonellen und des Coli Kauffmann-Stammes, sowie in der KBR beide Formen des Sh. dysent. Prigge-Stammes.

Die Ergebnisse bestätigten damit insoweit die von IDE, als die Ro-Formen der Salmonellastämme verschiedener O-Gruppenzugehörigkeit (S. paratyph. B und S. Dublin) gleich positiv gegen den mit dem Salmonella-R-Stamm hergestellten „R"-Antikörper reagierten, ebenso die RΩ-Formen (s. CASELITZ), nicht dagegen in der KBR die Ro-Form des Ruhrstammes. Zum Unterschied von IDE zeigten jedoch auch die beiden im O-Antigengehalt reduzierten oder O-freien Coli-R-Stämme eine positive Reaktion gegen den Salmonella-„R"-Antikörper, und zwar sowohl in der PA wie in der KBR, wie auch die o-Form des Ruhrstammes hier in der PA positiv reagierte. Diese letzteren Befunde lägen jedoch, soweit es die Colistämme betrifft, in der Richtung von BOIVIN und Mitarbeitern, die allerdings bei ihrem Vorgehen nur bei 3 von 100 geprüften Colistämmen Salmonella-„R"-Antigen nachwiesen.

Über die Ergebnisse der genannten Autoren hinaus reagierten die Test-Salmonella- und Coli-R-Stämme sämtlich in der PA und in der KBR auch gegen den mit dem Coli-Rauhstamm hergestellten Antikörper. Dieser Befund spricht für eine weitgehende serologische Verwandtschaft, wenn nicht gar

Identität von Coli- und Salmonella-R-Antigenen im Sinne der Vorstellungen von SCHÜTZE (1921).

Im Unterschied zu BOIVIN und Mitarbeitern fanden sich bei dem geschilderten Vorgehen als Anhalt für das etwaige Vorliegen des „R"-Antigens auch in den SO-Formen nur eine positive PA der RO-Form des Ruhrstammes, aber auch nur mit dem „R"-Antikörper vom Coli-Rauhstamm. In SO-Stämmen sollen nnu die Lagebeziehung zwischen O- und „R"-Antigenen derart sein, daß hier das „R"-Antigen ein tiefer liegendes Antigen darstellt, das von den oberflächlicher gelegenen O-Antigenen gewissermaßen umhüllt wird (BRUCE WHITE 1927, MILES und PIRIE 1949). Demnach war vorstellbar, daß die Vorbehandlung der Antigenaufschwemmungen für die KBR die „Abschirmung" der „R"-Antigene noch nicht genügend aufhob und so die „R"-Antigene noch nicht genügend „serologisch disponibel" (CARLINFANTI 1941—1946) waren.

Die Bakterienaufschwemmungen der SO- und der R-Stämme wurden daher in einem weiteren Versuch für 2 Std nicht nur gekocht, sondern autoklaviert (2 Std bei 120^0). Das Ergebnis der neuerlichen KBR-Versuche stellte sich nun so dar, daß die stärkere Aufschließung der Bakterien *auch bei den SO-Formen* der Coli- und Salmonellastämme zu positiven Reaktionen führte. Die Auffassung von GRINNELL und BOIVIN erscheint damit so weit bestätigt, daß auch in SO-Formen von Salmonella- und Colibakterien „R"-Antigen nachgewiesen werden kann, was anscheinend CASELITZ auch nach Ultraschallbehandlung bei 3 von 62 Salmonellastämmen möglich war. In den eigenen Versuchen des Verf. war wiederum die prinzipiell gleichartige Reaktion der SO- *und* Ro-Stämme sowie des RΩ-Stammes mit dem Coli- *und* dem Salmonella-„R"-Antikörper besonders zu vermerken.

Auffallend erschien die Reaktionsweise der beiden mitgeprüften Dissoziationsformen des Ruhrstammes. Während der Ausfall der PA-Reaktionen auf das Vorhandensein eines mit den untersuchten Salmonella- und Colistämmen gemeinsamen somatischen Antigens hinwies — wobei in Abweichung von den anderen O-Formen auch die Shiga-O-Form schon mit dem Coli-„R"-Antikörper deutlich reagierte — gelang der Nachweis in der KBR auch für die o-Form zunächst überhaupt nicht und auch im späteren Versuch mit den autoklavierten Antigenen nicht eindeutig. Demnach wäre die mit den Salmonella- und Coli-R-Antikörpern reagierende Substanz bei den Shiga-Stämmen hitzeempfindlich, demgegenüber das sonst festgestellte „R"-Antigen hitzestabil ist.

Um über dieses Verhalten der Ruhrstämme weitere Klarheit zu erhalten, wäre das Vorhandensein eines Shiga-R-Antiserums erwünscht gewesen. Mit der o-Form des Prigge-Stammes gelang jedoch die Herstellung eines solchen, *ausreichend* „R"-Antigen enthaltenden Serums nicht. Auch PRIGGE teilt schon mit, daß diese Dissoziationsform keine Agglutinine mehr erzeuge. Leider war bis zum Abschluß dieses Berichtes auch keine andere o-Form eines Shiga-Stammes zu erhalten, obwohl sich z. B. um den in der Literatur bekanntgewordenen Aoki-Stamm (HAAS) sowohl bei HAAS selbst wie bei anderen Autoren sehr bemüht wurde.

Auf Grund der bisherigen Ergebnisse wird man jedenfalls eine verbindliche Stellungnahme zu der Frage des Vorhandenseins oder Fehlens des in Salmonella- und Colistämmen nachweisbaren unspezifischen somatischen Antigens bei *Ruhr*bakterien noch offenlassen wollen.

Es mag dann noch interessieren, daß in späteren entsprechenden Untersuchungen (KRÖGER 1953) S. typhi O 901 (WEIL und FELIX) und S. typhi Vi I (BATHNAGAR und

Mitarbeiter) ebenfalls mit den R-Antikörpern des Coli-R- und des S. paratyph. B-R-Serums positiv reagieren. Dabei verhielt sich der letztere Stamm trotz vorhandenen Vi-Antigens (SOV-Form) wie die oben geschilderten O-Formen der Teststämme dieser Arbeit (PA negativ, KBR mit 100° erhitztem Antigen negativ, KBR mit autoklaviertem Antigen positiv). Der O 901-Stamm (SOW-Form) zeigte jedoch insoweit ein abweichendes Verhalten, als er zwar in der PA mit den beiden R-Antiseren wie die O-Formen ebenfalls noch negativ, jedoch in den KBR schon mit 100° erhitztem Antigen positiv reagiert, was sonst nur bei den Ω- und o-Formen der Teststämme zu beobachten war. Die „serologische Disponibilität" des R-Antigens war demnach beim O 901-Stamm leichter als sonst bei O-Formen zu erreichen, womit dieser Stamm in dieser Beziehung eine Art Mittelstellung zwischen den O- und Ω- bzw. o-Formen der übrigen Teststämmen einnahm.

Seit Durchführung dieser Versuche wurde von Béguin und Grabar (1953) mitgeteilt, daß ihnen bei vorheriger Acetontrocknung (s. dagegen White 1927 — Kapitel IV, 3) der als Antigen verwandten Bakterien der Nachweis eines allen Salmonellen gemeinsamen, serologisch nicht typendifferenten R-Antigens in verwertbaren *Agglutinations*prüfungen möglich gewesen sei und zwar ebenfalls auch in den S(O)-Formen.

4. Das R-Antigen beim S/R-Formen- und O/o-Strukturwechsel.

Die Rolle des R-Antigens im Rahmen des *morphologischen* S/R-Formenwechsels ist noch nicht geklärt. Wie geschildert, enthalten auch S-Formen das R-Antigen, dessen Vorhandensein allein demnach nicht den morphologischen Kolonietyp bedingt. Auch im Falle des Fehlens von O-Antigen, wodurch wenigstens bei Salmonella- und Colibakterien die geschilderte serologische Wirkungsmöglichkeit des R-Antigens erreicht wird, hat dies keineswegs auch immer ein Rauhwachstum zur Folge. Es sei hierzu an die mitgeteilten So-Formen von S. typhi (Scholtens, Felix und Pitt) und Sh. dysent. (Stamm Aoki — Haas) erinnert.

Verfasser kann hierzu noch über einen glattgewachsenen S. paratyph. B-Stamm („Kröger B IV") berichten, der kürzlich bei diagnostischen Untersuchungen serologisch zunächst nur mit einer 2. Phase des H-Antigens anfiel (1,2,5) und wegen des anscheinenden gleichzeitigen Fehlens von O-Antigen Schwierigkeiten in der typenmäßigen Einordnung bereitete.

Schleimwallbildung und Ausfall der fermentativen Leistungsprüfungen in der „bunten Reihe" einschließlich der Ammon-Hottinger-Reihe ließen den Stamm jedoch bald eindeutig als Salmonella- und S. paratyph. B-Stamm erkennen, der demnach als O-freier Stamm in der unspezifischen H-Phase vorzuliegen schien. Passagen durch Anti- 1,2,5-serumhaltige Bouillon entwickelten dann das H-Antigen in der ersten oder spezifischen Phase b, womit die Diagnose eindeutig geklärt war.

Dieser o-Stamm fiel auf dem üblichen Agar und Endoagar ebenfalls zunächst durchaus als S-Form an, wenn er auch später auf diesen Nährböden R-förmig wuchs. Seine eingehende Überprüfung ergab denn die Diagnose Ro-Form mit Nachweis des R-Antigens auch in der PA.

Wie demnach auch eine serologische Disponibilität des R-Antigens nicht zu morphologischen R-Formen führen muß (s. auch Kapitel IX), so zeigt weiter das Beispiel des Prigge-Sh. dysent.-Stammes in seinen Dissoziationsformen 16 O und 16 o bzw. 58 o (bei Verf. RO- und Ro-Formen), daß auch Rauhwachstum bei Vorhandensein wie Fehlen des kompletten O-Antigens also unabhängig von dem spezifischen-chemischen Phospholipoid-Protein-Lipopolysaccharidkomplex der Bakterien möglich sein kann. Entsprechend berichten auch Boivin und

Mitarbeiter von einem stark rauhwachsenden, reichlich Glucolipoid enthaltenden Shiga-(SRS)-Stamm.

Auch hierzu kann wieder über einen kürzlich in der Diagnostik angefallenen RO-Stamm von S. paratyph. B (Kröger B V) berichten werden, der stark rauhwachsend nach eigenen und Nachuntersuchungen von HERRMANN ein komplettes O-IV V-Antigen aufwies (bei schwer nachweisbarem b-Antigen).

Kausale Beziehungen zwischen R-Antigenen und morphologischem Rauhwachstum scheinen demnach nicht gegeben, weshalb nach KRÖGER (1953) zu überlegen ist, ob nicht eine andere als (R-Rauh)-*Bezeichnung für das den O- und o-Formen zumindest der Coli- und Salmonellen gemeinsame „unspezifische" somatische Antigen zweckmäßiger wäre.* Im Hinblick auf die weiter unten und später (Kapitel V, 2) vermuteten Zusammenhänge zwischen Zellmembran und R-Antigen erscheint eine solche Bezeichnungsänderung erst recht angebracht.

Auch die Einbeziehung des Vi-Antigens unter Berücksichtigung seiner Lagebeziehungen zum „R"-Antigen führen zu keinem anderen Ergebnis. Vi-haltige Stämme wachsen zwar, wie schon früher erwähnt, auch bei Fehlen von O-Antigen häufig glatt (SCHOLTENS, RAUSS). Daher sollte das Vi-Antigen für das Glattwachstum von besonderer Bedeutung sein (D'ALLESSANDRO). In diesem Sinne wuchsen auch glatte Vi-Stämme nach Zerstörung des Vi-Antigens durch Phagen rauh (CRAIGIE und BRANDON 1936, RAUSS 1940, CARLINFANTI und MOLINA 1942). Jedoch gibt es auch hier wieder Stämme, die bei erhaltenem Vi-Antigen und fehlendem O-Antigen rauh wachsen (KAUFFMANN 1935, SCHOLTENS 1937, RAUSS 1940). Vgl. auch FELIX und PITT 1935 und DYACHENKO 1939.

Wenig befriedigend erscheinen daher auch die bisherigen Deutungen über die Stellung des R-Antigens im Rahmen des *O/o-Strukturwechsels.* Hier wird angenommen, daß bei der R-Form entweder das O-Antigen durch ein neues R-Antigen ersetzt wird (KAUFFMANN) oder das bereits vorhandene R-Antigen beim Verlust des O-Antigens übrigbleibt (H. SCHMIDT). Der völlige Verlust des O-Antigens führe dann zu konstanten („irreversiblen") o-Formen, demgegenüber bei weniger konstanten („reversiblen") o-Formen etwa an eine Umschichtung von O- und R-Antigenen von innen nach außen bzw. umgekehrt gedacht werden könne (H. SCHMIDT 1950). Von *morphologischer* Seite wird hierzu zur Zeit die Vorstellung entwickelt, daß im Falle der O-Form auf die etwa 5 mμ dicke cytoplasmatische Membran der Bakterien von Lipoproteidcharakter (MILES und PIRIE 1949, WEIDEL 1951) eine ebenfalls etwa 5 mμ dicke Auflage von Glucolipoiden der O-Antigene verankert ist, die im Falle der o-Form fehlt. Nach MITCHELL (1949) könne man daher „das Glattbacterium als ein Rauhbacterium mit einer glatten Oberflächensubstanz ansprechen", wobei die (hydrophile) „Glatthülle" von 5 mμ wahrscheinlich an der „Rauhoberfläche" anliege, auf welche Formulierungen einschließlich der eben genannten Deutungen zur veränderten Antigenstruktur und den folgenden chemischen Auslegungen noch zurückzukommen ist (Kapitel V, 2 und XII).

Chemisch deutete BRUCE WHITE (1927) den Wechsel von der R- zur S-Form als ein Verdrängen von acetonunlöslichen Phosphatiden von der Oberfläche der R-Formen durch die polysaccharidhaltigen Antigene O und Vi der S-Formen. Auch nach W. BRAUN (1947) (zitiert nach BADER) würde „je nach dem Grad der Rauhheit der Polysaccharidkomplex der glatten Kolonie teilweise oder ganz durch den für die Rauhform charakteristischen Lipoidkomplex ersetzt". Mit diesen chemischen Definitionen soll zugleich auch die Erklärung für die unterschiedliche Salzempfindlichkeit der S- und R-Formen gegeben werden, die als differentialdiagnostisches Kriterium für S- und R-Formen in der Literatur von Beginn an eine erhebliche Rolle gespielt hat. Auf die Salzempfindlichkeit wird daher im folgenden Kapitel IV näher eingegangen.

IV. Zur Salz- und Farbstoffempfindlichkeit von S- und R- bzw. O- und o-Formen.

1. Die Salzempfindlichkeit.

Die Feststellung einer unterschiedlichen Salzempfindlichkeit bei Varianten von Ruhr-, Typhus-, Paratyphus- und Enteritisbakterien war bereits Arkwright (1921) ein auffallendes Symptom, das im Verein mit den von ihm sonst noch festgestellten morphologischen und immunologischen Kriterien (s. Kapitel V, 1) zur Aufstellung der S- und R-Formtypen führte.

Er fand, daß die eine Variante in physiologischer NaCl-Lösung spontan agglutinierte, die andere nicht. Bei Verwendung schwächerer Salzkonzentration, beispielsweise von 0,45 und 0,1%iger NaCl-Lösung erhielt er auch von ersterer Variante brauchbare Emulsionen, die auch für die Agglutinationsversuche mit spezifischen Seren ausreichende Stabilität aufwiesen. Die Varianten unterschieden sich entsprechend ihrem unterschiedlichen Wachstum auf Agar auch in ihrem Wachstum in Bouillon, während sie bezüglich der Beweglichkeit, Indolreaktion und Zuckervergärung von der Ausgangskultur nicht abwichen. Die unterschiedlichen Eigenschaften blieben bei wöchentlicher Überimpfung erhalten. In der Bouillon wuchs dabei die in physiologischer NaCl-Lösung homogen aufschwemmbare Variante mit diffuser Trübung des Nährsubstrates, während die andere Variante bei klarem Überstand körnigen Bodensatz und eventuell Oberflächenhäutchen bildete.

Diese Kriterien wurden in der Literatur für die Folge von allen Untersuchern übernommen, wobei nach der weiteren Feststellung über die Antigenunterschiede von S- und R-Formen seit Bruce-White (1925) der Salztest nicht nur für die Differenzierung von S- und R-, sondern auch von O- und o-Formen bis in die neueste Zeit hinein empfohlen wird (Caselitz 1949, Chloe Tal 1950, Heymann 1952, Béguin und Grabar 1952).

Die zitierten chemischen Vorstellungen von Bruce White bis W. Braun führten dabei zu der Deutung, daß die unterschiedliche Salzempfindlichkeit einschließlich der Wachstumseigenschaften in Bouillon darauf zurückzuführen ist, daß „an die Stelle des kochsalzstabilen hydrophilen Oberflächenantigens (Polysaccharid der O-Antigene) das kochsalzlabile hydrophobe Tiefenantigen (Lipoid-Komplex) tritt“ (Bader 1949).

Schon Prigge und Kicksch (1941) wie auch später Chloe Tal (1950) bauen hierauf einfache Verfahren zur Trennung von Mischkulturen von O/o-Formen auf:

So gewannen Prigge und Kicksch (1941) aus „degenerierten, ihres Endotoxinvermögens weitgehend entkleideten Stämmen, deren Rasen eine stark positive Trypaflavinreaktion lieferte (o-Stämme), verhältnismäßig schnell O-Kolonien“, wenn sie eine Aufschwemmung des zu regenerierenden Stammes in Bouillon 48 Std bei Zimmertemperatur stehen ließen. Sofern der Stamm noch O-Keime enthielt, blieben diese in der Schwebe und konnten so durch Abimpfung aus der überstehenden Flüssigkeit gewonnen werden.

Prigge und Kicksch weisen dabei ausdrücklich darauf hin, daß diese unterschiedliche Suspensionstabilität in der Bouillon keine Unterscheidung von

S- und R-, sondern nur von O- und o-Formen gestatte. Sie fanden im Gegensatz zur Literatur, wonach S-Formen grundsätzlich diffus wachsen und nur R-Formen sich zu Boden setzen und verklumpen sollen, daß die O-Variante ihres Shiga-Ruhr-Stammes unabhängig von ihrer morphologischen Form regelmäßig diffus wuchs (also auch die RO-Form), während sich die mit der o-Variante (auch der So-Form) beimpfte Nährflüssigkeit stets innerhalb von 48 Std völlig klärte.

Chloe Tal (1950) spricht demgegenüber bei ihren Versuchen nur von S- und R-Formen, wobei nach den übrigen Ausführungen zu schließen ist, daß offensichtlich O- und o-Formen gemeint sind.

Sie empfiehlt zur „Reinigung" eines o-Stammes von restlichen O-Kolonien die Aufschwemmung in physiologischer NaCl-Lösung, die — über Nacht bei Kühlschranktemperatur (4°) gehalten — die o-Formen sich absitzen und die O-Formen suspendiert erhalten ließe. Eine 3—4malige Wiederholung dieser Prozedur mit den jeweils abgesetzten Keimen führe zur „Auswaschung" auch letzter O-Keime und zu reinen o-Formen.

Entsprechend ist nach Avi-Dor und Yaniv (1953) eine Aufschwemmung in n/80 NaCl-Lösung eine einfache und leistungsfähige Methode der Abtrennung auch von virulenten und avirulenten Formen von Past. tularense.

Auch für Caselitz (1949, 1951) ist in seinen neueren Untersuchungen die unterschiedliche Salzempfindlichkeit ein wesentliches differentialdiagnostisches Kriterium für S- und R-Formen und darüber hinaus ein empfindlicher Test zur „Entlarvung" von Übergangsformen, speziell von R-Formen mit restlichem O-Antigen.

Nach ihm müssen „wirkliche" R-Formen in Bouillon mit Bodensatz und überstehender klarer Flüssigkeit wachsen, in 0,9%iger NaCl-Lösung spontan agglutinieren, wobei die Spontanagglutination bei dieser Kochsalzkonzentration durch Hitze (60—100°) zu beschleunigen sei. Übergangsformen agglutinierten demgegenüber spontan in physiologischer Kochsalzlösung sicher nur bei 100°, sonst aber in 3,5%iger NaCl-Lösung. Bei 0,45%iger NaCl-Konzentration agglutinierten R- und Übergangsformen erst bei 100°. S-Formen zeigten in all diesen Versuchen keine spontane Agglutination.

Es erscheint von den Feststellungen Caselitz' wesentlich, daß bei aller Würdigung der Bedeutung des Salztestes für die Differenzierung von S- und R-Übergangsformen im Schlußergebnis ausdrücklich bemerkt wird, daß nicht einzelne Kriterien, sondern erst eine ganze Reihe sämtlich nachzuweisender Eigenschaften über die Formdiagnose bestimmen. Diese Feststellung erscheint deshalb wesentlich, weil nach Untersuchungen von Kröger (1952/53) für den Salztest einige Richtigstellungen erforderlich sind.

Von besonderer Bedeutung waren hierbei die Untersuchungen mit den Stammpaaren von S. paratyph. B Kröger B I, II und III, sowie von Sh. dysent-Stamm Prigge. Diese Stämme sind mit den übrigen *Teststammpaaren* Bact. coli Kauffmann (O 18-Gruppe), sowie S. Dublin-Caselitz, Sh. dysent. Prigge (und Sh. Sonnei Glatt- und Flachform) in den folgenden Abb. 10a—f und Tabelle 1 jeder in 3 Suspendierungen aufgeführt und zwar nach

24 Std Wachstum in Bouillon:
Aufschwemmung in 0,9% NaCl-Lösung } je 1 Öse Kulturmaterial von üblichem
Suspendierung in 3,5% NaCl-Lösung } 2%igem Fleischwasseragar.

Die NaCl-Suspensionen sind gleich dabei lange bei Zimmertemperatur gehalten, da bei Voruntersuchungen einen Unterschied zwischen Zimmertemperatur und 4° Kühlschrank nicht gesehen wurde.

Danach stimmte in Übereinstimmung mit Prigge und Kicksch (1941) der Salztest zunächst *nicht* mit dem *morphologischen* R-Kriterium überein, indem typische R-Formen häufiger nicht völlig sedimentierten [±, (+)], vor allem nicht in physiologischer NaCl-Lösung, aber auch wie im Fall des Prigge-Stammes Dys. 16 O (RO-Form), der bei morphologischer R-Form in allen drei geprüften Suspendierungen wie eine typische S-Form stabil blieb.

a und b) Beispiele von O-Form.

SO

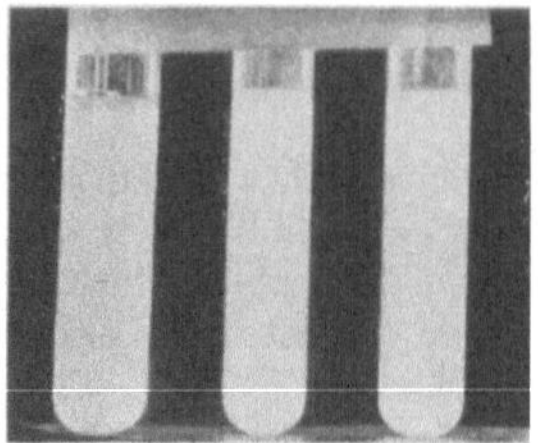

S. paratyph. B. Kröger B II-SO

RO

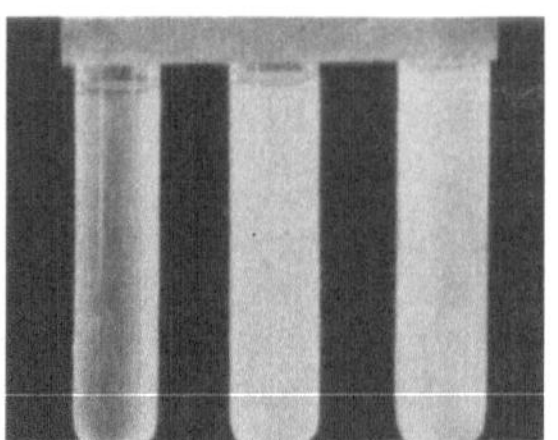

Sh. dysent. Prigge-RO

c) Beispiel einer Ω-Form.

S. paratyph. B. Kröger B II — RΩ.

d—f) Beispiele von o-Formen.

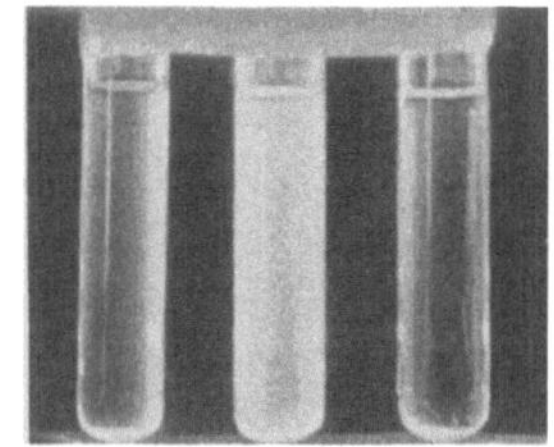

S. paratyph. B. Kröger B I — Ro

S. Dublin Caselitz-Row

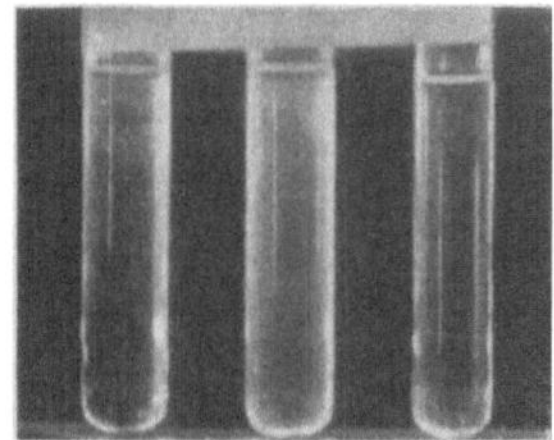

Sh. dysent. Prigge-Ro.

Abb. 10a—f. Sedimentation von S/R- und O/o-Form in Bouillon, physiologischer und 3,5%iger Kochsalzlösung.

Tabelle 1. *Sedimentation der S/R- und %-Teststämme von* KRÖGER *1952/53 in 0,9 und 3,5%iger NaCl-Lösung und Bouillon.*

	B. coli Kauffmann O 18 -Gr.		S. paratyph. B Kröger						S. Dublin-Caselitz		Sh. dysent. Prigge		Sh. Sonnei	
			B I		B II		B III							
	SO	Ro-Rw	SO	Ro	SO	RΩ	SO	Ro	So	Row	RO	Ro	Glatt-form	Flach-form
NaCl 0,9%	—	+	—	±	—	±	—	(+)	—	+	—	±	—	(+)
NaCl 3,5%	—	±	—	(+)	—	±	—	(+)	—	+	—	+	—	—
Bouillon	—	(+)	—	(+)	—	±	—	±	—	+	—	+	—	(+)

Auch bezüglich der *serologischen* Eigenschaften fand sich zwar wie bei PRIGGE und KICKSCH, CHLOE TAL und CASELITZ eine völlige Suspensionsstabilität der O-Formen; im Gegensatz zu diesen Autoren waren jedoch auch o-Formen

teils in Bouillon (S. paratyph. B Kröger B I und III),
teils in 3,5%iger NaCl-Lösung (S. paratyph. B Kröger B I und III),
vor allem aber in physiologischer NaCl-Lösung (S. paratyph. B Kröger B I und III sowie Prigge 58 o)

nicht völlig und unterschiedlich sedimentiert. Bemerkenswert erscheint dabei auch, daß eine Systematik in den „Abweichungen" weder nach Art des Suspensionsmediums noch nach dem Grad der Sedimentierung erkennbar war.

Bei der nicht O-freien R-Form von S. paratyph. B-Stamm Kröger B II entsprach dagegen der Salztest wieder den morphologischen und serologischen Daten (RΩ-Form). Ebenso sedimentierte die nach den serologischen Daten vielleicht noch etwas, nach den chemischen Analysen (Kapitel V, 2) jedoch kein O-Antigen enthaltende R-Form des Coli-Kauffmann-Stammes (Ro-Row-Form nach HEYMANN) nicht völlig wie eine o-Form, was dagegen wiederum bei der nach dem O-Bindungsversuch und der chemischen Feinanalyse nicht völlig O-freien R-Form von S. Dublin Caselitz der Fall war.

Da die abweichenden Befunde naturgemäß besonders interessiert haben, waren sie Anlaß, die in dem Überstand der Teströhrchen bei o-Formen suspendiert verbleibenden Keime nochmals eingehender auf ihren O-Antigengehalt und etwaige diesbezügliche Unterschiede zu den bei der gleichen Suspendierung sedimentierten Keime zu prüfen.

Es wurden dabei vor allem die R-Formen von Bact. coli Kauffmann (O 18-Gruppe), S. paratyph. B Kröger B I und Sh. dysent. Prigge 58 o vorgenommen, da bei diesen *etwaige restliche O-Anteile* auch aus anderen Gründen von besonderem Interesse waren. Dabei wurden die Subkulturen aus Abimpfungen des nach 48 Std Zimmertemperaturaufenthalt bei den 0,9%igen NaCl-Suspendierungen verbleibenden Überstandes — später auch der Bouillonkulturen — überprüft auf:

a) den morphologischen Kulturtyp,
b) die Trypaflavinempfindlichkeit (hierzu s. jedoch unter 2.).
c) die Agglutinabilität durch Anti-R-Seren Nr. 928 RB und Nr. 982 RC,
d) die Agglutinabilität durch homologe Anti-O-Faktorenseren.

Die Ergebnisse (KRÖGER 1952) zeigten *keinen Unterschied* dieser so gewonnenen Keime *gegenüber den Ausgangskulturen*, ebenso nicht gegenüber den Kulturen aus *völlig sedimentierten Keimen*. Zusätzliche O-Agglutininbindungsversuche bestätigten dieses Ergebnis nur, so daß man sich insgesamt nach diesen geschilderten Untersuchungen veranlaßt sehen wird, dem Salztest nicht völlig jene Bedeutung einzuräumen, wie dies nach den Untersuchungen von PRIGGE und KICKSCH (1941) und vor allem TAL (1950) und auch CASELITZ (1949) angenommen werden könnte. Man wird ihn dahingehend beschränken wollen, daß

eine völlige Suspensionsstabilität in Bouillon, 0,9 und 3,5%iger NaCl-Lösung wohl für O-Formen,
eine völlige Sedimentation in allen 3 Medien für eine o-Form,
jedoch eine nur teilweise Sedimentation in einem der 3 Medien nicht unbedingt für eine Ω-Form, d. h. R- oder S-Form mit restlichem O-Antigen

spricht (Bedeutung hier eventuell der nicht O-spezifischer hydrophiler (Polysaccharid)-Substanzen auch in der o-Formmembran ? — s. unter 2, Kapitel V, 2 und X).

Eine — wenigstens sinngemäße — Unterstützung dieser Ergebnisse ist in der Literatur eigentlich nur bei Meyer und Goldenberg (1933) und in einer allgemeinen Bemerkung von Dubos (1947) zu finden. Erstere beobachteten ein Wachstum von R(o)-Formen in Bouillon auch mit fast gleichförmiger Trübung, in der keine Granula zu erkennen waren. Nach letzterem Autor „kann der Verlust des O-Antigens manchmal beobachtet werden, ohne daß er von einem völligen Wechsel des morphologischen Charakters oder der spontanen Agglutinabilität begleitet wird" (s. auch Humphries 1944 für K. pneumoniae).

Es wurde dann noch Anlaß genommen, die Angaben von Caselitz über die sedimentationsfördernde Wirkung von *höheren* Temperaturen (60° und 100°) am Beispiel der genannten 3 S. paratyph. B-Stammpaare nachzuprüfen. Ohne dabei kritisch auf die von Caselitz gegebenen theoretischen Begründungen eingehen zu wollen, sei nur als Ergebnis dieser Versuche mitgeteilt, daß sich die Angaben von Caselitz über die Konstanz der Suspensionsstabilität bei den SO-Formen bestätigten, demgegenüber für die nicht völlig sedimentierten Ro- und RΩ-Formen zwar auch einen suspensionsfördernden Einfluß der höheren Temperaturen festgestellt wurde, der jedoch bei den beiden Ro-Stämmen keineswegs größer als bei dem RΩ-Stamm war. Die höhere Temperatur führte auch nicht bei allen 3 Stämmen zu einer völligen Sedimentation wie etwa bei der Ro-Form von S. Dublin-Caselitz, die aber auch bei Zimmertemperatur bereits völlig abgesetzt war.

Aus den Überständen der 21°- und 37°-Suspension der R-Stämme von S. paratyph. B wurde dabei nochmals vor dem Erhitzen abgeimpft. Dabei erwiesen sich die Subkulturen wiederum sämtlich entsprechend ihrer Ausgangsform als Ro- bzw. die B II-Subkulturen als RΩ-Formen.

2. Die Farbstoffempfindlichkeit.

Die Agglutination von Bakterien durch Farbstoffe war bereits länger bekannt, ehe sie im Rahmen der Untersuchungen zum S/R-Formenwechsel neuerlich Interesse fand.

So stellte bereits Blachstein (1896) Versuche über eine spezifische flockende Wirkung von Chrysoidinlösungen bei Choleravibrionen an. Engels (1897) fand sie auch für choleraähnliche Vibrionen und Brossa (1922) bestätigte später eine gewisse Affinität des Chrysoidins zum Choleravibrion. Malvoz (1897) wollte dann im Safranin und insbesondere im Vesuvin ein Reagens gefunden haben, um Typhus- von Colibakterien zu unterscheiden, wobei er auf Grund des gleichen Agglutinationsphänomens bei Farbstoffen und Antiseren geneigt war, in den Antikörpern des Typhusserums den Farbstoffen ähnliche Verbindungen zu sehen. Die angenommene Spezifität dieser Ausflockungen wurde bereits durch Neisser und Friedemann (1904) angefochten. Diese Autoren erhielten Fällungen von Typhusbakterien nicht nur mit Vesuvin, das auch wieder von Eisenberg (1919) als flockende Substanz erwähnt wird, sondern auch mit anderen basischen Farbstoffen. Bei der negativen Ladung der Bakterien wirkten nach Taegue und Buxton (1907) auch nur basische Farbstoffe „koagulierend". Die letzteren Autoren suchten bei ihren Arbeiten im übrigen auch Beziehungen zwischen dem Dispersionsgrad der Farbstoffe in ihren Lösungen (Kolloidalität) und deren unterschiedliche Flockungswirkung, Beziehungen, auf die auch Brossa (1922) zurückkam.

Brossa (1922) bestätigte dann an zahlreichen systematischen Versuchen die flockende Wirkung nur basischer Farbstoffe. Saure Farbstoffe ließen die in allen Versuchen zur Ausschaltung der Gegenwart fremder Elektrolyte in Aqua dest. aufgeschwemmten Bakteriensuspensionen unverändert. Auch Farbstoffe der Kongorotgruppe, bei denen es sich nach Brossa um Substanzen ausgeprägten kolloidalen Charakters handele, verhielten sich analog den kristalloiden sauren Farbstoffen, während ein anderer kolloidaler Farbstoff von basischer Natur, Nachtblau, in gleicher Weise wie andere basische Farbstoffe flockend wirkte. Im übrigen prüfte er 17 verschiedene basische Farbstoffe gegen Choleravibrionen, Typhus- und Colibakterien mit dem Ergebnis, daß nach seiner Meinung zur Flockung der verschiedenen 3 Keimarten verschiedene Farbstoffkonzentrationen notwendig seien (1—4‰). Eine besondere spezifische Wirkung eines der Farbstoffe fand er nicht. Von ihm wird dann ebenfalls bereits der Wirkungsmechanismus dieser Flockungen diskutiert. Einerseits wird dabei an eine Wirkung der Bakterien als Adsorbens mit negativer Oberflächenladung gedacht, auf die daher nur gelöste Substanzen mit positivem Ladungssinn eine Wirkung ausüben könnten. Es handele sich für die Farbstoffe vielleicht um eine ähnliche Erscheinung, wie sie bei den mit Agglutinin spezifischer Immunseren geladener Bakterien vorläge, die nicht mehr zur Anode wanderten, sondern zwischen den Elektroden ausfielen. Es wäre jedoch auch nicht unwahrscheinlich, daß die Bakteriensusbtanz, insbesondere das Nuclein, in eine wirkliche chemische Reaktion mit den Farbstoffen einträte, wobei auf die Untersuchungen von FEULGEN über die Fällung von nucleinsaurem Natrium durch zahlreiche basische Farbstoffe und auch entsprechende eigene Untersuchungen des Autors mit Malachitgrün und Kristallviolett Bezug genommen wird.

RUBINSTEIN und WINDHOLZ (1926) untersuchten dann die Flockungsendtiter verschiedener Farbstoffe bei verschiedenen Bakterien, wobei sich Gesetzmäßigkeiten zur chemischen Konstitution der Farbstoffe zu zeigen schienen: Farbstoffe derselben Gruppen bzw. desselben Ringsystems zeigten den Flockungsendtiter mit fortschreitendem Verschluß der im Farbstoffmolekül vorhandenen freien Aminogruppen in gesetzmäßiger Abnahme. Bei Farbstoffen, die analogen Ringsystemen angehörten bei sonst gleicher Konstitution — insbesondere bezüglich Stellung, Zahl und vollkommenen Verschluß der Aminogruppen —, veränderte sich der Flockungsendtiter entsprechend dem Wechsel der Ringglieder (NO — NS — CHO). Auch diese Autoren fanden stets einen positiven Flockungstiter bei basischen Farbstoffen, bei deren Umwandlung in einen sauren bei sonst unveränderter Konstitution das Flockungsvermögen aufgehoben wurde. Grampositive Bakterien flockten ganz allgemein bei bedeutend höheren Titern als gramnegative Bakterien; Bakterien gleich färberischer Eigenschaften wiesen nur geringe Unterschiede im Flockungstiter auf. Oberflächenveränderte Bakterien, z. B. durch Einwirkung höherer Temperaturen, desgleichen stark schleimbildende Bakterien zeigten bei sprunghaft erhöhtem Flockungstiter einen veränderten Flockungscharakter. Die Autoren glaubten auch an weitgehende Analogien zu der Flockung unbelebter kolloiddisperser Systeme durch Farbstoffe wie etwa die Goldsolflockung. Sie sahen den Wirkungsmechanismus der Bakterienflockung wiederum in einer Adsorption von Farbstoffreaktionen an die Grenzfläche von Bakterien und Farbstofflösungen, durch die es zunächst zu keinen irreversiblen Schädigungen der Bakterienoberflächen komme.

ALESSANDRINI und SABATUCCI (1931) berichten dann erstmals von Untersuchungen mit Trypaflavin. Sie versuchten hiermit eine Differenzierung von Brucellen, wobei Br. „paramelitensis“-Stämme im Gegensatz zu Br. melitensis bzw. abortus mit Trypaflavin positiv reagierten.

Mit PAMPANA (1931) beginnt dann die Rolle des Trypaflavins im Rahmen des S/R- bzw. O/o-Formenwechsels (CASTELLI 1934, CHIATELLINO und RAVASINI 1934, DE MEGNI 1934, SEPPILLI und VENDRAMINI 1943, TAKANO 1943, POPESCU-COMBIESCO und SORU 1934, SORU 1934, VENDRAMINI 1935, SERTIC und BOULGAKOV 1936, PACHEKO und PARA 1938, GIOVANARDI 1938, PRIGGE und KICKSCH 1941, KRÖGER und HOSTENBACH 1949, CASELITZ 1951 und 1952, WAGNER und BREDEHORST 1951, HEYMANN 1952, KRÖGER 1952, BÉGUIN und GRABAR 1952). Zwischenzeitlich liegen noch eine Mitteilung von AICHELBURG und BOGETTI (1934) über die Unterscheidung von S- und R-Formen bei 2 „Meta“dysenteriestämmen (B. ceyloniensis-Castellani) mit basischem Fuchsin, sowie von AVI-DOR und YANIV (1953) über die Differenzierung von virulenten nicht salzempfindlichen und avirulenten salzempfindlichen Formen von Past. tularense mit basischem Methylenblau und Acriflavin sowie (saurem ?) Eosin.

PAMPANA stellte zunächst fest, daß die Trypaflavinreaktion sich nicht zur Unterscheidung von Typen in der Typhus-Paratyphus-Enteritisgruppe eigene. Jedoch fand er die möglichen unterschiedlichen Reaktionen ein und derselben Species und selbst ein und desselben Stammes gegen Trypaflavin. Durch ihn erfolgt dabei die Verknüpfung der Dissoziationsphänomene S/R und Vorhandensein oder Fehlen von Trypaflavinempfindlichkeit. Danach wurden S-Formen durch Trypaflavin (0,2%ige Lösung) nicht, R-Formen gut agglutiniert. Von morphologischen S-Formkulturen, die ebenfalls mit Trypaflavin positiv reagierten, wäre anzunehmen, daß in ihnen ebenfalls das Antigen der R-Form oder ein erheblicher Prozentsatz von R-Formen vorhanden sei. Die Dissoziation der Stämme ermögliche auch, sie von nicht-trypaflavinempfindlichen in trypaflavinempfindliche Stämme zu überführen. Durch Analogieschlüsse sieht Pampana auch die Brucella „paramelitensis“ der Untersuchungen von Alessandrini und Sabatucci als R-Varianten von Brucella melitensis s. abortus an, deren besondere Bezeichnung demnach keine Berechtigung hätte.

Castelli stellte dann die unterschiedliche Reaktionsweise von wasser- und kochsalzgelöstem Trypaflavin fest. Untersuchungen an 25 verschiedenen Stämmen aus der Typhus-, Coli-, Ruhrgruppe ergaben, daß in wäßriger Lösung stets, in der Kochsalzlösung 15 der 25 untersuchten Stämme flockten. S- und R-Formen zeigten in verschieden konzentrierten Salzlösungen mit Trypaflavin verschiedenes Verhalten, R-Formen einen wesentlich höheren „Labilitätsindex“, sie absorbierten auch wesentlich mehr Chorionen als die S-Formen. Das Trypaflavin spaltete im übrigen bei der Elektrocapillaranalyse nach Kopaczewski in Wasser 2 Gruppen ab, eine elektropositive braungeflockte unten und eine elektronegative orangegelbe am oberen Capillarverschluß. In physiologischer Kochsalzlösung verhielt sich die filtrierte Farblösung wie eine schwach positive Substanz, während bei der nicht filtrierten Lösung nur eine schwache distale Verdünnungszone festzustellen war. Der Mechanismus der Reaktion wird dahingehend zu deuten versucht, daß für die Reaktion der agglutinierenden Fähigkeit des Trypaflavins — sowie anderer Acridinfarbstoffe (de Megni) — die elektropositive Farbstoffgruppe verantwortlich sei.

Soru, die mit Popescu-Combiesco und mit Dambroviceanu Choleravibrionen durch Trypaflavin- und Säureagglutination sowie Wanderungsgeschwindigkeit im elektrischen Feld unabhängig vom äußeren Koloniebild in S- und R-Formen einteilt, sah die trypaflavinpositiv reagierenden Stämme im elektrischen Feld mit höheren Geschwindigkeiten wandern ($3{,}14 \times 10^{-4}$ bis $1{,}6 \times 10^{-4}$). Dazwischen liegende Stämme zeigten auch nur eine partielle Trypaflavinreaktion. Danach schien ihr wie bei anderen Bakterienarten auch bei den Vibrionen die negative Ladung beim Typ R stärker zu sein als beim Typ S, demgegenüber jedoch für Stearns und Roepke (1941) „extreme electronegativity“ gerade ein Ausdruck der S- und M-Dissoziationsphase und Virulenz der Bakterienkulturen ist.

Auf Grund der Mitteilungen von Sertic und Boulgakov (1936), Hirsch (1937), Kauffmann (1937), Pacheko und Para (1938), Giovanardi (1938) findet die Trypaflavinreaktion in den folgenden Jahren eine dahingehende Einschränkung, daß nicht nur alle R-Formen, sondern auch bestimmte S-Formen wie die V-Form und ß-Phase der Typhusbakterien und gewisse unspezifische Salmonellaphasen eine positive Trypaflavinreaktion geben können. Kauffmann (1937) veranlassen diese Befunde bereits zu der Auffassung, daß demnach „eine positive Trypaflavinreaktion nicht das Vorliegen einer Rauhform wie häufig angenommen beweise, sondern man höchstens bei einer negativen Reaktion Rauhformen ausschließen könne“. Dieser Meinung steht jedoch wieder ein Befund von Haas (1937) gegenüber, wonach der glattwachsende, jedoch endotoxinfreie Sh. dysent. Aoki-Stamm (So-Form) nicht trypaflavinagglutinabel war.

Prigge und Kicksch (1941) empfehlen die Reaktion wieder zur Differenzierung von O- und o-Formen der Ruhrbakterien, bei welchen Bakterien sie auch von Prigges Mitarbeitern Bredehorst und Wagner (1952) und Heymann (1952) Erwähnung bzw. Verwendung findet. Heymann berichtet dabei aber auch von Ω-Formen der Flexner-Ruhrbakterien, die bei vorhandenem somatischem Typen- und Gruppenantigen bereits mit Trypaflavin (0,2%) positiv reagierten. Caselitz (1952) ist schließlich derjenige Autor, der über die Meinung von Kauff-

MANN (1937) hinaus die Trypaflavinreaktion als S/R-Differentialdiagnosticum überhaupt ablehnt. Nach ihm zeigten über die mitgeteilten Abweichungen hinaus auch Salmonellastämme, die weder Vi-Antigen noch eine unspezifische Phase und auch keine R-Eigenschaften besitzen, eine positive Trypaflavinreaktion. Entsprechend hatte vordem schon ROELCKE (1942) bei den von ihm mitgeteilten B. paradysent. palatinense positive Trypaflavinreaktion bei vorhandenem O-Antigen festgestellt, ebenso eine negative Reaktion bei R-(Flach-)Formen von Sh. Sonnei (E-Ruhrbakterien), die nur schwach in Anti-S-(Glatt-)Formseren agglutinierten (ROELCKE und BERTRAM 1940). ROELCKE verwandte in seinen Untersuchungen im übrigen das Trypaflavin nicht in der üblichen 0,2-, sondern 0,1%igen Lösung, was im Hinblick auf die Ergebnisse der folgenden Untersuchungen schon ein Vorteil gewesen ist.

Als Beitrag zu dieser Streitfrage wurden in Versuchen des Verf. (KRÖGER 1952) wiederum die Teststämme verschiedener Art-, Gruppen- und Typenzugehörigkeit mit *Trypaflavin und 13 anderen basischen Farbstoffen* geprüft (Acridingelb, Chrysoidin, Trypaflavin, Neutralrot, Auramin, Pyronin, Toluidinblau, Methylenblau, Diamantfuchsin, Malachitgrün, Methylviolett, Bismarckbraun, Brillantgrün, Janusgrün). Auf Grund der zitierten kritischen Ergebnisse früherer Untersucher wurden außerdem je 1 vorhandener S. typhi-Stamm mit und ohne Vi-Antigen (Ty O 901 — WEIL und FELIX 1920, Ty Vi I — BATHNAGAR und Mitarbeiter 1938, s. Kapitel VI) und ein zwischenzeitlich während der Versuchsdauer bei diagnostischen Untersuchungen angefallenes S/R-(Glatt/Flachform-)Stammpaar von Sh. Sonnei (Stamm Kröger E-Ruhr) mitgeführt. Es wurde dabei entsprechend dem zitierten Vorgehen von RUBINSTEIN und WINDHOLZ (1926) bei ebenfalls schon verschiedenen Bakterien, sowie von WAGNER und BREDEHORST (1952) bei Sh. dysenteriae auch der Flockungsendtiter der Farbstoffe festgestellt.

Die Farbstoffe wurden dabei in fallenden Verdünnungen ab m/100 (= 0,24—0,54%ige je nach Molekulargewicht der Farbstoffe) bis zur Titergrenze bei Lösung in Aqua dest. (s. BROSSA) verwandt. Die Agglutination erfolgte, wie bei den Farbstofftesten üblich, auf dem Objektträger.

Die Ergebnisse dieser umfangreichen Untersuchungen waren in mancherlei Hinsicht aufschlußreich. Sie erweisen zunächst einmal, daß mit jedem weiteren Stamm — ob anderer oder gleicher Art-, Gruppen- oder Typenzugehörigkeit — das Reaktionsbild mannigfaltiger wird, so daß eine systematische Ordnung in den Beziehungen zwischen den basischen Farbstoffen und den gramnegativen Darmbakterien immer weniger erkenntlich wird. Sie unterstreichen damit die Problematik und Täuschungsmöglichkeit, der man für allgemeinere Schlußfolgerungen hier unterliegen kann, wenn die Untersuchungen nur bei Dissoziationsformen einer einzigen Bakterienart oder -gruppe durchgeführt werden. Mit dieser Feststellung wird der Wert derartiger Untersuchungsergebnisse für den speziellen Fall einer untersuchten Keimart nicht in Frage gestellt.

Die Ergebnisse der Versuche sind in der Tabelle 2 dargestellt und ergaben im übrigen

Trypaflavin:

Die Unzulänglichkeit der Trypaflavinreaktion für die sichere o-Formdiagnose ist nur zu bestätigen, denn auch die mitgeführten Ω-Formen reagierten mit Trypaflavin in gleich hohen Titern wie die o-Form.

Auch für die O-Formdiagnose erscheint die Trypaflavinreaktion nur bedingt geeignet, d. h. nach den Reaktionen der Teststämme eventuell für die O-Formdiagnose bei Vi-freien

Tabelle 2. *Salz- und Farbstoffempfindlichkeitsgrad von Teststämmen*

Stamm	Morphologisches und serologisches Prüfungsergebnis		NaCl		Agglutinabilität in basischen			
			0,9%	3,5%	Acridingelb	Chrysoidin	Trypaflavin	Neutralrot
B. coli Kauffmann	SO	O	—	—	—	—	—	—
O 18-Gr.	Ro-Row	o-ow	+	+	m/1600	m/400	m/800	m/1600
S. paratyph. B Kröger								
B I	SO	O	—	—	m/1600	—	m/400	m/1600
	Ro	O	±	+	m/1600	m/400	m/3200	m/200
B II	SO	O	—	—	m/200	—	—	m/800
	RΩ	Ω	+	+	m/800	m/400	m/1600	m/800
B III	SO	O	—	—	m/800	—	m/200	m/800
	Ro	o	+	+	m/1600	m/400	m/800	m/1600
S. Dublin-Caselitz	So	O	—	—	m/400	—	—	—
	Row	o-ow	±	—	m1/600	m/400	m/1600	m/1600
S. dysent. Prigge	RO	O	—	—	—	—	—	—
	Ro	o	+	+	m/1600	m/400	m/1600	m/1600
S. typhi								
O 901	SOW	O	—	—	m/400	m/200	m/1600	m/400
Vi I	SOV	o—Ω	—	—	m/800	m/200	m/800	m/400
Sh. Sonnei-Kröger								
Glattform	+	—	—	—	m/400	—	m/400	m/200
Flachform	—	+	—	—	m/800	m/400	m/800	m/400

Coli- und Shiga-Ruhrstämmen. Jedoch ist nach den Prüfungsergebnissen bei den zahlreicher vertretenen Salmonellastämmen abzuwarten, ob nicht die Untersuchungen bei weiteren Coli- und Shiga-Ruhrstämmen auch hier noch Beschränkungen ergeben. Für die O-Formdiagnose von S. typhi (mit und ohne Vi-Antigen) wie auch von Sh. Sonnei fällt die Trypaflavinreaktion auf jeden Fall aus, da die O-Formen (und Glattform von Sonnei) hier bereits in ähnlich hohen Titern wie sonst die homologen o-Formen (bzw. Flachformen von Sh. Sonnei) reagieren. Bei anderen Vi-freien Salmonellastämmen könnte die Trypaflavinreaktion vielleicht in stärkeren als seit Pampana (1931) üblichen Verdünnungen noch für die O-Formdiagnose brauchbar sein (etwa unterhalb m/400 bzw. 0,05% wäßriger Lösung). Jedoch wird man nach den bisherigen Erfahrungen auch mit dieser „Modifikation" des Trypaflavintestes erst noch weitere Untersuchungsergebnisse bei anderen Salmonellastämmen, insbesondere auch solchen mit unspezifischen H-Phasen, abwarten wollen.

Andere basische Farbstoffe:

Eine sichere o-Formdiagnose ist auch mit keinem anderen der geprüften basischen Farbstoffe möglich, da auch hier eine unterschiedliche Reaktion der Ω-Formen von o-Formen nicht festzustellen war.

Für die O-Formdiagnose könnte sich Auramin eignen, das in m/100 = 0,3% wäßriger Lösung mit allen O-Formen negativ und mit allen o-Formen bis auf die Flachform von Sh. Sonnei positiv reagierte. Weitere Erfahrungen werden auch hier erst zeigen müssen, ob nicht noch über Sh. Sonnei hinaus andere Ausnahmefälle vorkommen, d. h. also andere o-Stämme ebenfalls hier negativ reagieren.

Insgesamt wird man nach diesen Untersuchungen feststellen, daß eine unterschiedliche Empfindlichkeit gegen basische Farbstoffe bei O- und o-Formen eines Bacteriums vorhanden sein *kann*, jedoch nicht vorhanden sein *muß*. Es können jedenfalls auch O- und o-Formen gramnegativer Darmbakterien durchaus in prinzipiell (Agglutinabilität) wie graduell (Flockungsendtiter) gleichartigerweise mit den basischen Farbstoffen reagieren. Diese Feststellung erscheint noch für die Erörterungen des nächsten Abschnittes (3) wesentlich.

zur S/R- und O/o-Formdifferenzierung. (KRÖGER 1952/53.)

Farbstoffen (mit Flockungsendtiter)									
Auramin	Pyronin	Toloidblau	Methylenblau	Fuchsin (Diamant)	Malachitgrün	Methylviolett	Bismarckbraun	Brillantgrün	Janusgrün
—	—	—	—	m/800	—	—	—	—	—
m/100	m/200	m/1600	m/800	m/800	m/400	m/800	m/1600	m/400	m/3200
—	m/200	m/1600	—	m/1600	—	m/800	m/1600	—	m/3200
m/200	m/200	m/1600	m/1600	m/1600	m/400	m/800	m/1600	—	m/6400
—	m/100	m/800	—	m/800	—	m/800	m/1600	—	m/1600
m/200	m/200	m/1600	m/1600	m/1600	m/200	m/800	m/1600	—	m/6400
—	m/100	m/1600	—	m/1600	—	m/800	m/1600	—	m/3200
m/200	m/200	m/1600	m/1600	m/1600	m/400	m/800	m/1600	m/100	m/3200
—	m/100	m/800	—	m/800	—	m/800	m/1600	—	m/1600
m/200	m/200	m/1600	m/1600	m/1400	m/400	m/800	m/1600	m/100	m/6400
—	m/100	m/800	—	m/800	—	m/800	m/1600	—	—
m/100	m/200	m/1600	m/1600	m/1600	m/400	m/800	m/1600	m/400	m/3200
—	—	m/800	m/1600	m/400	m/400	m/200	m/1600	m/200	m/3200
—	m/100,	m/800	m/1600	m/400	—	m/400	m/1600	—	m/3200
—	—	m/800	m/400	m/200	—	m/400	m/800	—	m/1600
—	m/100	m/800	m/800	m/400	m/200	m/400	m/1600	—	m/3200

Für die Differentialdiagnose von O-, Ω- und o-Form wird man nach diesen Ergebnissen den Farbstofftest nicht mehr verwenden wollen, allenfalls ihn noch als zusätzliches Kriterium für die Ω- und o-Formen vorsehen, die beide in wäßrigen Lösungen jedes der geprüften basischen Farbstoffe mit Ausnahme des Brillantgrüns — und für Sh. Sonnei-Flachformen des Auramins — innerhalb bestimmter Konzentrationen agglutinabel sein sollten.

Die bei den Versuchen der Tabelle 2 ersichtliche unterschiedliche Farbstoffagglutinabilitä von S. typhi O 901 und S. typhi Vi I waren noch Anlaß zur Nachprüfung, ob bei letzterem Stamm nach *Ausschalten des Vi-Antigens* wie sonst in der O-Agglutinabilität von Typhusstämmen die Farbstoffreaktion beider Stämme sich angleichen ließ. Das Ergebnis dieser Untersuchungen (KRÖGER 1952) zeigte, daß die Temperatureinwirkung die Reaktionsweise beider Stämme teils gar nicht oder nur in einer Titerstufe, teils jedoch erheblich verändert, welch letztere Reaktionsänderung im Falle zunehmender positiver Reaktionen den zitierten früheren Feststellungen von RUBINSTEIN und WINDHOLZ (1926) entsprechen würde. Eine stärkere Agglutinabilität war jedoch in den Untersuchungen nur bei dem Vi I-Stamm mit der nach der 60°-Behandlung nunmehr positiven Reaktion auch mit Malachit- und Brillantgrün der Fall, demgegenüber bei dem O 901-Stamm nur gegenteilige Wirkungen festzustellen waren. Dieser Stamm reagiert nach dem Erwärmen nicht mehr mit Toloidinblau, Malachit- und Janusgrün, obwohl vorher ganz erhebliche Titer vorgelegen hatten. Eine Prüfung ebenfalls Vi-freier O-Formen der Teststämme in zwei dieser 3 Farbstoffe nach Erwärmen zeigte ein ähnliches Verhalten (Titersenkung) nur bei der O-Form von S. Dublin in Janusgrün, während jedoch z. B. die O-Formen des E. coli- und Sh. dysent.-Stammes nach der 60°-Behandlung nicht mehr wie vorher mit Janusgrün negativ, sondern in höheren Titern positiv reagierten.

Soweit also der Temperatureinfluß geprüft wurde, führte dieser bei den beiden S. typhi-Stämmen (mit und ohne Vi-Antigen) nicht nur zu keiner Annährung im Farbstoffreaktionstyp, sondern zeigten sich auch z. B. noch neue Unterschiede. Auch die entsprechenden Prüfungen der übrigen O-Formen ergaben schon bei 2 Farben, daß eine Wärmebehandlung der Teststämme keineswegs einheitliche Folgen für die Reaktionsweise der Keime gegen die basischen Farbstoffe hat.

Abschließend sei noch erwähnt, daß bei den letztgenannten Untersuchungen für die Reaktionen der Teststämme keineswegs immer gleichgültig war, ob die Bakterien bei der 60°-Erwärmung in physiologischer NaCl-Lösung oder Aqua dest. aufgeschwemmt waren. In beiden Fällen zeigten die unmittelbar nach der Erwärmung aus dem Suspensionsmedium auszentrifugierten Bakterien zum Teil erhebliche unterschiedliche Reaktionen gegen den gleichen wäßrig gelösten Farbstoff. Auch der Unterschied im Suspensionsmedium bei der Erwärmung der Bakterien — 0,9% NaCl oder Aqua dest. — hat nach diesen Untersuchungen ebenfalls Reaktionsänderungen, aber nicht in systematisch faßbarer Weise zur Folge.

Von Wagner und Bredehorst (1952) wird dann noch berichtet, daß bei in Pufferlösung gewaschenen Bakteriensuspensionen (o-Formen) die Agglutination in gepufferten Farblösungen bei abnehmendem p_H (5,1—9,2) deutlicher, schneller und grobkörniger eintrete. Weiter hätten Farbstoffe mit unerwartet niedrigem Agglutinationstiter (z. B. Pyronin) eine ausgesprochen träge kathodische Wanderung bei der elektrophoretischen Prüfung gezeigt. Bei einer anderen Pyronincharge mit normalem Agglutinationstiter sei demgegenüber auch die elektrophoretische Wanderungsgeschwindigkeit größer gewesen. Aus diesen Beobachtungen wird erneut abgeleitet, daß es sich bei den Farbstoffagglutinationen um eine elektrostatisch bedingte Adsorption von Farbstoffkationen an der negativ geladenen Bakterienoberfläche handele, welche entsprechenden Hinweise der früheren Autoren Brossa (1923) und Rubinstein und Windholz (1926) bereits eingangs des Kapitels zitiert wurden. Eine kritische Stellungnahme zu diesen Deutungsversuchen enthalten, soweit es sich um das Verhältnis der O- und o-Formen gegenüber den basischen Farbstoffen handelt, die Ausführungen des folgenden Abschnittes.

3. Zum Wirkungsmechanismus der Salz- und Farbstoffempfindlichkeit.

Zum Wirkungsmechanismus der unterschiedlichen *Salzempfindlichkeit* der O- und o-Formen wurden bereits die Erklärungsversuche von Bruce White (1927) und W. Braun (1947) erwähnt, wonach der Ersatz der hydrophilen Polysaccharide der O-Antigene durch die wasserunlöslichen Lipoidkomplexe der Tiefenantigene in der Oberfläche der Bakterien die Ursache der Salzempfindlichkeit der o-Formen ist.

Nach Bruce White sollen dabei die (o)-Bakterien durch Behandlung mit Alkohol, Äther oder Chloroform — nicht durch Aceton (s. dagegen Béguin und Grabar 1952 — Kapitel III, 3) — ihre Salzempfindlichkeit verlieren und durch Zusatz des alkohollöslichen Stoffes (wahrscheinlich ein Phospholipoid, das an sich in S- (O-) und R-(o)-Formen gefunden wurde) wieder erhalten. In Versuchen des Verf. konnte bei den o-Formen der eigenen Teststämme auf diese Weise die Salzempfindlichkeit nicht beeinflußt werden. Sie war irreversibel, was nach Bruce White jedoch erst nach Hitzeeinwirkung der Fall sein soll.

Nach Bruce White (1932) und Dubos (1947) wird dann auch dem ς-Protein der S-(O-), R- (o-) und ς-Formen eine Bedeutung für die Instabilität von Bakteriensuspensionen eineingeräumt.

Bezüglich der hydrophilen *Polysaccharide* ist auch nach Mudd (1924—1927) die durch diese bedingte Hydratation (s. auch Mitchell 1949) der Grund dafür, daß O-Formen in jeder Salzkonzentration stabil blieben (Joffe und Mudd 1935), und daß erst ganz hohe Salzkonzentrationen derartige hydrophile Bakterien auf Grund von Dehydrationsvorgängen fällten (Liefmann 1913).

Die Vorstellung ist hierbei, daß bei den O-Formen vielleicht die hydrophile Wirkung der adsorbierten Ionen die „Kohäsionskraft" zwischen den Bakterien (Northrop und de Kruif 1921/22) vermindert (H. Schmidt 1951), wodurch bei Absinken des „aktuellen" oder „Zeta"-Potentials auch unter das ursprüngliche kritische Potential der Bakterien, deren Agglutination verhindert wird. Die hydrophobere Grenzflächenbeschaffenheit der o-Formen läßt nach dieser Auffassung demgegenüber durch das schwächere Wasserbindungsvermögen ihre Suspensionsstabilität bestimmender von ihrer Grenzflächenladung abhängen. Würde hier die letztere z. B. durch Zusatz von Elektrolyten oder Adsorption von Farbstoffen unter das kritische Potential der Bakterien herabgesetzt, so komme es mangels gleichzeitiger Verminderung der Kohäsionskraft und damit des kritischen Potentials zum Überwiegen der Kohäsionskraft mit der Folge der Agglutination.

Diese den Untersuchungen von NORTHROP und DE KRUIF (1920/21) und LOEB (1921—1924) Rechnung tragenden und von H. SCHMIDT (1950) entsprechend zitierten Deutungen dürften im Prinzip auch die Grundlage für die Erklärungsversuche von CASELITZ (1949) zur Salzempfindlichkeit der Salmonella o-Formen und von WAGNER und BREDEHORST (1952) zur Farbstoffagglutinabilität von Flexner-Ruhr-o-Formen sein. Für beide Agglutinabilitäten werden von diesen Autoren in erster Linie die Ladungsverhältnisse verantwortlich gemacht, demgegenüber jedoch nach den Ergebnissen der Abschnitte 2 und 3 wohl doch noch offenzulassen ist, ob wirklich nur Ladungsvorgänge hier die Agglutinationsphänomene bereits zur Genüge deuten lassen.

Es bleibt zu bedenken, daß nach den Untersuchungen schon der älteren Autoren, die sich mit elektrophoretischen Untersuchungen von Bakterien beschäftigt haben (BECHHOLD 1904, CERNOVODEANU und HENRY 1906, TAEGUE und BUXTON 1907), in destilliertem Wasser suspendierte Bakterien stets im elektrischen Feld anodenwärts wandern und zwar auch wenn sie agglutiniert sind. Schon diese Autoren folgerten daher, daß das von den Organismen getragene Potential die Agglutinationsphänomene nicht erklären könne (WELLS 1927). Durch die Untersuchungen von NORTHROP und DE CRUIF (1921/22) und LOEB (1922/23) konnten die bei der unspezifischen Agglutination vorliegenden Verhältnisse für hydrophile Bakterien wie die hier interessierenden O-Formen gramnegativer Darmbakterien in der oben angegebenen Weise weiteren Klärungen zugeführt werden. Auch für R-Formen gramnegativer Darmbakterien ist nach H. SCHMIDT (1950) exakt festgestellt, daß sie in Salzlösungen bei „Zeta"-Potential $<$ als 17 mV teilweise und $<$ als 10 mV vollständig agglutinieren.

Die Abhängigkeit der Suspensionsstabilität dieser Bakterien von der Grenzflächenladung scheint danach in der Tat gegeben. Dennoch möchte daran erinnert werden, daß z. B. in den obigen Versuchen von KRÖGER die wie CASELITZ als ladungsändernd angeführte Erhöhung der Temperatur nicht in gleichstarkem Maße wie anscheinend bei CASELITZ (1949) eine restlose Sedimentierung bei Zimmertemperatur noch suspendiert gebliebener o-Keime zu erreichen vermochte.

Auch für die Farbstoffreaktion ist im Hinblick auf den erwähnten neuerlichen elektrostatischen Deutungsversuch von WAGNER und BREDEHORST (1952 und 1953) zu bemerken, daß hier eine Temperaturerhöhung keineswegs zu gleichsinniger Änderung der Reaktionen der O- oder o-Form der gramnegativen Teststämme führte, sondern diese graduell (Titerhöhe) wie prinzipiell (Agglutinabilität) unterschiedlich sein konnte. Es kann weiter darauf hinverwiesen werden, daß nach Untersuchungen von KORSCH (1949) im Institut des Verf. mit Gentianaviolett und Fuchsin beladene Bakterien trotz des diesen Farbstoffen eigenen kathodischen Wanderungssinnes im elektrischen Feld keinen anderen als ihren ursprünglichen anodischen Ladungssinn aufwiesen.

Die basischen Farbstoffe wurden von den Bakterien zur Anode mitgenommen, und nur die von ihnen nicht gebundenen überschüssigen Farbstoffteilchen wanderten zur Kathode. Auch steigende Konzentrationen der Farbstoffe konnten den anodischen Wanderungssinn der Bakterien nicht ändern, sondern die anodische Wanderung nur behindern. KORSCH führte diese Untersuchungen mit $^1/_{32}$—1%ig in NaCl (physiologisch) gelösten Farblösungen an Staphylokokken und Proteus vulgaris-Bakterien durch. Verf. hat festgestellt (KRÖGER 1952), daß $^1/_7$—1% NaCl (physiologisch) gelöstes Gentianaviolett Proteus vulgaris-Bakterien agglutiniert.

Demnach ist aus den Versuchen von Korsch (1949) zu schließen, daß auch farbstoffagglutinierte Bakterien ihren negativen Ladungssinn beibehalten, wenn auch für jeden Deutungsversuch andererseits nach wie vor zu berücksichtigen bleibt, daß nur basische und nicht saure Farbstoffe mit den gramnegativen Darmbakterien reagieren (Brossa 1922, Rubinstein und Windholz 1926, Wagner und Bredehorst 1952).

Auf jeden Fall dürften bereits die geschilderten Tatsachen darauf hinweisen, daß die Verhältnisse vor allem auch bei der Farbstoffagglutination komplizierter sind, als dies bisher angenommen wird.

So dürften auch die von Wagner und Bredehorst (1952 und 1953) im Zusammenhang mit ihren Farbstoffagglutinationsversuchen bei Sh. dysent. und flexneri geäußerte Auffassung zum Wirkungsmechanismus dieser Reaktion durchaus noch mit einem Fragezeichen zu versehen sein. Die Vorstellung dieser Autoren geht hier dahin, daß bei O- und o-Formen der isoelektrische Punkt verschieden sei und die Anzahl ihrer negativen Oberflächenladungen nicht übereinstimme. In diesem Sinne schien, wie bereits erwähnt, auch für Soru (1934) die negative Ladung beim Typ R stärker zu sein als beim Typ S, demgegenüber wie erwähnt nach Stearns und Roepke (1941) gerade die O- und Virulenzformen die stärkste negative Ladung aufweisen sollen. Jedenfalls sind der bei einseitiger Betrachtung der Fälle unterschiedlicher Farbstoffreaktion von O- und o-Formen des gleichen Bacteriums — oder verschiedener Chargen des gleichen Farbstoffes — auf den ersten Blick vielleicht annehmbar erscheinenden Deutung von Wagner und Bredehorst die Befunde der Tabelle 2 entgegenzuhalten, nach denen manche der basischen Farbstoffe mit O- und o-Formen des gleichen Bacteriums qualitativ und quantitativ in gleicherWeise reagieren können, andererseits dieses jedoch dann auch nicht allgemein der Fall ist, sondern die gleiche Farbstofflösung mit anderen O- und o-Formen — ebenso die gleichen O- und o-Formen mit anderen Farben — wieder unterschiedlich reagiert.

Die gleichen Einwände sind auch gegen die von Heymann (1952) im Rahmen einer Abhandlung über Dissoziationsvorgänge bei Flexner-Ruhrbakterien gegebenen Auslegungen vorzubringen.

Danach geben im Zuge der O-Ω-o-Variationen stattfindende Antigen*veränderungen* — nicht nur Antigenverminderungen — durch „Aufbruch“ des (Flexner-Gruppen)-Antigenkomplexes Veranlassung zu physikalisch-chemischen veränderten Reaktionen. Diese Varianten würden dann durch Trypaflavin agglutiniert, sedimentierten bei stärkerer Desintegration des Antigenkomplexes in flüssigen Medien (Störung des kolloiden Gleichgewichts, vielleicht durch Ladungsänderung) und zeigten schließlich schwere Veränderungen der Oberflächenaktivität, gestörtes Wasserbindungsvermögen und Stoffwechselanomalien. Demgegenüber ziehe der Verlust des oberflächlichen, wahrscheinlich überwiegend aus Kohlenhydratmolekülen bestehenden (Ruhr-Flexner-Typ)-Antigens zwar immunbiologische, aber keine physikalisch-chemischen Folgerungen nach sich. Diese Verlustvarianten zeigten weder Spontan- oder Trypaflavinagglutinabilität, noch Sedimentation in flüssigen Nährmedien- im Gegensatz zu den „mit Aufbrechen des mit dem Gerüsteiweiß gekoppelten Antigenkomplexes erfolgenden schweren kolloidchemischen Veränderungen“ bei den obengenannten antigen*veränderten* Formen.

Dieser Auslegung wird man mit den früher gegebenen Einschränkungen zustimmen wollen, soweit es die allgemein größere Salzempfindlichkeit der o-Form gegenüber der O-Form betrifft, zumal Heymann hierbei vorsichtiger als Wagner und Bredehorst die beim O- und o-Formenwechsel erfolgenden „Störungen des kolloidalen Gleichgewichts als *vielleicht* durch Ladungsänderung“ verursacht sieht. Für nicht zweckmäßig ist dagegen nach den bisherigen Ausführungen die gleichsinnige Einordnung von Salzempfindlichkeit und Trypaflavinagglutinabilität anzusehen.

Wenn für o- und Ω-Formen insofern auch eine äußere Parallelität der Reaktionsweise gegen Kochsalz und Trypaflavin besteht, daß stärkere Konzentrationen von beiden Substanzen die Agglutination fördern und bei abnehmender Konzentration schließlich ein Punkt erreicht werden kann, in dem keine Agglutination mehr eintritt, so ist doch auch hier auf Grund der geschilderten teilweise gleichartigen Wirkung des Trypaflavins wie anderer basischer Farbstoffe auf O- und o-Form des gleichen Bacteriums die Farbstoffempfindlichkeit besser nicht in derart enger und gleichsinniger gedanklicher Verknüpfung mit der Salzempfindlichkeit dieser Formen zu betrachten. Auch nach AVI-DOR und YANIV (1953) wird deshalb die Farbstoffagglutination anders als die Salzempfindlichkeit (s. später) gedeutet und zwar vorsichtigerweise als vielleicht eine "denaturation of certain — possibly hydrophilic — constituents of the cellular surface".

Schließlich stellt ja auch HEYMANN selbst bereits eine unterschiedliche Reaktionsweise der Ω-Form seiner Flexner-Dissoziationsform fest: in 0,2%iger wäßriger Trypaflavinlösung bereits trypaflavinagglutinabel, zeigt sie jedoch nur gelegentliche Salzempfindlichkeit und diese auch erst in 3,5%iger NaCl-Lösung. Weiter erweisen eben die Fälle gleichartiger Reaktion von O- und o-Form des gleichen Bacteriums gegen eine der basischen Farben, daß zumindest bei ersteren von einem Aufbruch oder einer Desintegration des Antigenkomplexes als Ursache der Farbstoffreaktion keine Rede sein kann.

Man sieht sich um so mehr zu dieser Stellungnahme veranlaßt, als den geschilderten Farbstoffversuchen entsprechenden Untersuchungen der gramnegativen Darmbakterien mit verschiedenen Salzen eventuell für die Salzempfindlichkeit der O- und o-Formen auch noch andere Erkenntnisse erbringen könnten, als sie bisher zitiert wurden. Von Verf. zunächst nur orientierend mit den eigenen Teststämmen durchgeführte Untersuchungen in *Elektrolyten mit ein- und mehrwertigen Kation und ein- und zweiwertigem Anion* brachten jedenfalls nur zum Teil erwartete Ergebnisse (s. Tabelle 3):

Tabelle 3. *Agglutinabilität von O- und o-Formen gramnegativer Darmbakterien in Elektrolyten mit verschiedenwertigem Kation und Anion.* (KRÖGER 1952.)

O-Form von	B. coli Kauffmann O 18-Gr.	S. paratyph. B Kröger			S. Dublin Caselitz	Sh. dysent. Prigge 16 O
		B I	B II	B III		
m NaCl	—	—	—	—	—	±
m $MgCl_2$	—	—	—	—	—	—
m $CeCl_3$	—	±	—	—	—	—
m Na_2SO_4	—	+++	+++	+++	+++	+++
m $MgSO_4$	—	+	++	++	—	+
o- oder Ω-Form von	**B. coli**	**B I**	**B II**	**B III**	**S. Dublin**	**Sh. dysent. 58 o**
m NaCl	++	++	+	+	±	++
m $MgCl_2$	±	—	—	—	—	±
m $CeCl_3$	±	±	—	—	—	—
m Na_2SO_4	+	±	++	++	+	+
m $MgSO_4$	±	±	±	—	—	—

Danach war die Reaktion der verschiedenen O- und o-Formen weder für die O-Formen noch für die o-Formen einheitlich und auch nach der O/o-Differenzierung keineswegs formtypisch, wie ebenso der hier auch wieder von AVI-DOR und YANIV (1953) für wesentlich gehaltene Einfluß der Kationen gegenüber den Anionen nicht als systematische Beziehung zum Formtyp erkenntlich wurde. Es erscheint deshalb zweckmäßig, zunächst noch vor weiteren Schlußfolgerungen den Beziehungen zwischen O/o-Formcharakter und Salzempfindlichkeit der gramnegativen Darmbakterien in gleich systematischen Untersuchungen wie beim Farbstofftest nachzugehen.

Es bliebe dann noch der Hinweis auf die Angaben von Seppilli und Vendramini (1934), wonach ein Zusammenhang bestehen soll zwischen der Trypaflavinagglutinierbarkeit der Bakterien und der Möglichkeit, aus ihnen bei Zimmertemperatur mit 1% KOH durch Säure fällbare Nucleoproteide zu extrahieren *(Kalilyse)*. Da der KOH-Extrakt ebenfalls durch Trypaflavin ausflockbar war, sollte danach die Trypaflavinagglutination an Nucleoproteide gebunden sein, die nicht nur bei o-, sondern auch O-Formen vorkommen, jedoch bei letzteren nach Vendraminis Auffassung (1935) durch eine widerstandsfähigere Membran nicht so leicht in Lösung zu bringen seien. Wie früher erwähnt, hat auch Brossa (1922) schon an die Möglichkeit chemisch bedingter Affinitäten bei den Farbstoffreaktionen gedacht. Zu der Vorstellung von einer widerstandsfähigen Membran der S(O)-Formen wird man darauf hinweisen wollen, daß nach den bereits erwähnten heutigen Vorstellungen die O-Antigenkomplexe auf oder in und jedenfalls nicht unter der bei O- und o-Form eines Bacteriums in gleicher Art vorhandenen cytoplasmatischen Membran liegen sollen (Miles und Pirie 1939, Morgan 1949, s. Kapitel III, 1).

Caselitz (1951) fand bei Nachuntersuchungen die Kalilyse unabhängig von dem Grad der Kochsalz- oder von der Trypaflavinempfindlichkeit. Er möchte statt dessen eine positive Reaktion mit dem Vorhandensein von R-Antigen in den betreffenden Stämmen in Verbindung bringen, wobei bei positiv reagierenden S(O)-Formen an durch O-Antigen maskiertes R-Antigen gedacht wird, das den negativ reagierenden S(O)-Formen demnach fehlen soll. Schon auf Grund der Ergebnisse von Kapitel III, 1 und 3 über die R-Antigenverhältnisse in O-Formen der gramnegativen Darmbakterien wird man diesem Erklärungsversuch von Caselitz nicht zustimmen wollen.

Ohne in eigenen Versuchen die Kalilyse bei den zitierten Teststämmen geprüft zu haben, wird man aber dem oben zitierten Deutungsversuch von Vendramini schon entgegenzuhalten haben, daß bei einer Annahme schwierigerer Lösbarkeit der Nucleoproteide in den O-Formen gegenüber den o-Formen wiederum nicht erklärt werden kann, warum einige der basischen Farbstoffe auch manche O- und o-Form eines Stammes in gleicher Weise agglutinieren.

Abschließend dürfte nach den Ausführungen dieses Kapitels zur Genüge erwiesen sein, daß über den Wirkungsmechanismus insbesondere der Farbstoffreaktionen Bindendes noch nicht ausgesagt werden kann, aber auch zum Prinzip der Salzempfindlichkeit der O- und o-Formen durchaus noch weitere Untersuchungen wünschenswert sind, zumal auch nach anderen Zusammenhängen o-Formen in ihrer Zelloberfläche (unterschiedlich) noch hydrophile, wenn auch nicht O-spezifische Substanzen enthalten könnten (s. Kapitel V, 2 und X). Einen neuen Gesichtspunkt vermitteln dabei für die Farbstoffreaktionen vielleicht schon die Feststellungen von Stich (1952), nach dem Trypanflavin bei Mäusegeweben, lebenden Ciliaten und einkernigen Algen an desoxy- und ribonucleinsäurehaltige Zellteile angelagert wird, und wahrscheinlich den Umsatz beider Substanzen blockieren kann, wodurch sich die cytoplasmatische (und nach Barthelmess 1953 auch mutationsfördernde) Wirkung erklären ließe.

V. Die S/R-Differentialdiagnose bei gramnegativen Darmbakterien (einschließlich Säureagglutination).

1. Die bakteriologische und serologische Differenzierung.

Die bisherigen Untersuchungen zeigen bereits für einige der Kriterien, die in der S/R-Differentialdiagnostik bis auf den heutigen Tag eine erhebliche Rolle spielen, daß sie in ihrer Wertzumessung eine Wandlung erfahren müssen. Es wäre daher zu prüfen, nach welchen Charakteristika auch jetzt noch eine sichere Formabtrennung erfolgen kann.

Nach ARKWRIGHT (1921) stellten sich die Formunterschiede noch wie folgt dar:

S-Formen:

1. glattes Wachstum auf festem Nährboden;
2. diffuses Wachstum in Bouillon;
3. stabil in Salzlösung;
4. virulent;
5. Impfstoffe mit Schutzwirkung.

R-Formen:

1. rauhes Wachstum auf festem Nährboden;
2. Wachstum in flüssigem Nährboden mit Bodensatz und eventuellem Oberflächenhäutchen;
3. autoinagglutinabel;
4. avirulent;
5. Impfstoffe keine Schutzwirkung.

CASELITZ (1949) gibt demgegenüber unter Weglassung des S(O)-Formkriteriums für Salmonellastämme ohne Vi-Antigen folgende Schemata:

Ü(Ω)-Formen:

1. rauhes Wachstum auf einem 2%igen Traubenzuckeragar;
2. Spontanagglutination in 0,9—3,5%iger NaCl-Lösung mit Kulturmaterial von 2%igem Traubenzuckeragar;
3. Spontanagglutination in physiologischer Kochsalzlösung bei Einwirkung einer Temperatur von 100° C;
4. O-Antigenverlust;
5. Agglutination durch ein R-Antiserum, hergestellt von der R-Form des betreffenden Stammes.

R(o)-Formen:

1. rauhes Wachstum auf festem Nährboden;
2. charakteristisches Wachstum in Bouillon: Bodensatz, überstehende Flüssigkeit klar;
3. Spontanagglutination in 0,9%iger Kochsalzlösung (durch Hitzeeinwirkung wird diese beschleunigt);
4. Avirulenz im Tierversuch;
5. Fehlen jeglicher O-Antigene;
6. Erzeugung im Tierversuch eines R-Agglutinins.

CASELITZ hebt dabei ausdrücklich hervor, daß R(o)- und Ü(Ω)-Formen nur dann als solche zu gelten haben, wenn sie sämtliche der von ihm aufgeführten Eigenschaften erfüllen.

HEYMANN (1952) differenzierte dann die O-Ω-o-Form von Sh. Flexneri zunächst wie folgt:

O-Formen:

1. Agglutination im diagnostischen FLEXNER-Serum;
2. stabil in 0,2%iger wäßriger Trypaflavinhydrochloridlösung (milchige Trübung);
3. keine Spontanagglutination;
4. Wachstum in Bouillon: diffus trübend;
5. S/R-Umschlagbereich auf Agar: 2—2,5%ige Agarkonzentration;
6. Substanz der Kolonie: weich, gut schmierbar.

Ω-Formen:

1. Agglutination in diagnostischem FLEXNER-Serum;
2. agglutinabel durch Trypaflavin (körnige Agglutination);
3. gelegentliche Spontanagglutination in 3,5%iger Kochsalzlösung;
4. Wachstum in Bouillon: diffus trübend;
5. S/R-Umschlagbereich bei etwa 2—2,5%iger Agarkonzentration;
6. Substanz der Kolonie: weich, gut schmierbar.

o-Formen:

Variante o(w):

1. fehlende oder eben angedeutete Reaktion in diagnostischem FLEXNER-Serum;
2. agglutinabel durch Trypaflavin;
3. Spontanagglutination in Kochsalzlösung;

4. Wachstum in Bouillon: Sedimentation;
5. S/R-Umschlagbereich bei etwa 2%iger Agarkonzentration;
6. Substanz der Kolonie: weich, gut schmierbar.

Variante o (k):

1. keine spezifische Agglutination durch FLEXNER-Serum;
2. klumpt in Trypaflavin;
3. Spontanagglutination in Kochsalzlösung und Serum;
4. Wachstum in Bouillon: Sedimentation;
5. S/R-Umschlagbereich bei 0,85—1%iger Agarkonzentration;
6. Substanz der Kolonie: trocken, krümelig.

Die Schemata von CASELITZ (1949) und HEYMANN (1952) zeigen schon die auf Grund der fortgeschrittenen Erkenntnisse seit ARKWRIGHT (1921) notwendige größere Differenziertheit der Kriterien. Sie unterstreichen darüber hinaus jedoch sinnfällig die noch vorhandene Unterschiedlichkeit in den Auffassungen der modernen Untersucher über Nutzen und Bedeutung der einzelnen Kriterien.

Wenn im folgenden zu diesen Schemata kritisch Stellung genommen wird, so zunächst noch unter Ausschluß der Virulenz und des Schutzeffektes beider Formen, da deren Prüfung für praktische Differenzierungen zu zeitraubend und umständlich, außerdem prinzipiell mit besonderen Problemen belastet ist, auf die erst später eingegangen werden soll (s. Kapitel VI und VII). Von den übrigen bisher genannten Kriterien sind dagegen schnell überprüfbar:

a) das Wachstumsbild auf festem und in flüssigem Nährsubstrat,
b) die Konsistenz der Kolonie auf festem Nährboden,
c) die Agglutinabilität durch
   1. Kochsalzlösungen (einschließlich Sedimentationsversuch),
   2. Farbstofflösungen,
   3. diagnostische Seren.

Zu a). Im Sinne der früher diskutierten Forderungen nach Beschränkung der S/R-Formenbezeichnung auf das *morphologische Erscheinungsbild* der Kolonie auf festem Nährsubstrat wäre demnach die Diagnose S- oder R-Form leicht zu stellen. Nun zeigen jedoch Untersuchungen — angedeutet bereits bei CASELITZ (1949) systematisch, unabhängig voneinander und in verschiedener Art von HEYMANN (1952) und von KRÖGER (1952) durchgeführt — die Abhängigkeit des morphologischen Erscheinungsbildes von Agarkonzentration und chemischer Zusammensetzung des Nährbodens (s. Kapitel XI, 3).

Aus diesem Grunde verzichtet im Gegensatz zu CASELITZ bereits HEYMANN in seinem Schema auf die S/R-Formenbezeichnung und kennzeichnet die Dissoziationsformen nur nach ihrer Antigenstruktur (O-, Ω- und o-Form), die S/R-Eigenschaft wird dieser Formenbezeichnung als nur eines von mehreren Kriterien bei diesen Formen untergeordnet.

Wenn demgegenüber nach den bisherigen Ausführungen durch Beibehaltung der S/R-Formenbezeichnung bei Hinzunahme der O/o-Strukturbezeichnung eine Art Mittelweg zwischen dem üblich gewordenen Gebrauch des S/R-Kennzeichnens und des Vorgehens von HEYMANN eingeschlagen wird, so ist hierbei allerdings stillschweigende Voraussetzung, daß mit der S- und R-Kennzeichnung das *morphologische Erscheinungsbild* auf *gewöhnlichem Fleischwasseragar* üblicher, d. h. *2—2,5%iger Agarkonzentration* gemeint ist, unter welchen Kulturbedingungen der S/R-Begriff schließlich auch entstand („morphologische Grundform" — KRÖGER 1952/53). Mit diesem auch sachlich korrekten und eindeutigen Vorgehen scheint auch der Anschluß an die historische Entwicklung am besten gewahrt (s. Kapitel XI).

Zu b). Da die von HEYMANN (1952) neu aufgeführte Konsistenzprüfung der Kolonien nach Untersuchungen des Verfassers kein sonderlich leistungsfähiges Differentialdiagnosticum darstellt und eine mindest gleiche, wenn nicht noch größere Abhängigkeit von den Kulturbedingungen wie das S/R-Merkmal zeigt, wird man die Einführung der Konsistenzprüfung als neues differentialdiagnostisches Kriterium nicht für zweckmäßig halten.

Zu c). 1. und 2.:

Die für die O/o-Kennzeichnung klassischen Kriterien des *Wachstums der Stämme in flüssigen Nährmedien* und ihrer *Stabilität oder Instabilität* in (Koch-)Salzlösungen wären auf Grund der Feststellung des Kapitels IV in *Modifikationen* auch weiterhin wie folgt zu verwenden:

a) für O-Formen: *Stabilität* in Bouillon, 0,9—3,5%iger NaCl-Lösungen, sowie eventuell zusätzlich in bestimmten basischen Farbstofflösungen bestimmter Konzentration (z. B. Auramin m/100 = 0,3%); die vollständige Erfüllung dieser Bedingungen scheidet zugleich etwaige o- oder Ω-Formen aus;

b) für Ω- und o-Formen: mehr oder weniger vollständige *Sedimentation* und *Agglutinabilität* in obengenannten Suspensionsmedien einschließlich der genannten Farbstofflösung, wobei diese Kriterien eine Differenzierung zwischen Ω- und o-Form nicht ermöglichen, jedoch das Vorliegen einer dieser Formen bestätigen (Ausnahme für Auramintest bisher Sh. Sonnei, deren Flachform dafür durch Chrysoidin oder Malachitgrün agglutiniert wird).

Zu c). 3.:

Bei der Agglutinabilitätsprüfung auf dem Objektträger mit

a) homologen Anti-O-Seren;
b) homologen Anti-R-Seren

haben zu reagieren (Vi-haltige Stämme nach vorherigem Erhitzen auf $^1/_2$ Std 60^0 zur Ausschaltung des Vi-Antigens):

O-Formen: positiv mit dem homologen Anti-O-Serum;
negativ mit dem homologen Anti-R-Serum.
Ω-Formen: positiv mit dem homologen Anti-O-Serum;
positiv mit dem homologen Anti-R-Serum.
o-Formen [o(w)- und o- oder o(k)-Form]: negativ bis zweifelhaft mit homologem Anti-O-Serum;
positiv mit dem homologen Anti-R-Serum.

Da die O-, Ω- und o-Kennzeichnung eines Stammes dessen Antigenstruktur ausdrückt, sollte das Ergebnis dieser serologischen Prüfung das entscheidende Kriterium für die Einordnung eines Stammes im Rahmen des O/o-Formenwechsels sein und zwar auch im Fall des Abweichens eines Stammes in dem einen oder anderen sonstigen Merkmal des Formtyps, wie dies ähnlich schon einmal MEYER und GOLDENBERG (1933) angeregt haben.

Die Agglutinabilitätsprüfung ist in Zweifelsfällen oder Fällen notwendiger strenger Anforderungen an die O-, Ω- und o-Formdiagnose durch die Prüfung der Stämme auf ihre *agglutinogenen* und *agglutininbindenden* Fähigkeiten zu ergänzen, womit das somatische Antigenstrukturbild erst voll erkenntlich wird (Aufdeckung partieller Antigenveränderungen, z. B. Verlust der Agglutinabilität bei erhaltener antigener Wirksamkeit und Agglutininbindungsfähigkeit [MACKENZIE und Mitarbeiter (1932/33), KRUMWIEDE und Mitarbeiter (1925)].

Vor allem zur Ergänzung und endgültigen Klassifizierung von Ω- und o-Formen, letztere als ow (w = ganz wenig O-Antigen)- und o- oder ok (k = kein O-Antigen)-Form, sind diese

Untersuchungen bedeutungsvoll, weshalb auch Heymann (1952) sein Differenzierungsschema für die von ihm bearbeiteten Flexner-Ruhr-Bakterien Typ 3 (H) noch wie folgt ergänzt:

O-Form						
Strukturbild	1. Agglutinabilität	III		1	6	7.8.9
gemäß	2. agglutinogener Wirksamkeit	III		1	6	7.8.9
	3. Agglutininbindungsvermögen	III		1	6	7.8.9
Ω-Form						
Strukturbild	1. Agglutinabilität	III	III	1	6′	7.8.9
gemäß	2. agglutinogener Wirksamkeit	III	III	1	6′	7.8.9
	3. Agglutininbindungsvermögen	III	III	1	—	7.8.9
o(w)-Form						
Strukturbild	1. Agglutinabilität	III	III	1	6′	(7.8.9)
gemäß	2. agglutinogener Wirksamkeit	(III)	III	1	6′	—
	3. Agglutininbindungsvermögen	(III)	III	1	—	—
o(k)-Form						
Strukturbild	1. Agglutinabilität	?	?	?	?	?
	2. agglutinogener Wirksamkeit	—	—	1	6′	—
	3. Agglutininbindungsvermögen	—	—	—	—	—

(römische Ziffern = somatisches Typenantigen, arabische Ziffern = somatisches Gruppenantigen)

Die Prüfung des O-Agglutininbindungsvermögens ist noch relativ kurzfristig, die des O-Agglutininbildungsvermögens zeitraubend. Versuchstiere können unterschiedliche Agglutininbildner sein, weshalb gerade im Falle der Prüfung auf etwaigen O-Restbestandteil in einem Stamm die Testimmunisierungen besser langfristiger als sonst üblich durchzuführen sind (dabei eventuell mit Applikation der Immunisierungsantigene in das Knochenmark, was nach Poursines und Salignon 1953 zu höheren Agglutinationstitern führen soll).

Nach diesen O-Agglutininbildungs- und -bindungsversuchen war dann auch z. B. die R-Form des E. coli-Kauffmann-Stammes serologisch eventuell nicht ganz (chem. ganz — s. unten 2), die des S. paratyph. B Kröger B I und Sh. dysent. Prigge 58 o dagegen völlig O-frei. Im übrigen zeigten die mit den O-Agglutininbildungsversuchen bei S. paratyph. B I und E. coli R I gewonnenen Anti-R-Seren nur relativ niedrige Anti-R-Titer, was auch schon Meyer und Goldenberg (1933) und Takano (1934) von ihren Anti-R-Seren berichten.

Zusammenfassend wird man nach allen bisher mitgeteilten Untersuchungen das *Differenzierungsschema* zum S/R-Formen- und O/o-Strukturwechsel von gramnegativen Darmbakterien wie folgt vorsehen wollen:

1. Feststellung des morphologischen Kulturbildes auf 2—2,5%igem Fleischwasseragar, d. h. in der „morphologischen Grundform“ (S- oder R-Formdiagnose);

2. Agglutination der Kulturen von Fleischwasseragar auf dem Objektträger mit 0,9 und 3,5%iger NaCl- und eventuell m/100 = 3,5%iger wäßriger Auraminlösung; sowie Sedimentationsversuch in Bouillon und 0,9 und 3,5%igem NaCl-Medium (Bestätigung von O-Formen, Ausschluß von Ω- oder o-Formen bei O-Formdiagnosen, Bestätigung von Ω- oder o-Formen mit Sonderregelung für Sh. Sonnei-Flachform);

3. Agglutination der Kulturen von 2%igem Fleischwasseragar mit homologen Anti-O-Faktoren- und Anti-R-Seren auf den Objektträger — bei Stämmen mit Vi-Antigen nach Erwärmen $^1/_2$ Std bei 60° (Bestätigung der O-, Ω- oder o-Formdiagnose, Abgrenzung von Ω- und o-Form);

4. Prüfung des O-Agglutininbindungs- und -bildungsvermögens (Abgrenzung von Ω- und o-Formen).

Die sich nach diesen Prüfungen ergebenden Daten der hier wiederholt zitierten Teststämme zeigen die folgende Abb. 11 und die Tabelle 4.

Tabelle 4. *Morphologische und serologische Daten der S/R- und O/Ω/o-Teststämme von* Kröger 1951—1954.

Stämme	E. coli Kröger R I	E. coli Kauffmann		S. paratyphus B Kröger						S. Dublin Caselitz		Sh. dysent. Prigge		Sh. Sonnei (Kröger-E-Ruhr)		S. typhi O 901	S. typhi Vi I Bathnagar	
				B I		B II		B III										
		O 18	homolog. R-Stamm	S	R	S	R	S	R	S	R	16 O	58 o	Glatt-form	Flach-form		le-bend	1/2 Std 60°
Morphologisch S/R	R	S	R	S	R	S	R	S	R	S	R	R	R	S	R	S	S	ent-fällt
Agglutinabilität in: homologem Anti-O-Serum	Anti-O-Serum nicht vorhanden	+	(+)	+	— und ±	+	+	+	—	+	—	+	—	mit Glattformserum + — mit Flachformserum — +		+	—	+
Anti-RB 928	+	—	+	—	+	—	+	—	+	—	+	—	+	—	—	—	—	—
Anti-RC 982	+	—	+	—	+	—	+	—	+	—	+	+	+	—	—	—	—	—
O-Agglutininbildung	entfällt, da kein homologer O-Stamm vorhanden	+	(+)	+	—	+	nicht mehr geprüft	+	nicht mehr geprüft	+		+	—	nicht geprüft		nicht geprüft	nicht geprüft	
O-Agglutininbindung	,,	+	(+)	+	—	+	+	+	—	+	(+)	+	—					
Kochsalzagglutination: 0,9%	—	—	+	—	±	—	+	—	+	—	±	—	+	—	—	—	—	—
3,5%	+	—	+	—	+	—	+	—	+	—	+	—	+	—	—	—	—	—
Sedimentation in: Bouillon	+	—	(+)	—	(+)	—	±	—	±	—	+	—	+	—	(+)	—	—	—
0,9% NaCl	±	—	+	—	±	—	±	—	(+)	—	+	—	±	—	—	—	—	—
3,5% NaCl	+	—	+	—	(+)	—	±	—	(+)	—	+	—	+	—	(+)	—	—	—
Farbstoffagglutination m/100 Auramin	+	—	+	—	+	—	+	—	+	—	+	—	+	—	— (!)	—	—	—
Formtypdiagnose	Ro-Row	SO	Row-Ro	SO	Ro	SO	RΩ	SO	Ro	SO	Row	RO	Ro	Glatt-form	Flach-form	SOW	SOV	

Es ist dann noch von Béguin und Grabar (1952) als weiteres Differentialdiagnosticum die *Säureagglutination* (S.A.) angegeben worden. Die Autorinnen knüpfen dabei an die bei Typhusbakterien getroffenen Feststellungen von Scholtens (1938) über die Abhängigkeit der S.A. von den Antigenen an: eine

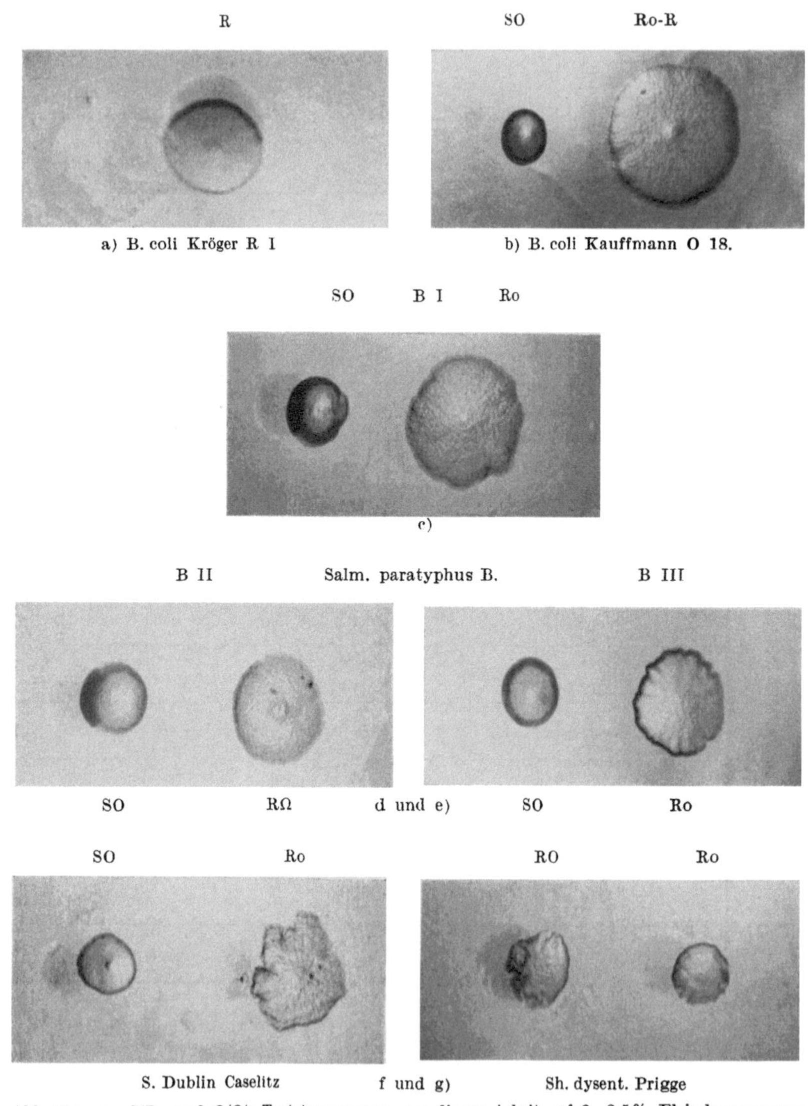

Abb. 11a—g. S/R- und O/Ω/o-Teststammpaare aus dieser Arbeit auf 2—2,5% Fleischwasseragar.

vom H-Antigen abhängige Agglutinationszone um p_H 4,3, eine zweite Zone, abhängig vom Vi-Antigen bei p_H 2,2. Béguin und Grabar stellten nun fest, daß alle Salmonellen eine vom H-Antigen abhängige S.A. bei p_H $\pm$ 4 und unabhängig von der zweiten, Vi-abhängigen Zone eine dritte, dem R-Antigen zuzurechnende Zone zwischen p_H 1,9 und 3,35 aufwiesen. Nachkontrollen des

Verfassers (KRÖGER 1952) mit den eigenen Teststammpaaren zeigten mit ebenfalls Sörensen-Citratpuffer für die *Salmonella*-SO-Form (ohne S. typhi) keine Agglutinationszonen im sauren p_H-Bereich, dagegen in der Tat eine Agglutinationszone von p_H 1,08 (+ oder ±) bis 3,8 (+) bei den Ro- (und RΩ)-Formen der Salmonellen. Demnach wäre die eventuelle Geeignetheit der S.A. für die O/o-Formdiagnose bei Salmonellen durchaus weiterzuverfolgen. Bei dem Coli- und Ruhr-Teststammpaar der Versuche waren die Ergebnisse widersprechend (Coli O 18-Ro bzw. Row-Agglutinationszone nur von p_H 2,6—3,0, ein andermal überhaupt negativ, Sh. dysent. Prigge RO ebenfalls Agglutinationszone von p_H 1,4—3,4).

2. Chemische Zusammensetzung und Differenzierung von O- und o-Formen.

Da die bisherigen Ausführungen zeigen, daß eine Differenzierung von O-, Ω- und o-Formen unter Umständen eine recht diffizile und zeitraubende Arbeit sein kann, liegt die Überlegung nahe, ob nicht der Unterschied dieser Formen im Gehalt an dem spezifischen Phospholipoid-Protein-Lipopolysaccharid-Komplex des O-Antigens qualitativ- oder quantitativ-chemische Reaktionen erlaubt, die einfacher und ebenfalls sicher zum Ziele führen.

Es wurde schon zitiert, daß BOIVIN (1939) überhaupt die S/R-Kennzeichnung mit der chemischen Zusammensetzung der Bakterien verknüpfen wollte. Danach sollten die glucolipoidhaltigen Bakterien S-Formen und R-Formen nur solche sein, die keine Glucolipoide enthalten. Es wurde bereits ausgeführt, daß aus Gründen der Logik und sachlichen Klarheit der eindeutig der morphologischen Nomenklatur zugehörige S/R-Formenkennzeichnung nicht ein anderer — auch nicht chemischer — Sinn untergeschoben werden möchte.

Es bleibt jedoch noch zu fragen, ob die zwischen O/o-Formen sicher vorhandenen chemischen Unterschiede sich in einem Reaktionsschema bereits derart fassen lassen, daß der Ausfall dieser Reaktionen eindeutig zu den *serologischen* Erscheinungsformen in parallele Beziehungen gesetzt werden kann. Nur dann wäre vertretbar, die serologische Merkmale charakterisierende O/o-Formdiagnose auch auf die Grundlage derartiger chemischer Reaktionen zu stellen und mit der O/o-Formbezeichnung zugleich die Kennzeichnung bestimmter chemischer Merkmale der Bakterien zu verbinden.

BRUCE WHITE (1929) gibt in diesem Sinne bereits die Verwendbarkeit von *Millons*- und *Molisch*-Reagens zur Differenzierung von S- und R-Formen an. Danach würden R-Formen (eine große Öse in 3 cm^3 Wasser emulgiert) durch Millions-Reagens (1 cm^3) sofort geklumpt; bei Aufkochen würde schnell die rosarote Farbe des positiven Testes erreicht. Glatte Bakterien blieben demgegenüber aufgeschwemmt und die Farbe der Aufschwemmung vertiefte sich beim Aufkochen nicht über eine gelbliche oder ockerfarbene Tönung hinaus. Ein etwa sich bildender Bodensatz sei leicht aufzuschütteln, bliebe ebenfalls nur gelb bis ockerfarben, eventuell schwach rosarot, was von dem Grade der Glattheit abhängig sei. Glatte Bakterien, von denen der lösliche spezifische nicht proteinartige Faktor (Kohlenhydrat der O-Antigene) extrahiert worden sei (z. B. durch längeres Kochen mit verdünnter Säure) oder die Proteine durch Säure aus NaOH-suspendierten glatten Bakterien niedergeschlagen würden, reagierten präzise wie Rauhbakterien. Es sei daraus zu schließen, daß in den glatten Organismen die löslichen spezifischen Kohlenhydrate zwischen dem tyrosinhaltigen Komplex und das Reagens träten, und demnach die glatten Bakterien einen die Glattheit ausmachenden eigenen Bestandteil enthielten. Rauhbakterien reagierten im übrigen auch in Gemischen mit glatten Bakterien in der ihnen typischen Art. Glatte Bakterien reagierten dann weit kräftiger im Molisch-Test für Kohlenhydrate als Rauhformen, vorausgesetzt, daß der Test für beide Formen unter gleichen Bedingungen gebraucht würde.

WHITE wird von MORGAN (1949) mit beiden Reaktionen erneut in modernen Betrachtungen zur Natur der Bakterienoberfläche und von BÉGUIN und GRABAR (1952) mit der Millon-Reaktion bei neueren R-Formenuntersuchungen zitiert. Die Unterschiedlichkeit der Reaktionsweise der S(O)- und R(o)-Formen in dem einfachen Molisch-Test wird dabei als ein Kriterium dafür gesehen, daß „eine Polysaccharidsubstanz ein wichtiger Bestandteil der Bakterienoberfläche von Glattformen ist". Ebenso wird die Verschiedenheit der Reaktion von S(O)- und R(o)-Formen — sowie die den R(o)-Formen gleichartige Reaktion von S(O)-Stämmen nach Extraktion der spezifischen Polysaccharide — mit Millons-Reagens als Hinweis darauf betrachtet, daß „das konjugierte Protein des O-Antigens oder anderes Protein kein größerer Bestandteil der Oberfläche der Glattkeime ist".

Erfahrungen des Verfassers mit diesen Differenzierungsvorschlägen von BRUCE WHITE waren enttäuschend.

Schon *Millons-Reagens* ergab bei den Teststammpaaren keine eindeutigen Reaktionen und auch bei wesentlich dickerer Bakterienaufschwemmung (3 Ösen in 3 cm³ Aqua dest. zeigten sich Unterschiede nur im Flockungsgrad (O-Form $\pm$ bis $+$, Ω und o--Form $++$), jedoch wiederum keine Farbdifferenzen.

Die *Molisch-Reaktion* wurde zunächst orientierend an einigen einfachen und höheren Zuckern auf ihre etwaige quantitative Leistungsfähigkeit geprüft, da schon nach BRUCE WHITE (1928) in R-Formen noch Kohlenhydrate vorhanden sind, wenn auch nach seinen weiteren Untersuchungen nicht mehr gruppen-, sondern „kosmopolitische" Spezifität. Es interessierte demnach, in welchem quantitativen Bereich etwa die Molisch-Reaktion Unterschiede anzeigt (Tabelle 5).

Tabelle 5. *Orientierende Prüfung der quantitativen Leistungsfähigkeit der Molisch-Reaktion bei verschiedenen Kohlenhydraten.*

(Ausführung: 3 cm³ der zu untersuchenden Lösung wurden mit 3 Tropfen α-Naphthol (15% in reinem absolutem Alkohol) versetzt und mit 1 cm³ reiner nitrit- und nitratfreier Schwefelsäure unterschichtet].

1%ige Lösung	1:10	1:100	1:300	1:400	1:600	1:700	1:800	1:1000
	100 mg-%	10 mg-%	3,3 mg-%	2,5 mg-%	1,66 mg-%	1,4 mg-%	1,25 mg-%	1 mg-%
Dextrose . . .	++	+	schw. +	schw. +	Spur	—	—	—
Saccharose . .	+++	+++	+	+	schw. +	schw. +	Spur	—
Rhamnose . . .	++	+	+	schw. +	Spur	Spur	—	—
Galaktose . . .	++	schw. +	Spur	—	—	—	—	—
Lactose	+++	+++	+	schw. +	Spur	—	—	—
Stärke (löslich) .	++	+	schw. +	schw. +	Spur	—	—	—

Das Ergebnis der Molisch-Reaktion bei einigen der O-, Ω- und o-Formen der Teststämme stellte sich dann wie folgt dar:

E. coli O 18-Gr-, S. paraty. B I und II-, Sh. dysent. 16 O—SO: $+$ (Spur).

E. coli O 18-Gr-, S. paraty. B I und II-, Sh. dysent. 58 o—Ro bzw. RΩ: $+$ (Spur).

Nach diesen Versuchen eignete sich auch die Molisch-Probe nicht zur qualitativen oder quantitativen O/o-Formdifferenzierung bei gramnegativen Darmbakterien.

Der nicht erwartete Ausfall der Versuche mit der Molisch-Reaktion und mit Millons-Reagens war Anlaß, dem *quantitativen Kohlenhydrat- und Proteingehalt der Teststammpaare* des Verfassers nachzugehen.

Die dabei von O. WESTPHAL und O. LÜDERITZ (1951/52) mit Hilfe des von ihnen zusammen mit Bister ausgebauten Phenol-Wasser-Extraktionsverfahrens (s. unten) praktisch quantitativ ermittelten Werte in Prozent der Trockenbakterienmasse waren wie folgt (s. Tabelle 6).

Tabelle 6. *Kohlenhydrat-, Nucleinsäure- und Proteingehalt von O-, Ω- und o-Formen gramnegativer Darmbakterien.* (Kröger 1953.)

Stämme	Wäßrige Phase		Phenolphase
	Kohlenhydrat	Nucleinsäure	Protein
E. coli-Kauffmann O 18-Gruppe			
SO-Form	5,9	0,8	11
Row-Ro-Form	1,5	3,7	19
S. paratyph. B Kröger B I			
SO-Form	6,6	5,4	27
Ro-Form	7,2	6,0	26
S. paratyph. B Kröger B II			
SO-Form	4,7	0,8	27
RΩ-Form	6,3	0,2	18
S. paratyph. B Kröger B III			
SO-Form	7,7	1,1	30
Ro-Form	4,6	0,55	23
S. enterit. Kröger G I SO-Form	4,7	0,3	23
S. Dublin-Caselitz Row-Form	4,8	3,1	26
Sh. dysent. Prigge 16 O	2,9	0,8	16
	2,7	1,1	19
	2,5	0,8	15
Sh. dysent. Prigge 58 o	4,4	0,1	13

Als eine SO-Form der Enteritis-Gärtner-Gruppe wurde an Stelle des S. Dublin-Caselitz SO-Stammes der S. enterit. Kröger G I-Stamm zur Analyse gegeben, da der letztere Stamm mit erhaltener hoher Fütterungspathogenität für Mäuse als Gegensatz zur Ro-Form von S. Dublin-Caselitz für Schutzuntersuchungen (s. Kapitel VII) zunächst mehr interessierte.

Die Tabelle 6 zeigt, daß systematische Beziehungen zwischen dem quantitativen Kohlenhydrat-, Nucleinsäure- oder Proteingehalt der gramnegativen Darmbakterien und deren serologischen Erscheinungsformen O, *Ω* und o *nicht* bestehen.

Die prozentualen Anteile im Verhältnis zur Gesamttrockenmasse der Bakterien schwanken bei den O- wie den o-Formen in weiten Grenzen und zwar wie am Beispiel der S. paratyph.-Stämme ersichtlich schon innerhalb des gleichen serologischen Typs. Ciuca, Mesrobeanu und Badenski (1936) hatten Schwankungen in der chemischen Zusammensetzung der O-Antigene bisher nur für gleiche Bakterienarten festgestellt (s. unten), wobei Staub und Combes (1952) frisch vom Kranken gezüchteten Stämmen gegenüber Sammlungskulturen einen bis 3fach höheren spezifischen Polysaccharidgehalt zuerkennen möchten.

In den Versuchen der Tabelle 6 sind die Anteile der einzelnen Stoffgruppen einmal bei der O-Form und zum anderenmal bei der o-Form eines Stammes größer, so daß auch nicht durch die Größenordnung etwa des Kohlenhydrats- oder Proteinanteils auf das Vorliegen einer O- oder o-Form geschlossen werden kann. So waren z. B. auch die Kohlenhydratanteile bei dem hoch fütterungspathogenen S. enterit. Kröger G I-Stamm (O-Form) und der mäuseavirulenten Ro-Form von S. Dublin-Caselitz gleich groß, wie bei dem Sh. dysent. Prigge-Stamm der Kohlenhydratanteil der zwar ebenfalls toxischen, aber nicht „infektiösen“ o-Form den der O-Form erheblich übertraf. Auf diese Befunde wird noch in Kapitel VI zurückzukommen sein.

Die Ergebnisse bestätigen im übrigen die früheren Feststellungen von Bruce White (1928) über einen Kohlenhydratgehalt auch der R(o)-Formen wie auch die bereits erwähnten früheren Ergebnisse anderer Untersucher, nach denen R-Antigen reich an Polysacchariden ist, wenn dadurch auch deren Rolle für den serologischen Charakter der R(o)-Formen bisher nicht geklärt werden konnte (White 1931, Malek 1938, Mackenzie und Pike 1939, Henderson 1939, Boivin 1939, Kröger 1954 — s. Kapitel III, 1 und unter b).

Auf jeden Fall dürfte nach diesen Ergebnissen die sichere Differenzierung der O- und o-Formen durch einen einfachen chemischen Stoffgruppentest wie der Molisch-Reaktion oder durch Millons-Reagens nicht möglich sein. Es muß offen bleiben, ob ein spezifischer Nachweis auf bestimmtes Kohlenhydrat (s. unten) oder spezifische Proteine o. ä. eine solche Nachweismöglichkeit einmal eröffnen werden. Zunächst war auch diese Möglichkeit auf Grund der bis vor einiger Zeit vorliegenden chemisch-analytischen Untersuchungsergebnisse bei gramnegativen Darmbakterien recht skeptisch zu beurteilen, wobei allerdings einzuräumen ist, daß von der *feineren chemischen Zusammensetzung* der O-Formen erst einiges, von der der o-Formen noch weniger bekannt war.

a) *O-Formanalysen.*

Für die *O-Antigene* der gramnegativen Darmbakterien und deren so bezeichneten Phospholipoid-Polysaccharid-Protein-Komponenten (Morgan und Partridge 1941/42, Goebel, Binkley und Perlman 1945) fanden sich unabhängig von der Art- und Gruppenzugehörigkeit der Bakterien bereits viele Ähnlichkeiten, so daß auch z. B. auch heute noch die chemische Dokumentation für die Unterschiede bei serologisch verschiedenen wie auch serologisch gleichen jedoch in der physiologischen Wirkung unterschiedlichen O-Antigenen noch fehlt[1]. Aufgeführt seien hierzu weiter unten die feinanalytischen Untersuchungen der O-Antigene von S. typhimurium (Salm.-O-Antigene 4, 5), S. typhi (Salm.-O-Antigen 9) und Sh. dysenteriae (Shiga-O-Antigen).

Dabei sei zunächst daran erinnert, daß die O-Antigene für Furth und Landsteiner (1928/29) Polysaccharide mit einem Stickstoffgehalt von 0,5—1,4%, für Boivin und Mesrobeanu (1935—1938) „Glucolipoidkomplexe", für Topley und Mitarbeiter (1937) sowie Henderson und Morgan (1938), ‚Polysaccharid-Fettsäureverbindung" darstellten, wobei sie nach Cuica und Mitarbeitern (1936), wie bereits oben erwähnt, selbst bei der gleichen Bakterienart z. B. mehr Fettsäure und weniger Polysaccharid enthalten können und nach Untersuchungen der Tabelle 6 auch innerhalb eines Typs im Verhältnis ihrer Kohlenhydrat-, Nucleinsäure- und Proteinanteile schwanken (s. oben).

Nach Boivin (1941) liefern die bei 100° in neutraler Lösung thermostabilen Glucolipoidkomplexe bei Hydrolyse in stark saurem (HCl)-Milieu: KH (besonders Galaktose), Glucosamin, kleine Mengen von Uronsäure (Glucoron), Ameisen- und Essigsäure, gesättigte Fettsäuren (Palmitin) und Phosphorsäure. Als Glucose berechnet betrugen die reduzierenden Substanzen 40—50% und die Fettsäuren 20—25% des Gesamtgewichts. Es fanden sich im ganzen 2—3% N, vornehmlich als Aminozucker, neben dem N des Glucosamins eine noch nicht näher festgestellte N-haltige Substanz (H. Schmidt). Das im Aufbau ähnliche somatische Vi-Antigen kann dabei vom O-Antigen durch Uranylfällung abgegrenzt werden (Topley und Mitarbeiter 1937, Henderson und Morgan 1938).

Im einzelnen erwiesen sich die O-Antigene von Typhus- und Shiga-Ruhr-Bakterien schon nach der *Adsorptionsspektralanalyse* sehr ähnlich (Henderson und Morgan 1938, Morgan und Partridge 1942, Takeda und Kasai 1952). Weiterhin ergaben die feinanalytischen Untersuchungen für

α) spezifisches Polysaccharid

von S. typhi (Salm.-O-Antigen 9): frei von Lactose und Uronsäurereste; nach Säurehydrolyse 40% d-Glucose, 21% d-Mannose, 17% d-Glaktose (Freemann und Anderson 1941),

von S. typhimurium (Salm.-O-Antigen 4 5): ebenfalls frei von Lactose, Pentose und Uronsäure, nach Säurehydrolyse 31% d-Glucose, 21,5% d-Mannose, 19% d-Galaktose (Freemann 1942/43);

(ein Unterschied zwischen beiden spezifischen Polysacchariden fand sich jedoch unter anderem im N-Gehalt und in der optischen Drehung, weshalb auf strukturchemische Verschiedenheiten bei den Polysacchariden geschlossen wird und diese als Ursache der serologischen Verschiedenheit angesehen werden möchten);

[1] Nach H. Schmidt (1950) eventuell Verschiedenheit im konjugierten Protein oder ein N-haltiges Etwas an den spezifischen Polysacchariden, wie man dies für die serologische Differenzierung der Blutgruppensubstanzen A und B anzunehmen habe.

von Sh. dysent. (O-Antigen): mindestens 15% d-Galaktose, 7,5% l-Rhamnose, etwa 25% N-Acetylglucosamin (MORGAN);

b) konjugiertes Protein:

von S. typhi (9): Tyrosin, Arginin, Histidin (FREEMANN 1942/43);

von S. typhimurium (4 5): Tyrosin, Arginin, Histidin (FREEMANN 1942/43);

von Sh. dysent. (O): 5% Arginin, 8% Tyrosin, 6% Tryptophan, 12% Glucosaminsäure, kein S., etwa 3% reduzierende Substanzen als Glucose (MORGAN und PATRIDGE 1939/40);

c) Phospholipoidkomponente (B):

von Shiga-O-Antigen: liefert bei Verseifung mit Pottasche im wesentlichen Glycerophosphorsäure, Öl- und Palmithsäure und soll in gewissen Eigenschaften (Gehalt von 1,8% N und 3,9% P (N:P = 1:1) mehr dem Cephalin als dem Lecithin ähneln (MORGAN und PARTRIDGE 1940);

von Sh. flexneri: 1,4% N und 2,9% P (N:P = 1:1) (BINKLEY, GOEBEL und Mitarbeiter 1945).

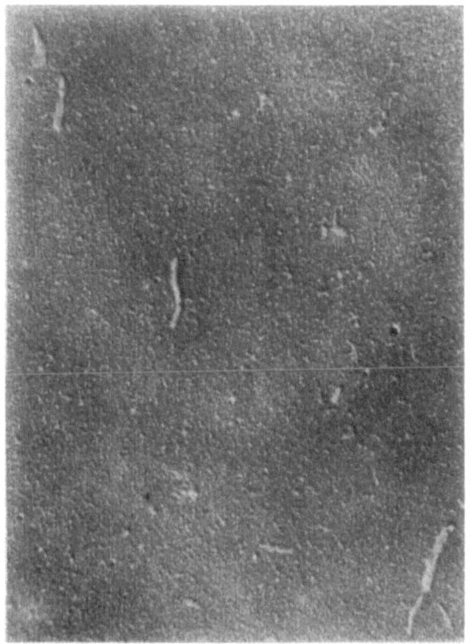

a

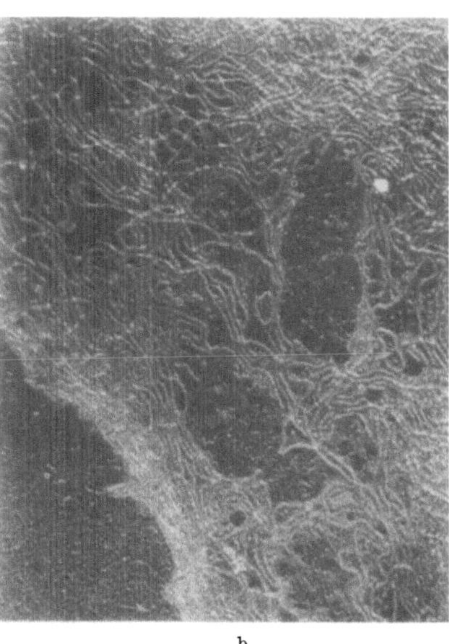

b

Abb. 12a u. b. Hochgereinigtes Polysaccharid F 77 von E. freundii (Stamm Kröger). Elektronenoptische Darstellung (SCHRAMM 1952.) (Lösungsmittel: Soda/Bicar. pH 10, Präparation: nach H_2O-Waschung Bedampfung mit P_tRh; Gesamtvergrößerung 1:90000).

O. WESTPHAL und LÜDERITZ (1952) fanden dann bei Phenolwasserextraktion von O-Formen die quantitativ gewonnene und elektrophoretisch hochgereinigte O-Polysaccharidfraktion zunächst eines Escherichiastammes (E. freundii, Stamm Kröger mit Coli O-Antigen 8) als *Lipo*polysaccharid wie folgt:

84—89% Zuckerbausteine (48—52% Rhamnose, 11—13% Xylose, etwa 12% Glucose, 8—10% N-Acethylglykosamin und 3—4% Galaktose), ferner 7—10% Esterphosphat und 5—10% noch ungeklärter Rest lipoidaler Natur.

Nach Messungen von SCHRAMM (1952) in der Ultrazentrifuge ergibt sich für dieses hochgereinigte Esch.-Lipopolysaccharid ein sehr hohes Molekulargewicht (Grundeinheit ~ 1 Million), wobei sich die kugelförmigen Grundeinheiten vielfach zu perlenkettenartigen Gebilden zusammenlagern (s. Abb. 12). Die Polysaccharide anderer gramnegativer Darmbakterien ergaben ähnlich hohe Teilchengewichte [Molekulargewicht eines *kompletten* O-Antigens demgegenüber nach DUBOS 1947 8 Millionen].

Westphal und Lüderitz (1954) fassen später bisherige Beispiele auf verschiedene Verfahrensweisen gewonnener qualitativer und quantitativer *O-Lipopolysaccharidanalysen* wie folgt in einer *Tabelle* zusammen (Tabelle 7).

Tabelle 7. *Analytische Daten einiger Lipopolysaccharide aus gramnegativen Bakterien.*

Bakterienspecies	Bezeichnung der Präparate	C	H	N	P	(C)-CH_3	Hexosamin	Autoren und Literatur
Brucella melitensis	AP, Aminopolyhydroxycompo und	48—50	7,5	5,4	0,5—0,6			Miles u. Pirie (1939)
Sh. dysenteriae	Undegraded polysaccharide (Alkalimethode)			2,07	0,57			Morgan u. Partridge (1941)
Sh. dysenteriae	(Phenolmethode)			1,82	0,75			Morgan u. Partridge (1941)
Sh. dysenteriae (Prigge 16 O)	Lipopolysaccharid			2,2	3,0	3,5	12,1	Westphal u. Lüderitz (1953/54)
Sh. sonnei	Lipocarbohydrate	45,4	7,1	2,8	3,9		8,3	Jesaitis u. Goebel (1952)
Sh. sonnei (Variante)	Lipocarbohydrate			2,0	2,4		7,7	Goebel u. Jesaitis (1952)
Sh. flexneri	CT, Toxic carbohydrate			2,72	1,72		16,4	Binkley, Goebel u. Perlman (1945)
S. abortus equi (Kröger)	Lipopolysaccharid	48,6	7,3	1,3	2,8	3,2	8,7	Westphal u. Lüderitz (1953/54)
S. typhi O 901	Lipopolysaccharid			1,6	3,0	2,6	8,8	Westphal u. Lüderitz (1953/54)
S. paratyphi B (Kröger B I)	Lipopolysaccharid	48,4	7,1	1,4	2,6	3,4	7,7	Westphal u. Lüderitz (1953/54)
S. enterit. (Kröger G I)	Lipopolysaccharid	49,1	7,2	1,1	2,2	3,2	7,3	Westphal u. Lüderitz (1953/54)
Serratia marcescens (B. Prodigiosus)	Hemorrhage-producing polysaccharide	47,5	7,1	2,2	1,1			Hartwell u. Shear (1943)
E. coli	Fract. 2, tumor-hemorrhagic agent			1,9	1,4—1,7		17—18	C. Niemann u. Mitarb. (1952)
E. freundii (Kröger O 8)	Polysaccharid-pyrogen	48,4	6,8	1,0	2,1	4,8	5,9	Westphal u. Lüderitz (1952)
E. coli (Kaufmann O 18)	Lipopolysaccharid	47,2	6,0	1,7	2,6	1,9		Westphal u. Lüderitz (1953/54)

Die Ergebnisse der *Zuckerbausteinanalysen* nach Abtrennung der Lipoid-(A)-Komponente (s. Kapitel III, 1) werden mit Tabelle 8 und 9 dargestellt.

Als Erläuterung zu diesen Analysen wird angegeben, daß allgemein Lipoid A in den Lipopolysacchariden mit rund 10—30% enthalten ist. Der Stickstoff der Präparate bezieht sich im wesentlichen auf deren Hexosamingehalt (Glucosamin, Chondrosamin), der Rest ist im Lipoid enthalten. Der Phosphor ist zum größeren Teil als Esterphosphat an der Polysaccharidkomponente gebunden, ein kleinerer Teil findet sich im Lipoid A, welches demnach als Phospholipoid zu bezeichnen ist. Der Gehalt an (C)-CH_3 entfällt überwiegend auf Methylzucker (Methylpentosen bzw. Methyl-desoxypentosen) der Polysaccharidkomponente, zum geringeren Teil auf endständige Methylgruppen von Fettsäuren in Lipoid A. Alle Präparate enthalten Acylgruppen.

Zu den Analysen der *Polysaccharidkomponente* wird als auffallend vermerkt, daß einige Zuckerbausteine bevorzugt angetroffen werden. So findet sich in nahezu allen untersuchten Lipopolysacchariden Hexosamin, welches meist als D-Glucosamin vorliegt. Gelegentlich wurde auch Galactosamin neben Glucosamin gefunden. Von den Hexosen sind Galaktose und Glucose bevorzugt, bei den Salmonellen überdies häufig Mannose. Unter den Methylpentosen findet sich vielfach L-Rhamnose. Daneben konnten hier von Westphal und Lüderitz (1953) zwei bisher unbekannte Zuckerbausteine aufgefunden werden, die sich

Tabelle 8. *Zuckerbausteine der Polysaccharidkomponenten einiger Lipopolysaccharide gramnegativer Bakterien.*

Bakterienspecies	Hexosamin	Galaktose	Heptosen	Glucose	Mannose	Xylose	Fucose	Rhamnose	Schnelle Komponenten[2] A	Schnelle Komponenten[2] T	Autoren und Literatur
Sh. dysenteriae	+	+						+			Morgan (1938) u. Partridge (1948)
Sh. dysenteriae	+	+		+				+			Westphal u. Lüderitz (1953/54)
Sh. sonnei	+	+	+	+							Jesaitis u. Goebel (1952)
Sh. flexneri	+		+	+				+			Slein u. Schnell (1953)
S. typhi O 901	+	+		+	+			+		+	Pon u. Staub (1952)
S. typhi O 901	+	+		+	+			+		+	Westphal u. Lüderitz (1953/54)
S. typhi murium	+	+		+	+			+	+		Pon (1953)
S. paratyphi B (Kröger B I)	+	+		+	+			+	+		Westphal u. Lüderitz (1953/54)
S. paratyphi B (Kröger B I)		+		+	+			+	+		Pon (1953)
S. enteridit. (Kröger G I)	+	+		+	+			+		+	Westphal u. Lüderitz (1953/54)
S. abortus equi (Kröger)	+	+		+	+			+	+		Westphal u. Lüderitz (1953/54)
S. adelaide	+	+		+					+		Braun, Lüderitz u. Westphal (1954)
E. coli	+	+		+							Niemann u. Mitarbeiter (1952)
E. coli NC *VI*	[1]	+		+							
E. coli O 55	[1]	+		+							Braun, Lüderitz u. Westphal (1954)
E. coli NC I	[1]			+	+						
E. coli O 86	+	+	(+)	+			+	(+)			
E. coli O 18 (Kaufmann)	+	+		+	(+)			+			Westphal u. Lüderitz (1953/54)
E. coli O 26	[1]	+		+				+	(+)		Braun, Lüderitz u. Westphal (1954)
E. coli O 111	[1]	+		+					+		
E. freundii (Kröger O 8)	+	+	(+)	+		+		+			Lüderitz u. Westphal (1952)

[1] Nicht bestimmt.

[2] A, T: Zucker mit gleichem papierchromatographischem Verhalten wie Abequose (A) aus *S. abortus equi* bzw. Tyvelose (T) aus *S. typhi O 901.*

in der Papierchromatographie durch höhere R_f-Werte als die Methylpentosen auszeichneten und zwar aus den Hydrolysaten von S. typhi O 901 und S. abortus equi (Stamm Kröger) die beiden Zucker Tyvelose und Abequose. Beide Zucker besitzen die Formel $C_6H_{12}O_4$ und erwiesen sich als stereoisomere Methyl-desoxyaldopentosen, wahrscheinlich mit verzweigter Kohlenstoffkette. Es scheint, daß Tyvelose und Abequose als Bausteine von Lipopolysacchariden bei gramnegativen Darmbakterien weit verbreitet vorkommen (*Abequose* z. B. wie bei S. abortus equi auch bei S. paratyph. B und S. typhimurium, die beide ebenfalls die Salmonella O 4 5-Antigene besitzen; *Tyvelose* außer bei S. typhi auch bei S. enteritidis-Stämmen die ebenfalls Träger des Salmonella O 9-Antigens sind). Da nach Tabelle 9 jedoch S. adelaide (Körperantigen wie E. coli O 111) die Abequose ebenfalls aufweist, sind diese Zucker als etwaige chemische Indicatoren auf das Vorhandensein bestimmter O-Antigene dennoch leider nicht geeignet.

Im übrigen zeigten die stufenweisen Hydrolysen der O-Lipopolysaccharide, daß die einzelnen Zuckerbausteine mit unterschiedlicher Geschwindigkeit in Freiheit gesetzt werden, so bei S. typhi und S. abortus equi weit vor den übrigen Zuckern die jeweilige Desoxymethylpentose (Tyvelose bzw. Abequose).

Das Schema einer stufenweisen Hydrolyse eines Lipopolysaccharids zeigt Tabelle 10 (Westphal und Lüderitz 1954).

Tabelle 9. *Ergebnisse quantitativer Zuckerbestimmungen bei Polysacchariden gramnegativer Bakterien.*

Bakterienspecies	Bezeichnung des Ausgangsmaterials	Zucker in Prozent: Hexosamin	Galaktose	Heptose	Glucose	Mannose	Xylose	Rhamnose	Abequose	Bestimmungsmethode	Autoren und Literatur
Sh. sonnei	Lipocarbohydrate	8	9	20						Schwefelsäue-Cystein-Rk.	JESAITIS u. GOEBEL (1952)
Sh. flexneri	Polysaccharide Fraktion 3/4	15,9		[1]	25			39		Schwefelsäue-Cystein-Rk.	SLEIN u. SCHNELL (1953)
S. typhi O 901	Polyoside, dargestellt nach G. G. FREEMAN	1,7	22,5		22,5	22,5		18	~9	Phenol/Schwefelsäure-Ver.	PON u. STAUB (1952/53)
S. paratyphi B	desgl.	0	18		5	20		13		Phenol/Schwefelsäure-Ver.	PON u. STAUB (1952/53)
S. typhi murium	,,	2,2	18		5	20		13		Phenol/Schwefelsäure-Ver.	PON u. STAUB (1952/53)
S. abortus equi (Kröger)	Lipopolysaccharid	7,7	15,2		8,3	9,7		10,8	~ 8	TTC-Methode	LÜDERITZ u. WESTPHAL (1954)
E. freundii (Kröger O 8)	Lipopolysaccharid	5,9	2,7	< 1	9,6		11,2	41,7		TTC-Methode	LÜDERITZ u. WESTPHAL (1952/54)

[1] Nicht bestimmt.

Tabelle 10. *Stufenweise Hydrolyse, dargestellt am Beispiel des Lipopolysaccharids aus S. abortus equi.*

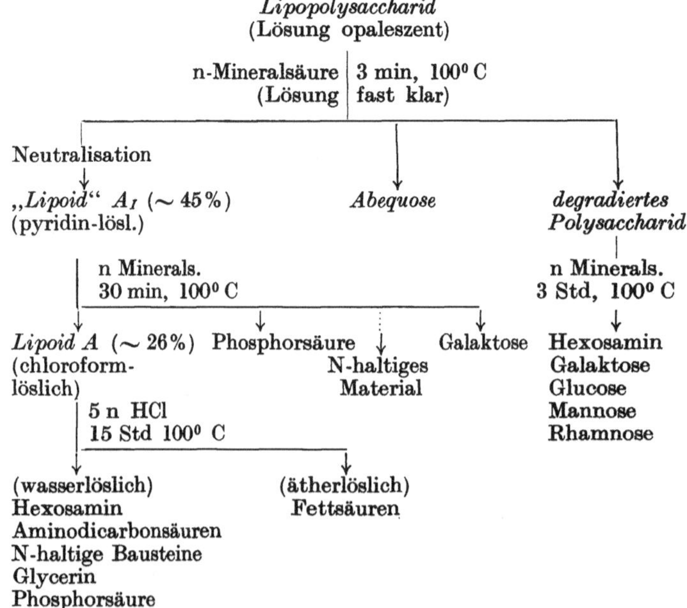

Die *Lipoid A-Komponente* der O-Lipopolysaccharide, die auch im Hinblick auf die Ausführungen der Kapitel VI und VIIb besonders interessiert, wurde bisher wie folgt analysiert (Tabelle 11 nach WESTPHAL und LÜDERITZ 1954).

Tabelle 11. *Analytische Daten für die Lipoid A-Komponenten einiger Lipopolysaccharide gramnegativer Bakterien.*

Bakterienspecies	Ausbeute an Lipoid A aus dem Lipopolysaccharid in (%)	Schmelzpunkt °C	C	H	N	P	(C)–CH_3 [62])	Hexosamin	Autoren und Literatur
Brucella melitensis	20—26		60—62	9,4—10	4.3—4,6	1,4—1,6			MILES u. PIRIE (1939)
Sh. sonnei	29				1,4	1,3			JESAITIS u. GOEBEL (1952)
Sh. flexneri	~10		63,3	9,5	2,7	3,3			TAL u. GOEBEL (1950)
S. abortus equi[1] (Kröger)	~26	192—196	62,3	9,4	1,6	2,0	3,44	17,9	LÜDERITZ u. WESTPHAL (1954)
Serratia marcescens (B. prodigiosus)	16				1,9	1,1			HARTWELL u. SHEAR (1943)
E. coli	~24	175—180	57,3	10,1	3,3	1,6		12	NIEMANN u. Mitarbeiter (1952)
E. freundii (Kröger O 8)	~13	195—196	61,1	9,4	1,9	2,3		17,8	O. WESTPHAL, O. LÜDERITZ u. Mitarbeiter (1952)

[1] Durchschnittswerte aus 4 verschiedenen Aufarbeitungen.

Die Unterschiede in dem N-Gehalt der Lipoid A-Präparate werden dadurch erklärt, daß bei der Darstellung der Lipopolysaccharide unmittelbar aus den Bakterien oder durch Spaltung von Lipopolysaccharid-Protein-Symplexen je nach Art des Verfahrens kleinere oder größere Anteile der Proteinkomponente am Lipoid gebunden bleiben. Bei der sauren Spaltung der Lipopolysaccharide erscheinen sie dann in der Lipoidkomponente.

Bei diesen Lipoid A-Bausteinanalysen fanden unter anderen NIEMANN und Mitarbeiter (1953) aus tumornekrotisierendem Coli-O-Lipopolysaccharid neben freien Fettsäuren (Laurinsäure, Myristinsäure, Palmitinsäure, Oxymyristinsäure), D-Glucosamin, Äthanolamin, Phosphorsäure und Asparaginsäure das *Necrosamin* als ein bis dahin in der Natur derart nicht festgestelltes langkettiges alyphatisches Diaminoderivat von der Formel $C_{20}H_{44}N_2$.

WERNER 1953 (nicht veröffentlicht) ermittelte zusammen mit WESTPHAL und LÜDERITZ den N-Gehalt dieser Lipoide aus E. freundii (Kröger O 8) und S. abortus equi (Stamm Kröger) überwiegend als durch Hexosamin gegeben. Neben dem vorherrschenden Baustein Hexosamin wurde in geringer Menge noch Asparagin sowie Glutaminsäure, Glycerin und Phosphorsäure identifiziert

Bemerkenswert erschien, daß neben Hexosamin in den bisher untersuchten Lipoiden jeweils wenigstens eine Aminodicarbonsäure angetroffen wird, weshalb auch vermutet wird, daß im genuinen Lipopolysaccharid-Protein-Symplex Hexosamin die Bindung zum Polysaccharid und die Aminodicarbonsäure die Bindung zum Protein herstellt, so daß diese Komponenten im Symplex über das Lipoid miteinander verbunden sind (WESTPHAL und LÜDERITZ 1954):

Polysaccharid
|
(Hexosamin)
|
Lipoid A
|
(Aminodicarbonsäure)
|
Protein

Insgesamt wird man nach diesen zum Teil erst in den letzten Jahren neu erarbeiteten Analysenergebnissen feststellen, daß typenspezifische O-Polysaccharide der gramnegativen Darmbakterien im allgemeinen komplexer zusammengesetzt erscheinen als z. B. die der grampositiven Pneumokokken. Letztere sind vielfach nur aus 2 oder höchstens 3 Zuckerbausteinen unter ihnen neben Hexosen und gelegentlich Aminohexosen häufig Uronsäuren zusammengesetzt. Im Bacterium scheinen sie auch nur locker an Nucleinsäuren verankert zu sein. Demgegenüber ist bei den gramnegativen Darmbakterien wie Escherichiabakterien, Salmonellen, Brucellen u. a. die Zusammensetzung komplizierter, die Zahl der Zuckerbausteine auch meist größer und ihre Bindung relativ fest mit einem Lipoid (A) zu Lipopolysacchariden erfolgt, die ihrerseits in den Bakterienzellen an konjugierte Proteine und Lipoide (B) verankert sind.

In Kaninchen- und Meerschweinchenversuchen (bei Goebel und Mitarbeiter 1945 auch bei Menschen) führten *Immunisierungen* mit den geschilderten hochgereinigten und proteinfreien Lipopolysacchariden zu Antikörperbildungen, wenn auch verschiedenen und auch nur geringen Grades mit auch zum Teil anscheinend verringerter Spezifität (Morgan und Partridge 1940/41, Goebel und Mitarbeiter 1944—1946, Kröger 1952/53, Hurni unveröffentlicht).

Diese Befunde wären von prinzipieller immunologischer Bedeutung, wenn noch ausgeschlossen werden kann, daß diese Lipopolysaccharide nicht in vivo durch Plasmabestände zu Vollantigenen komplettiert werden (eventuell indirekte antigene Wirkung durch Anlagerung an bestimmte Eiweißfraktionen). Wenn diese Lipopolysaccharide ebenfalls pyrogen sind, so ist nach Lendle z. B. von anderen Pyrogenen bekannt, daß sich ihre Wirkung nach kürzerem Stehenlassen mit Plasma erheblich verstärkt (La Quire, Farr u. a.).

Morgan (1937, 1953 und 1954) und Kröger (1953) fanden dann noch in O-Lipopolysaccharidantiseren *Hämolysine gegen Schafblutkörperchen*, was zu den heutigen Auffassungen über genetische Verwandtschaften und Receptorengemeinschaften zwischen Forssmann-Antigen und Schafblutantigen im Antigenbestand der gramnegativen Darmbakterien paßt (Literatur s. Illchmann-Christ und Nagel 1954).

Zur *Proteinkomponente* der O-Komplexe (s. oben) wäre dann noch auszuführen, daß auch O. Westphal, O. Lüderitz und Bister (1944—1952) bei Aufarbeitungen der Glykoproteidfraktion aus der wäßrigen Phase ihrer Extraktionen bei Shiga-, Proteus O X 19- und Colibakterien Proteine gewannen, die den konjugierten Proteinen aus O-Antigenen von Shiga- und Typhusbakterien von Morgan und Partridge (1941/42) durchaus ähnelten (Ausbeuten von Shiga-Bakterien 17% Protein mit N 11,9% und P 0,9% bei Colibakterien 16,5% Rohprotein mit N 11,54%; konjugiertes Protein bei Shiga- und Typhusbakterien nach Morgan und Partridge N 11,2% und P 1,07%).

Neuere Proteinanalysen stammen dann noch von Kellner und Martin (1954). Sie fanden papierchromatographisch in den nach Säurehydrolyse erhaltenen *Aminosäure*gemischen:

α-Alanin	Glutaminsäure	Phenylalanin
β-Alanin	Glycin	Prolin
Arginin	Isoleucin	Serin
Asparaginsäure	Leucin	Threonin
Cystin	Lysin	Tyrosin
Dioxyphenylalanin	Oxyprolin	Valin

sowie eine weitere noch nicht zu identifizierende Aminosäure.

Weiter sind (spektralanalytische) Untersuchungen auch schon zu der *Nucleinsäurekomponente* der O-Komplexe angestellt worden (KUWAJIMA und Mitarbeiter 1952 und 1953), auf die noch in den Ausführungen zur Toxicität zurückgekommen wird (s. Kapitel VI, 2).

b) o-Formanalysen.

An feinanalytischen Angaben für *o-Formen* wurden die für KRÖGER von O. WESTPHAL und O. LÜDERITZ (1951/52) festgestellten quantitativen Kohlenhydrat-, Nucleinsäure- und Proteinanteile in o- und Ω-Formen der Teststammpaare des ersteren schon oben in Tabelle 6 mitgeteilt, ebenso der reichliche Polysaccharidgehalt bisher dargestellter R-Antigene (s. oben). Weiter wurde bereits erwähnt, daß nach DEKKER und Mitarbeitern (1942) das somatische Antigen der R(o)-Formen eine amphotere Substanz mit isoelektrischem Punkt bei p_H 2—2,5 sein soll. Nach H. SCHMIDT (1950) ist dann auch das Vorkommen von phenollöslichem amphoterem Eiweiß wie in O-Formen auch in o-Formen bekannt, wobei „noch ungewiß ist, ob dieses tatsächlich die Substanz darstellt, aus der auf enzymatischem Wege in den glatten Formen die Synthese zum konjugierten Protein und dessen Bindung mit dem spezifischen Polysaccharid zustande kommt".

Auf Veranlassung von KRÖGER wurden daher auch die aus den quantitativen Stoffgruppenanalysen der Tabelle 6 gewonnenen Kohlenhydrat- und Proteinfraktionen der dort genannten o-Formen teils chemisch (WESTPHAL und LÜDERITZ 1954), teils serologisch (KRÖGER 1954) weiter untersucht. Die *chemischen Analysen* der *Kohlenhydratfraktionen* ergaben zunächst die Polysaccharide ebenfalls hier als o-*Lipo*polysaccharide, was noch für die Ausführungen der Kapitel VI und VII interessieren wird. Die Zuckerbausteinanalysen zeigten in Gegenüberstellung zu homologen O-Formen folgendes Bild (Tabelle 12).

Tabelle 12. *Vergleich der Zuckerbausteine aus O- u. o-Lipopolysacchariden gramnegativer Darmbakterien* (KRÖGER, WESTPHAL und LÜDERITZ 1954).

Bakterienspecies	Form	Zucker						
		Hexosamin	Galaktose	Glucose	Mannose	Rhamnose	Abequose	Tyvelose
E. coli O 18 (Kauffmann)	SO-Form	+	+	+	(+)	+		
	Ro-Form	+		+				
S. paratyph. B	SO-Form	+	+	+	+	+	+	
(Kröger B I)	Ro-Form	+	+	+				
S. enteritidis (Kröger G I)	SO-Form	+	+	+	+	+		+
S. Dublin (Caselitz)	Row-Form	+	+	+				

Danach enthielten die o-Formen als Zuckerbausteine neben Hexosamin nur Glucose (E. coli O 18-Ro) oder Glucose und Galaktose (S. paratyph. B und S. enteritidis-Ro), demgegenüber die homologen O-Formen wieder sämtlichst auch noch Rhamnose und Mannose, sowie scheinbar ihrem O-Antigentyp entsprechend Abequose (O 4 5) oder Tyvelose (O 9) aufwiesen.

Man möchte geneigt sein, hieraus den Schluß zu ziehen, daß die Variation O-Ω-o die Synthese der papierchromatographisch rascher wandernden, also der mehr lyophilen Zucker wie insbesondere der Methylpentosen und Desoxymethylpentosen anscheinend nicht mehr ermöglicht, zumal GOEBEL und Mitarbeiter (1952) an Sh. sonnei vergleichbare Beobachtungen machten. Ein neues Analysenergebnis (1954) der nicht mehr mäusefütterungspathogenen S. Dublin-Caselitz SO-Form als Ergänzung zu den obenaufgeführten Ergebnissen der mäusefütterungspathogenen SO-Form von S. enteritidis Kröger GI und der zu beiden Stämmen als korrespondierende o-Form verwandten S. Dublin Row-Form ergab jedoch für erstere im ersten Versuch als Zuckerbaustein nur Glucose, wie es bisher bei den Salmonellen nur die o-Formen und für O-Formen bei der Escherichia-Gruppe (s. Tabelle 8) gefunden wurde.

Es bleibt also abzuwarten, ob sich mit der papierchromatographischen Zuckerbausteinanalyse wirklich ein Weg zur chemischen Differenzierung homologer O/o-Formen eröffnen kann.

Weitere *(serologische)* Untersuchungen mit den Lipopolysaccharid- und Proteinfraktionen aus den Teststämmen der Tabelle 12 — s. unten.

Übrigens ergaben orientierend durchgeführte *Züchtungsversuche* mit einer o-Form in Kulturmedien, die die nicht gefundenen Zuckerbausteine enthielten (z. B. bei der o-Form von E. coli O 18 „Fütterungsversuche" mit Galaktose und Rhamnose — Kröger 1954), nach Lüderitz (1954) für die o-Form *keine* veränderten, d. h. über den ursprünglichen Glucosenachweis hinausgehende und zusätzlich etwa auch auf Galaktose- und Rhamnosebausteine hinweisende Chromatogramme. Die Zuckerbausteinsynthesen sind demnach exogen nur wenig beeinflußbar, die mangelnde Fähigkeit der o-Formen zur Synthese von Methyl- und Desoxymethylpentosen in vorkommenden Fällen also ein Zeichen einer endogen bedingten Doppelvariation — neben einer Änderung in der antigenen O-Struktur erfolgt auch eine Änderung im Fermentsystem. Sollte sich hierzu die zitierte Zuckerbausteinanalyse von S. Sublin-SO-Form mit nur einem Glucosechromatogramm bestätigen, wäre dies ein Hinweis, daß auch diese Doppelvariation wie schon die S/R- und O/o-Variation sowie andere Fermentabweichungen (s. Kapitel II, 1 und IX) nicht im kausalen Zusammenhang miteinander stehen.

Zu den Fermentleistungen der gramnegativen Darmbakterien interessiert in diesem Zusammenhang noch, daß nach Stephenson und Whetham (1922) und neuerlich Dagley und Dawes (1949 und 1953) gewisse Nährbodenzusätze *quantitative* Veränderungen der bestimmten Stoffgruppen in den Bakterienzellen verursachen sollen. Nach ersteren Autoren vermehrte ein Acetatzusatz zu einem anorganischen Salzmedium nur die Lipoidkomponente (von Thimotheen) und nicht den Proteinanteil, Glucose dagegen sowohl den Protein- wie den Lipoidgehalt (ersteren noch mehr als letzteren). Bei Dagley und Dawes nahm mit Traubenzucker- oder anderem Zuckerzusatz der Polysaccharidgehalt von E. coli zu und bei vergleichsweiser Prüfung von Lipoid- und Polysaccharidgehalt unter wechselseitigem Zusatz von Acetat und Glucose vermehrte sich die eine Komponente, wenn die andere abnahm. Züchtungsversuche des Coliteststammes Kauffmann O 18 mit 0, 1, 2 und 3% Traubenzuckerzusatz zur Fleischwasserbouillon (Kröger 1954) zeigten demgegenüber keine signifikanten quantitativen Unterschiede in den O-Lipopolysaccharidausbeuten (Lüderitz 1954), was wieder mit Untersuchungsergebnissen von Keller und Martin (1954) übereinstimmt, die bei den oben zitierten papierchromatographischen Vergleichsanalysen von E. coli-Kulturen aus hochwertiger Bouillon und rein synthetischer Nährlösung in den Bausteinen weder in qualitativer noch quantitativer Hinsicht Unterschiede finden konnten. Nährbodenzusätze (nach Kopper 1954 soweit sie das Redoxpotential erhöhen) sind demnach wohl doch mehr nur zu einer Erhöhung der Keimausbeuten als zur Steigerung der quantitativen Ausbeutung für die einzelnen Bausteine geeignet. (Einige weitere Hinweise zur Kulturenzüchtung wie Einfluß der Dauerbelüftung und der p_H-Verschiebung u. a. s. Kapitel VI, 3.)

Als Züchtungsbesonderheit wird übrigens noch von Nicolle und Jude (1953) berichtet, daß nach quantitativen Untersuchungen ein höherer Gehalt an Vi-Antigen für S. typhi und S. typhimurium bei 37° (statt bei 18° oder 41,5%), für E. coli dagegen bei 18° zu erzielen sei. (Vgl. a. Formal u. Mitarb. 1954 — „nutritional factors" und Keimvirulenz.)

Sonst erscheint noch bemerkenswert, daß im Gegensatz zu sonstigen Beobachtungen über eine Hemmwirkung von spezifischen Antikörpern auf manche enzymatische Leistungen der Bakterienzelle, speziell Antikörper, z. B. gegen S. typhi und Sh. flexneri, die Zellatmung anscheinend nicht hemmen (Literatur und Befunde s. Follis, Burnet und Laschever 1952).

Wenn dann auf die o-Formanalysen zurückzukommen ist, so liegen an chemischen Untersuchungen bei o-Formen noch die von Digeon, Raynaud und Turpin (1952) mit Substanzen vor, die aus R(o)-Formen von S. typhi durch Extraktion mit hypertonischen NaCl- und Citratlösungen (m/1 bzw. m/10) gewonnen wurden (Toxin R_2). Die chemischen Daten der einzelnen Fraktionen im Zuge der Aufarbeitung waren wie folgt (s. Tabelle 13).

Tabelle 13. *Chemische Daten von Toxin R_2 aus S. typhi R(o)-Form.* Nach DIGEON, RAYNAUD und TURPIN (1952).

	Cendres	N	P	Glucides	Pentoses	D M m (mg)	DM 50 (mg)
Prép. 4 123.							
P_1	6,2	10,1	1,03	7,05	1,38	1	0,25
P_1 T		6,35	2,13	19,6		0,86	0,15
P_2	5,77	11,6	0,60	5,56	0,72	0,25	0,12
P_3	7,67	5,78	1,68	21,4	2,56	1	0,18
P_4	10,4	4,33	1,05	19,3	3,45	0,5	0,25
Prép. 4 193.							
P_3		4,97		15,3		0,4	0,2
P_4	10,3	4,54	2,13	22	2,0	4	

Constituants électrophorétiques.

	Mobilité	P. 100
	—	—
4123 P_1	1,5	23
	3,2	38,5
	6,3	38,5
4123 P_2	1,3	22,1
	2,6	55,8
	5,6	22,1
4123 P_3	7,9	
4193 P_4	5,7	

Die quantitative chemische Zusammensetzung der auch noch für die nächsten Kapitel interessierenden Fraktion P 3 war danach in 2 Präparationen wie folgt: Präparat Nr. 4123: N 5,78%, P 1,68%, Glucoside 21,4%, Pentosen 2,56%; Präparat Nr. 4193: N 4,97%, Glucoside 15,3%. Nach den Autoren entspricht auf Grund des geübten Gewinnungsverfahrens und der toxischen Eigenschaften die Substanz derjenigen, die TAL und GOEBEL (1950) bei der Bearbeitung des antigenen Komplexes von Sh. paradysent. (Flexner-Ruhr) erhalten haben. In der chemischen Zusammensetzung sei sie auch dem Antigen ähnlich, das SCHMID und Mitarbeiter (1950/51) von Brucella abortus ausgehend erarbeitet hätten.

Serologisch zeigten die komplexen o-Polysaccharide von DIGEON und Mitarbeitern Antigeneigenschaften und eine Präcipitation noch mit einem Anti-Rauhserum von S. typhi. KRÖGER (1954) fand demgegenüber die geschilderten reinen o-Lipopolysaccharide von WESTPHAL und LÜDERITZ nur noch schwach antigen und serologisch weder mit dem homologen Anti-O-Serum, aber auch nicht mit E. coli- oder Salmonella-R-Antikörpern reagierend (Tabelle 14). Letztere Ergebnisse würden erneut bestätigen, daß die Bedeutung der o-Lipopolysaccharide für die Bakterienzelle nach wie vor unklar bleibt (s. Kapitel III, 3 und S. 521). Dem Hinweis von H. SCHMIDT (1950), daß die Polysaccharide hier reine Energiereserven sein könnten, ist also vorerst nichts anderes entgegenzusetzen, es sei denn, man fände doch noch Beziehungen zu den proteinfreien, jedoch serologisch aktiven R-Substanzen HENDERSONS (1939). Auf jeden Fall zeigt sich, daß vorerst serologisch keine Verbindung zwischen dem O- und o-Lipopolysaccharid erkennbar ist, auch wenn nach den Ausführungen des Kapitels III, 3 mit der Feststellung des R-Antigens auch in den O-Formen die Entwicklung einer Vorstellung dahingehend möglich ist, daß in O-Lipopolysacchariden logischerweise auch die o-Lipopolysaccharide als Teilkomponenten (wenn auch nicht als oberflächliche, so doch quantitativ aus der O-Zelle ausziehbare Polysaccharidsubstanz) beinhaltet sein müssten. Anderenfalls wäre an besondere Umbauvorgänge zu denken, jedoch möchte man zunächst die Glucose der O-Form nicht als eine andere als die der homologen o-Form ansehen wollen. Auf jeden Fall erscheinen bei dieser Sachlage weitere serologische Untersuchungen der O/o-Polysaccharide zur Klärung der hier vorliegenden Verhältnisse besonders erwünscht.

Tabelle 14. *Serologische Reaktion (Hemmungstest) von Lipopolysaccharid- und Proteinfraktionen aus der O- und o-Form von S. enteritidis-Stämmen gegen R-Antikörper.* (Kröger 1954.)

Substanzen aus S. enterit.	Aus Stamm	Antiseren			Kontrolle O 4 5-Serum
		O 9	o 9 (RB)[1]	RC[2]	
O-Lipopolysaccharid	S. enter. Kröger G I-SO	++	—	—	—
o-Lipopolysaccharid	S. Dublin-Caselitz-Row	—	—	—	—
O-Protein	S. enter. Kröger G I-SO	—	+	+	—
o-Protein	S. Dublin-Caselitz-Row	—	++	++	—

[1] Hergestellt aus S. paratyph. B Kröger B I—Ro.
[2] Hergestellt aus E. coli-Rauhstamm Kröger-R I.

Nach der in Tabelle 14 ebenfalls aufgeführten serologischen Prüfung der *Proteinfraktionen* aus den O- und o-Formen des Salm. O 9-Teststammpaares fand sich, daß die der o-Form im Hemmungstest in der erwarteten Weise nicht mit homologem Anti-O 9-Serum, jedoch mit den *R-Antikörpern der Anti-RC* (Coli-RI)- und *-RB* (S. paratyph. B I-Ro)-*Seren positiv reagierten,* ebenso dann *aber auch die Proteinfraktion der homologen O-Form* (aus S. enterit. Kröger G I), wenn letztere auch deutlich schwächer.

Diese Untersuchungen sprechen für eine Proteinnatur des in der O- und o-Form vorhandenen R-Antigens im Sinne der zitierten Vermutung von H. Schmidt (1950), wenn die weiteren Untersuchungen dieser Proteinfraktion nicht einen Lipoproteidcharakter ergeben sollten, was von Morgan (1953) bereits vermutet wird. Im letzteren Falle wäre dann erst noch zu prüfen, ob das eben geschilderte serologische Ergebnis eine Erklärung in einer durch einen Proteinschlepper nur serologisch wirksamer gemachten Lipoid/Antilipoidreaktion finden könnte, womit dann wieder der Anschluß an die Auffassung von White (1927) und W. Braun (1947) über einen Lipoidkomplex als chemischen Charakter des R-Antigens gefunden würde. Im übrigen legen die serologischen Befunde mit den O- und o-Proteinfraktionen bei Einbeziehung der derzeitigen Vorstellungen von morphologischer und chemischer Seite (s. Kapitel III, 3) über den Lipoproteidcharakter der Zellmembran die Vermutung einer eventuellen Identität oder wenigstens Partialreceptorgemeinschaft von R-Antigen und Zellmembran nahe, zumal wenn, wie zitiert nach Mitchell, ein Glattbacterium nichts anderes als ein Rauhbacterium mit aufgelagertem O-Komplex sein soll. Entsprechend reagieren Ro-Formen nach Kapitel III, 3 auch bereits in der Probeagglutination mit R-Antikörpern. Serologische Prüfungen der isolierten Zellmembranen nach Weidel 1951 und 1953 oder Salton und Horne 1951 sowie der dabei zu gewinnenden restlichen Zellinhalte mit R-Antikörpern, werden diese Beziehungen endgültig klären können, weshalb entsprechende Untersuchungen auch in Arbeit sind (Kröger 1954).

Über den *Lipoidanteil* der o-Lipopolysaccharide ist chemisch-analytisch oder serologisch wie chemisch über den Proteinanteil der o-Form noch nichts bekannt und zu diesem Zwecke das o-Lipopolysaccharid von S. paratyph. B in Untersuchung (KRÖGER, WESTPHAL und LÜDERITZ).

Nach allem bisher Aufgeführten wurde man sich im Verein mit den Ergebnissen des Kapitel VI, 2 jedoch schon analog zu dem Schema der O-Formen die chemischen Bausteine der o-Formen der gramnegativen Darmbakterien wie folgt vorstellen wollen:

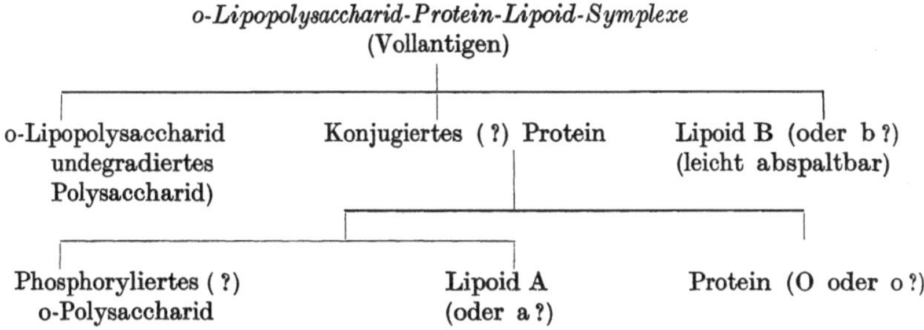

Die Fragezeichen dieses Schemas machen zugleich deutlich, wieviel noch offene Fragen bei der Bearbeitung der o-Komplexe noch zu beantworten sind. Vorweg könnte dabei überlegt werden, daß auf Grund des bisher von allen Untersuchern festgestellten Mangels an „serologischer Disponibilität“ der o-Lipopolysaccharide (s. oben) deren räumliche Anordnung in der Bakterienzelle auf jeden Fall anders als die der O-Lipopolysaccharide bei den O-Formen zu denken wäre. Unter Einbeziehung der früher zitierten Vorstellungen von morphologischer und chemischer Seite (MILES und PIRIE 1949, MITCHELL 1949, WEIDEL 1954) würde derzeit als Arbeitshypothese vielleicht folgendes Strukturschema denkbar sein:

	O-Formen		*o-Formen*
I. Zone:	*Zelloberfläche* — O-Komplex mit oberflächenaktiven, daher auch serolog. disponiblen, hydrophilen O-Lipopolysaccharid (+konj. Protein + Lipoid B)	I. Zone:	*Zelloberfläche* — Zellmembran mit oberflächenaktiven, daher auch serolog. disponiblen, hydrophoben Lipoid- und Lipoproteidbestandteilen in 2 Schichten (phenollösliche Bestandteile als R-Antigenanteile und phenolunlösliche Bestandteile als Membrangerüst)
II. Zone:	Zellmembran mit nicht oberflächenaktiven, daher serologisch nicht disponiblen Lipoproteid in 2 Schichten (phenollösliches Lipoid oder Lipoproteid als R-Antigenbestandteil und darunter phenolunlösliches Lipoproteid als Gerüst).	II. Zone:	o-Lipopolysaccharid+amphoteres Protein (letzteres weiterer R-Antigenbestandteil?) + o-Desoxy- und -Ribonucleinsäuren
III. Zone:	o-Lipopolysaccharid+amphoteres Protein (letzteres weiterer R-Antigen bestandteil?) + O-Desoxy- und -Ribonucleinsäuren	III. Zone:	—

Auch vom Gesichtspunkt dieser Hypothese werden O/o-vergleichende, serologische Untersuchungen mit den isolierten Zellmembranen beider Formtypen von Bedeutung sein, ebenso mit den bei der Herstellung der isolierten Membran ebenfalls zu gewinnenden restlichen Zellinhaltsstoffe der O- und o-Formen.

c) *Schlußfolgerungen zur chemischen O/o-Differenzierung.*

Soweit bisher überblickbar, scheinen sich demnach die Ergebnisse der chemischen Analysen bei den verschiedenen gramnegativen Darmbakterien mehr in der Richtung der Auffindung von Gemeinsamkeiten im chemischen Aufbau der Antigene oder deren Teilkomponenten denn in der Feststellung von — diagnostisch leichter faßbaren — Unterschieden zu entwickeln. Die Analysen ergeben daher bis jetzt auch keine theoretische Stütze für die Eignung der von White inaugurierten Molisch-Reaktion oder Reaktion mit Millons-Reagens für die sichere Differenzierung von O- und o-Formen. Es bleibt vorerst auch noch abzuwarten, ob die geschilderte papierchromatographische Zuckerbausteinanalyse der aus den O- und o-Formen extrahierbaren Lipopolysaccharide den im Rahmen des O/o-Strukturwechsels der gramnegativen Darmbakterien sich vollziehenden Verlust des ternären Lipoid-B-Protein-Lipopolysaccharidkomplexes der O-Antigene sicher anzeigen kann.

Aufzugreifen wären wohl noch Mitteilungen von Stevenson und Levine (1953), wonach sich aus Pneumokokken auf relativ einfachem Wege art- und typenspezifische Polysaccharid-*Spektrogramme* gewinnen ließen, welcher Weg vielleicht auch einmal für die diagnostische Differenzierung von O- und o-Formpolysacchariden zu versuchen wäre, zumal bisher bei gramnegativen Darmbakterien durchgeführte Spektralanalysen für die O-Formen einander sehr ähnliche Ergebnisse erbrachten (Henderson und Morgan 1938, Morgan und Partridge 1942, Takeda und Kasai 1952 — s. S. 522; vgl. auch Infrarotspektralanalysen bei Pneumokokken sowie humanen und bovinen Tuberkelbakterien von Randall und Smith 1953).

Es mögen dann zum Schluß zu den chemischen Analysen auch noch die Proteine aufgeführt werden, die nach Bruce White (1932) aus Salmonellastämmen zu extrahieren sind, die als somatische Antigene *weder O- noch R-Antigen* besitzen (Sigma-Varianten). Mit 95 bis 97% Salzsäurealkohol soll aus diesen „Verlustvarianten" ebenso wie aus S- und R-Formen ein in schwach saurem oder basischem Milieu lösliches, in physiologischer NaCl-Lösung unlösliches Protein zu gewinnen sein, dem nach Dubos (1947) eine wahrscheinliche Bedeutung für die Instabilität von Bakteriensuspensionen in Salzlösungen beigemessen wird. Antiseren gegen dieses „ς-Protein" sollen ς-Formen gut, R-Formen langsam, S-Formen dagegen nicht agglutinieren, obgleich auch in letzterem das ς-Protein vorhanden ist (White 1932). Nach Entfernung des O-, R- und ς-Antigens kann wiederum nach Bruce White (1933) durch 75% Alkohol noch ein anderes antigenes Protein extrahiert werden, dessen Antiserum ebenfalls R- und ς-Formen, jedoch nicht S-Formen agglutiniert.

VI. Zur Pathogenität von S- und R- bzw. O- und o-Formen.

1. Die Virulenz der Formen.

Wie schon früher erwähnt, hat bereits Arkwright (1921) in seinem Differenzierungsschema von S- und R-Formen bei gramnegativen Darmbakterien die Virulenzeigenschaften beider Formen einbezogen. Nach ihm waren S-Formen virulent, R-Formen avirulent, welch letztere Bedingungen auch heute noch Caselitz (1949) bei „wirklichen R-Formen" (o-Formen) erfüllt sehen will.

An sich stammten schon von Baerthlein (1918) Beobachtungen von Kultur- und Virulenzvariationen bei verschiedenen Bakterienarten, jedoch ergaben erst die Studien der gramnegativen Bakterien die ersten systematischen Ergebnisse. Es wurde zunächst bei Kulturen von Past. lepisepticum festgestellt, daß sie ihre ursprüngliche Virulenz so lange behielten, als sie in der S-Form vorlagen, aber relativ avirulent wurden, wenn sie in die R-Form wechselten (DE KRUIF 1921, WEBSTER und BURN 1927). Damalige weitere Beobachtungen bestätigten und erweiterten diese Befunde (GRIFFITH 1923, TOPLEY und AYRTON 1924, ARKWRIGHT 1926, GOYLE 1926, JORDAN 1926, IBRAHIM und SCHÜTZE 1928, WILSON 1930, GREENWOOD 1931, FELIX und PITT 1935). Wenn demgegenüber auch *Unabhängigkeiten* von Virulenz- (und anderen) Eigenschaften vom morphologischen Koloniebild berichtet wurden (SPIKE 1936, DAWSON und Mitarbeiter 1938, HADLEY und WETZEL 1943 — bei Streptokokken, JOLLOS 1932 — bei C. diphtheriae, JAWETZ und MEYER 1943 — bei Past. pestis, SAINZ 1938, GERSHENFELD und SCHAIN 1942 — bei Tuberkelbakterien), so wurde die Verantwortlichkeit der S-Formen für die natürlichen Infektionen mit Pneumokokken, Pasteurellen, Salmonellen, Shigellen und Brucellen usw. nicht mehr bezweifelt.

Die Erkenntnis, daß mit dem S/R-Formenwechsel nicht nur ein Verlust der Virulenz, sondern auch des typenspezifischen Polysaccharidantigens erfolgen konnte, legte dann die Schlußfolgerung nahe, daß die *O-Antigene* eine bedeutsame Rolle für die Virulenz spielen müßten, wie dies entsprechend für die Kapselpolysaccharide der Pneumokokken erneut von AUSTRIAN (1953) nach neuerlichen experimentellen Untersuchungen herausgestellt wird.

Diese Auffassung fand sich unter anderem dadurch gestützt, daß spezifische Antikörper gegen die O-Antigene gegen die Infektion mit der homologen S-Form Schutz verliehen und isolierte O-Antigene dieselben physiologischen Wirkungen zu zeigen vermochten, die für eine Infektion signifikant waren. Injektionen dieser Substanzen verursachten im normalen Versuchstier rapide und intensive Leukopenien, entweder direkt durch Zerstörung von Leukocyten oder indirekt dadurch, daß sie deren Migration aus dem Blutstrom verursachten (ROBERTSON und YU 1938, MUNGER 1941, OLITZKI, AVINERY und BENDERSKI 1941, OLITZKI, AVINERY und KOCH 1942, MORGAN 1941 und 1943, BERTHRONG und CLIFF 1953). Auch nach den Arbeiten von DELAUNY (1945) wären den O- (und Vi-)antigenen Substanzen antileukocytäre Eigenschaften zuzuschreiben, wie auch MORGAN und UPHAM (1941) beobachteten, daß das O-Antigen von Typhusbakterien eine abstoßende Wirkung gegen Leukocyten ausübt und dadurch die Phagocytose stört, wozu nach ENDERS, WU und SHAFFER (1936) bei Pneumokokken allerdings auch die somatischen nicht spezifischen Kohlenhydrate (C-Substanz) die Phagocytose der Pneumokokken in Serum-Leukocyten-Gemischen hemmen konnten (zur phagocytosefördernden Wirkung von O- (bei Vi-Stämmen auch Vi-) Antikörpern s. untern und S. 539).

Das toxische O-Antigen hemmt weiterhin die Serumbactericidie gegen die homologen Keime, ganz gleich, ob die Bactericidie von normalen oder Immunantikörpern herrührt (THIBAULT 1939, GUNDIFF und MORGAN 1941), wozu im übrigen auf Grund von Versuchen unter anderem mit S- und R-Formen von S. paratyph. B und S. typhimurium ADLER (1953) in Normalseren Bactericidine nicht nur gegen die Salmonella O-Antigene, sondern auch gegen das R-Antigen feststellen und an den festgestellten Reaktionsweisen auf entsprechende Receptoren nicht nur in der Zelloberfläche von S(O)-, sondern auch R(o)-Formen — wenn auch in beträchtlich geringerer Zahl — schließen möchte (vgl. hierzu „suppressing factors" in Normal- und Immunseren gegen S(O)-, R(o)- und M-Formen von Br. abortus bei BRAUN 1946 — Kapitel XI, 1).

Danach schützen die O-Antigene die gramnegativen Darmbakterien gegen einige der Abwehrmaßnahmen der Wirtsorganismen und tragen auf diese Weise zum Erhalt der Keimvirulenz bei.

Die gleiche Rolle wird auch — soweit vorhanden — für das Vi-Antigen angenommen (FELIX und BATHNAGAR 1935, FELIX und OLITZKI 1926), dessen spezifische Antikörper im Tierversuch gegen experimentelle Infektionen mit Vi-Stämmen schützten (GRASSET und LEWIN 1937, HENDERSON 1939, BOIVIN, IZARD und SARZON 1939, ALMON 1943). Die weitgehende Ähnlichkeit von Vi- und O-Antigen in ihrer chemischen Zusammensetzung führt auch zu der Vermutung, daß Ähnlichkeiten in den physiologischen Wirkungen vorhanden sind (s. Delaunay 1943), weshalb auch für das Vi-Antigen die gleiche schützende Wirkung gegen Abwehrmaßnahmen des Wirtsorganismus angenommen wird, wie für die O-Antigene. Dabei könnte seine Bedeutung bei der noch oberflächlicheren Lage vielleicht noch größer sein (Dubos 1947) und nach Felix und Pitt (1951) schützt das Vi-Antigen auch noch das O-Antigen vor der Wirkung natürlicher oder Immun-O-Antikörper. Boivin (1941) möchte auch das Vi-Antigen nicht anders bewerten als ein besonderes O-Antigen, das deshalb besser eine römische Ziffer statt der Vi-Bezeichnung erhalten haben sollte (vgl. Kauffmann, Kapitel III, 1). Mitteilungen über physiologische Wirkungen, wie sie bei den O-Antigenen der gramnegativen Darmbakterien geschildert wurden, zur näheren Ergründung der Rollen der aus A-Streptokokken isolierbaren und in Immunisierungsversuchen gegen Infektionen mit virulenten Stämmen des homologen Typ schützende M-Substanz (Hirst und Lancefield 1939, Lancefield 1941, Wiener, Zeitle und Mudd 1942) für die Virulenz der Streptokokken liegen hier noch nicht vor, es sei denn die Tatsache, daß die M-Substanz ebenfalls ein oberflächlicher Bestandteil der Bakterienzelle ist (Lancefield 1941 und 1943).

Für die hier in erster Linie interessierenden gramnegativen Darmbakterien bleibt jedoch weiter zu diskutieren, ob und inwieweit auch heute noch die O-Form als Virulenzform und die o-Form als avirulente Form dieser Bakterien angesehen werden kann.

Hierzu wäre zweckmäßig zunächst noch zu definieren, was unter *Virulenz* zu verstehen ist. Die frühere Kennzeichnung der S/R (O/o)-Formen als virulente und avirulente Formen ging von der Vorstellung aus, daß die Infektion mit S(O)-Formen zu entsprechenden Krankheiten bei Mensch oder Tier und solche mit R(o)-Formen nicht hierzu führe. Demnach wurde unter Virulenz eine Infektiosität plus Pathogenität verstanden, welche beide Eigenschaften also O-Formen gegenüber o-Formen zu erfüllen hätten. Die Definition des Virulenzbegriffes ist jedoch auch heute noch nicht einheitlich (s. Dubos 1947, Smith und Martin 1948, H. Schmidt 1950, Schlossberger 1952), jedoch äußert zu den hierzu speziell interessierenden Zusammenhängen schon Schlossberger (1952), daß „man die infektiösen Eigenschaften eines Bacteriums und einen bestimmten Virulenzgrad oder die Pathogenität für bestimmte Tierarten nicht mehr als alleinige differentialdiagnostische Merkmale von entscheidender Bedeutung auffassen könne, weil die spezifische Immunitätsreaktionen und Serumdifferenzierungen gelehrt hätten, daß Virulenz und Pathogenität vorübergehend oder dauernd verloren gehen könne, ohne daß die Bakterien ihre spezifischen Arteigenschaften, besonders die Affinitäten (Chemismus) änderten. Für diesen spezifischen Chemismus sei aber die Immunität (Antigen- oder Serumreaktion) das feinste Reagens, nicht die pathogene Wirkung als solche".

Im Sinne dieser Auffassung wird man von vornherein geneigt sein, auch speziell dem Virulenzkriterium für die O/o-Formendifferenzierung innerhalb einer Bakterienart mit mehr Reserve gegenüber zu treten. Es sind dann auch genügend Befunde bekannt, die zu einer mindestens modifizierten Verwendung dieses Kriteriums Anlaß sein müssen.

Wenn auch erneut von Austrian (1953) für Pneumokokken und von Chu (1952) für B. anthracis die Abhängigkeit hier der Virulenz von der Bekapselung, sowie bei Sh. sonnei nach Branham und Mitarbeiter (1953) von der O-Form (Phase I — Wheeler und Mirhlt 1945) festgestellt wird, so ist daran zu erinnern, daß bereits von Wilson (1928, 1930), Schiemann (1929), Eaton (1934), Greenward und Mitarbeitern (1936) Virulenzabnahmen oder -Verluste bei S(O)-Formen ohne Verlust der spezifischen Antigene erhalten werden konnten. Auch bei Streptokokken stellten schon Todd und Lancefield (1928) fest, daß manche Stämme von A-Streptokokken zu schwach waren, obwohl sie das M-Protein produzierten. Verfasser (Kröger 1951) fand die bei Caselitz für Mäuse noch hochfütterungspathogene O-Form von S. Dublin (Stamm Caselitz) nur noch nach parenteraler (intraperitonealer) Verabreichung mäusepathogen, wobei der Stamm wie auch andere nicht mehr fütterungspathogene S. enterit.-Stämme jedoch weiterhin in homologem Anti O 9-Serum bis zur Titergrenze agglutinierte. Ob dennoch eine quantitative Änderung des O-Antigengehaltes im Sinne der Untersuchungen von FELIX und PITT (s. unten) vorlag, muß allerdings offen bleiben, da eine entsprechende vergleichende Analyse der Stämme aus der bereits lange zurückreichenden Zeit ihrer ausgesprochenen Fütterungspathogenität und ihrem späterem Status nicht mehr möglich war.

Aber auch FELIX und PITT (1951) müssen aus ihren Untersuchungen (s. Tabelle 17) mitteilen, daß ihr maximal O-antigenhaltiger „reiner" Typhus-O-Stamm 901 — und ebenso ihr maximal Vi-antigenhaltiger „reiner" Vi-Stamm Ty 6 S — beide nur eine ähnlich geringe Mäusevirulenz zeigten, wie ihr O- und Vi-freier „typischer" R(o)-Stamm Ty 2 Rough. Auch MØLLER (1948) fand bei seinen Colistämmen nur die M-Form, nicht dagegen die S- und R-Form unterschiedlich pathogen.

Es ist dann andererseits unter anderem nach GREENWOOD und Mitarbeitern (1936) und HADLEY und WETZEL (1943) umgekehrt durch eine Anzahl von Techniken einschließlich Tierpassagen oft möglich, die Virulenz einer S(O)-Form zu erhöhen, ohne daß dieser Wechsel durch eine feststellbare Änderung der Antigenstruktur begleitet wäre, wie dies auch wieder bei S. enterit.-Fütterungsversuchen vom Verfasser (KRÖGER 1951) bezüglich der Mäusefütterungspathogenität der Fall war (s. unten). Schließlich sind hier auch die durch die heute verbesserten Untersuchungsmethoden zahlreicher und langfristiger als vordem (KRÖGER 1953) in der Umgebung von klinischen Kernfällen oder auch ohne diese (vgl. HUDEMANN 1953, mit 24 von 37 klinischen völlig gesunden Säuglingen mit S. enterit.-Infektionen) nachweisbaren gesunden „temporären" Keimträger gramnegativer Darmbakterien anzuführen, deren in den speziellen Fällen nicht krankheitsverursachende Keime praktisch immer O-Formen mit kompletten O-Antigengehalt sind.

Wenn somit *regelmäßige Parallelbeziehungen zwischen Vorhandensein von O-Antigen und Virulenzeigenschaft für O-Formen nicht einzuräumen* sind, so bliebe jedoch noch zu prüfen, ob denn die *o-Form* noch weiterhin als grundsätzlich avirulente Form angesehen werden kann.

Als gegenteilige Angaben liegen hier bisher nur frühere Mitteilungen über häufige R(o ?)-Formbefunde von Sh. Sonnei bei klinisch ruhrkranken Patienten und experimentell mit R (o ?)-Formen von S. typhimurium erreichte schwere Erkrankungen bei Mäusen vor (WEBSTER und BURN 1927). Da entsprechende spätere Befunde zu diesen immerhin noch von DUBOS (1947) übernommenen Angaben nicht vorliegen, wäre zur Diskussion zu stellen, ob die seinerzeit diagnostisch festgestellten bzw. experimentell verwandten R-Formen von Sh. sonnei bzw. S. typhimurium tatsächlich O-antigenfrei und nicht RΩ- oder RO-Formen waren.

In Versuchen des Verfassers (KRÖGER 1952) wurde daher auch selbst nochmals mit dem O/o-Stammpaar von S. Dublin-Caselitz zur Virulenzfrage experimentiert. Bei CASELITZ (1949) war die O-Form, wie bereits erwähnt, hochfütterungspathogen und die o-Form gleichzeitig völlig avirulent gewesen. Inzwischen hatte jedoch bis zum Eintreffen des Stammes beim Verfasser auch die O-Form ihre Fütterungspathogenität völlig verloren. Beide Formen wurden unter jeweiliger intraperitonealer Verimpfung mehreren Tierpassagen ausgesetzt und dann erneut verfüttert. Die O-Form ergab jetzt wenigstens in einem Versuch nach 2maliger Verfütterung von je 3 Schrägagarkulturen des Stammes an 10 Mäuse bei 5 der Versuchstiere wieder eine tödliche Infektion, wenn auch der Exitus dieser Tiere erst am 9.—15. Tage eintrat. Die O-Form war dabei jedesmal sowohl im Herzblut wie in der Milz und Leber nachweisbar. Die Ergebnisse der o-Formversuche zeigt die Tabelle 15.

Danach war in der Versuchsgruppe mit täglicher Verfütterung der Keime an die Mäuse nur im Stuhl der am 6., 9. und 15. Versuchstag getöteten Tiere die o-Form wiederzufinden. Ein Nachweis im Herzblut oder einem der inneren Organe gelang nicht. Auch die tägliche Verfütterung der o-Form vermochte demnach nicht zu einem Übertreten der Keime aus dem Intestinaltractus in andere Organe zu führen. Dieses Ziel war zwar mit der parenteralen (i.p.) Verabreichung einer einzigen untertödlichen Dosis der o-Form zu erreichen. Die o-Form war jetzt im Versuchstier vom 4., 5. und 9. Tag im Herzblut, in der Milz und in der Leber sowie noch in dem am 12. Versuchstag getötetem Tier in der Milz nachweisbar, jedoch

Tabelle 15. *Virulenzversuche mit der o-Form von S. Dublin-Stamm Caselitz nach Tierpassage.* (Anzahl der Versuchstiere: je Versuch 10, Tötung je eines Tieres etwa jeden 2. Tag.) (KRÖGER 1951).

Stamm S. Dublin-Caselitz Row-Form	Erregernachweis Stuhl, Blut, Organe	Letaleffekt oder sichtbare klinische Erscheinungen
Lebend verfüttert, 1mal 3 Schrägagarkulturen	—	—
Laufend täglich mehrere Schrägagarkulturen	Stuhl + bei Versuchstieren vom 6., 9. und 15. Tag	—
Lebend intraperitoneal (1mal untertödliche Dosis)	4., 5. und 9. Tag: Herzblut, Milz, Leber + 12. Tag: 2 Tiere Milz +	1 Maus am 5. Tag +

blieben diese Infektionen bis auf einen Fall ohne jeden klinischen oder letalen Effekt. Die spontan bereits am 5. Versuchstag verstorbene Maus dürfte nicht der o-Form-Infektion erlegen, sondern interkurrent verstorben sein, da auch die aus dem Tier herausgezüchtete o-Form in weiteren Tierpassagen wiederum keine weitere pathogene Reaktion zustande brachte.

Weitere neuere Untersuchungen zur Virulenz von o-Formen gramnegativer Darmbakterien liegen dann noch von ROELCKE (1940 und 1942), DUBOS (1944) und FELIX und PITT (1951), sowie zu R-Formen der Streptokokken von HADLEY und WETZEL (1943) vor.

ROELCKE (1940 und 1942) berichtet von Sh. Sonnei (E-Ruhr), daß die perorale Verabreichung auch größerer Keimmengen der Flachform bei verschiedenen Versuchspersonen einschließlich des Autors selbst, keine Krankheitserscheinungen auslöste — im Gegensatz zu den Befunden bei Glatt(Rund-)form-Infektionen. Insgesamt wurden im Laufe der Zeit 7 Personen in insgesamt 18 verschiedenen Versuchen lebende Keime der Flachform in der Menge von 1 Million bis zu $3^1/_2$ Milliarden peroral verabfolgt. In 17 Experimenten an 7 Personen konnten keinerlei Krankheitserscheinungen festgestellt werden. In einem Versuch erkrankte die eine der 7 Personen nach Aufnahme von 1 Milliarde Flachformkeimen unter dem Bild einer Ruhr. In ihrem Stuhl fanden sich sowohl Flachform- als auch Rundformbakterien, weshalb eine Umwandlung in die Rundform und unter ihrer Wirkung das Zustandekommen der klinischen Erscheinungen angenommen wurde. Weiter wurden 5mal in 5 Versuchen Bakterien der Rundform, gemischt mit solchen der Flachform gegeben. In jedem Falle war die Folge eine Erkrankung, ebenso bei einer näher beschriebenen Laboratoriumsinfektion, bei der in den Darmkanal des Patienten Bakterien einer Rundformkultur gelangten.

DUBOS fand, daß er mit der lebenden S(O)-Form eines Sh. dysent.-Stammes bei Mäusen ntra cerebral mit ganz kleinen Dosen einer Kulturaufschwemmung (LD^{50} 0,00005 cm^3) eine tödliche Infektion setzen konnte, demgegenüber er von der homologen R(o)-Form als LD^{50} die ganz erheblich größere Dosis von 0,02 cm^3 benötigte. Ähnliches war auch bei parenteralen (intraperitonealen) Infektionsversuchen mit einem S. paratyph. B- und (in geringem Maße) einem S. enterit.-O/o-Teststammpaar von KRÖGER (1952) der Fall (s. Kapitel VII).

FELIX und PITT (1951), die ebenfalls nochmals über Virulenzversuche mit ihrem Ty 2 Rough-Stamm (o-Form) berichten, erhielten folgende Ergebnisse:

Tabelle 16.

Stamm	Antigengehalt		Letaleffekt nach intraperitonealer Verabreichung in Mäusen (Dosen in Mill.-Keimen)				
	O	Vi	40	100	200	400	800
Ty 2 Rough	—	—	—	0/10	0/10	0/10	2/10

(Der Nenner gibt die Zahl der geimpften, der Zähler die der hiervon gestorbenen Tiere an.)

Auch FELIX und PITT konnten danach einen Letaleffekt erst nach intraperitonealer Verabreichung einer hohen Impfdosis und dann auch nur bei 2 von 10 Tieren erzielen.

Bei hämolytischen Streptokokken berichteten HADLEY und WETZEL von der Umwandlung einer S-Variante von geringer Virulenz in eine R-Form mit einer MLD für Mäuse von 0,7 ml. Nach 11 Mäusepassagen war der Stamm in die S-Form zurückgekehrt und die Virulenz so gestiegen, daß die MLD von 0,7 ml auf 0,005 ml abgefallen war. Die Keime blieben dann in der S-Form von der 12.—38. Mäusepassage, wobei die Virulenz weiterhin bis zu einer MLD von 0,000001 ml zunahm.

Zur Avirulenz von o-Formen der gramnegativen Darmbakterien sei schließlich noch an die früheren Mitteilungen von VOGELSANG (1932) erinnert, der über 3 menschliche S. paratyphus-B-Infektionen berichtet, bei denen die Ansteckungen mit großer Wahrscheinlichkeit von 2 Dauerausscheidern erfolgt waren, die beide S- und R-Formen von S. paratyphus-B ausschieden. Die bakteriologischen Untersuchungen bei den infizierten Patienten ergaben in beiden Fällen in Blut- und Stuhlproben nur S-Formen, welche Befunde VOGELSANG allerdings ausdrücklich noch nicht zu Schlußfolgerungen für eine geringe Pathogenität von R-Formen verwenden wollte.

Insgesamt gesehen wird man nach all diesen Befunden, und solange nicht die früheren Mitteilungen von WEBSTER und BURN (1927) neuerliche Bestätigungen finden, an der These der *Avirulenz der o-Formen festhalten* wollen, als deren Ursache die geringe Resistenz der o-Form gegen die Serumbactericidie und gegen die Phagocytose angegeben sind.

Nach DUBOS (1947) resultiert die Annahme einer größeren Phagocytoseresistenz der O-Form (nach MØLLER 1948 nur der M- und nicht der S- gegenüber der R-Form) aus der Tatsache, daß Antikörper gegen die sonst schützenden spezifischen Antigene wie O- und Vi-Antigene der gramnegativen Darmbakterien, Kapselantigene der Pneumokokken, M-Proteine der hämolytischen A-Streptokokken in der Lage sind, die Phagocytose der homologen Bakterien zu stimulieren (vgl. auch JARMOC und STZURSKY 1953). Auch nach BOIVIN (1941) werden O-Antigene durch O-Antikörperbindungen oberflächenverändert und dadurch leicht phagocytiert.

Zur unterschiedlichen Resistenz der S(O)- und R(o)-Formen gegenüber der Bactericidie des Normalserums stellt DUBOS (1944) mit den bereits oben genannten S- und R-Formen von Sh. dysenteriae fest, daß zur Abtötung der gleichen Anzahl von Keimen für die S-Keime eine 10—100fach größere Menge an Mäuseserum erforderlich wäre als für die R-Keime. In diesem Sinne fand auch AUSTRIAN (1953) unbekapselte Pneumokokken zahlreich und bekapselte gar nicht von menschlichen polymorphkernigen Leukocyten ohne Gegenwart von spezifischen Antikörpern phagocytiert. Auch für BRAUN (1946) enthalten nach seinen Brucellauntersuchungen Normalseren „suppressing factors" gegen R(o)-Formen, während in Immunseren sich R(o)- und M-Formen behaupten könnten und die S(O)-Formen hier stärker unterdrückt würden. Dabei wird auch auf Berichte des Vorkommens oder von Überlebensraten avirulenter Varianten anderer Bakterien in Immunseren (ARKWRIGHT 1931, JACKSON 1936) oder in immunisierten Wirten (v. D. ESCHE 1940, JAWETZ und MEYER 1943) hingewiesen.

Wird man demnach, wie auch von CASELITZ (1949) wieder erfolgt, für die o-Formdiagnose weiterhin den Nachweis der Avirulenz eines Stammes fordern können, so bleibt für die O-Formen immer noch zu überlegen, in welcher Weise ihre in irgendeiner Form schließlich doch vorhandenen Beziehungen zur Virulenzeigenschaft der Bakterien in eine eventuell auch für differentialdiagnostische Zwecke verwendbare Formulierung gebracht werden könnten.

Die hier vorliegenden Schwierigkeiten — im Verein mit Behauptungen von BATSON und Mitarbeitern (1949/50) über die relative Unabhängigkeit der Virulenz von dem Vorhandensein oder Nichtvorhandensein des Vi-Antigens bei Typhusbakterien — waren auch FELIX und PITT (1951) Anlaß zu der bereits erwähnten erneuten systematischen Prüfung der Zusammenhänge von Virulenz, Toxicität und Antigenstruktur der Typhusbakterien. Sie verwandten dabei folgende 6 Stämme (Tabelle 17a):

Tabelle 17a. *Details of strains Salmonella typhi used in virulence and toxicity tests.*

Strain	Year of isolation	Antigens present in the strains	Parent strain: from which variant was derived	Parent strain: Isolated — Locality	Parent strain: Isolated — Year	References
Ty 2	1918	Vi O H	.	Cherson	1918	Weil and Felix (1920)
Watson	1932	Vi O H	.	Yorkshire	1932	Perry, Findlay and Bensted (1933*a*)
O 901	1925	O .	H 901	Cherson	1918	Weil and Felix (1920); Felix (1930)
Ty 2 Rough	1935	. H	Ty 2	Cherson	1918	Felix and Pitt (1935)
Ty 6 S	1936	Vi . H trace	Ty 441	Palestine	1923	Felix and Olitzki (1926); Felix and Petrie (1938); Henderson and Morgan (1938)
Vi I	Prior to 1938	Vi O H (O H: grace)	From a urinary carrier (Kauffmann)			Bathnagar, Speechly and Singh (1938); Felix (1938)

Durch quantitative Absorptionsversuche gegen reine Anti-Vi- und Anti-O IX-Seren wurde versucht, den Antigengehalt der Stämme näher zu bestimmen, wodurch die Untersuchungen besonders interessieren (Tabelle 17b):

Tabelle 17b. *Relative Vi- and O-antigen content of selected variants of Salmonella typhi.*

	Approximate antigen content of strains in units per 10^9 bacilli					
	Ty 2	Watson	Ty 6 S	O 901	Ty 2 Rough	Vi I
Vi antigen . .	100	40	100	0	0	40
O antigen . . .	100	100	0	100	0	trace

Note. By definition, strain Ty 2 contains 100 units of Vi antigen, and strain O 901 100 units of O antigen per 10^8 bacilli.

Die Virulenz- (und Toxicität-)Prüfung dieser Stämme hatte folgende Ergebnisse (Tabelle 17c):

Tabelle 17c. *Virulence and toxicity for mice of selected variants of Salmonella typhi.*

Strain	Approximate antigen content in units per 10^3 bacilli		Lethal effects following intraperitoneal inoculation of mice with (dose in millions of organisms)					
			Living bacilli					Bacilli heated 2 hr. at 58° C
	Vi	O	40	100	200	400	800	16,000
Ty 2 . . .	100	100	5/10	10/10	10/10	.	.	18/20
Watson . .	40	100	3/10	6/10	10/10	.	.	19/20
O 901 . . .	0	100	.	0/10	0/10	2/10	6/10	19/20
Ty 6 S . .	100	0	.	0/10	0/10	1/10	4/10	7/20
Ty 2 Rough	0	0	.	0/10	0/10	0/10	2/10	8/20
Vi I. . . .	40	trace	.	3/10	8/10	10/10	.	8/20

Note. The numerator indicates the number of mice that died, the denominator the number inoculated.

Nach diesen Untersuchungen zeigten eindeutig die

geringste Virulenz der Ty 2 Rough-Stamm (o-Form);

ebenfalls geringe Virulenz der O 901-Stamm (stark O-haltig, Vi-frei);

ebenfalls geringe Virulenz der Ty 6 S-Stamm (O-frei, Vi-haltig);

deutlich stärkere Virulenz der Vi I (Vi-haltig mit O-Rest)- und der Watson-Stamm (Vi- und stark O-haltig); sowie

die stärkste Virulenz der Ty 2-Stamm (stark Vi- und stark O-haltig).

Entsprechend fand auch schon LEWIS (1938), daß inagglutinable („O-resistente"), glatte S. typhi Stämme (SOV-Form) Mäuse in kleinen Dosen töteten, während stark agglutinable, glatte Stämme (SOW-Form) dagegen nur bei großen intraperitonealen Dosen einen Letaleffekt erreichen konnten. Auch ein O-inagglutinabler, rauher stark Vi-haltiger Stamm (RoV-Form) tötete in kleinen Dosen die Mäuse nicht.

Unter Einbeziehung dieser für den speziellen Fall von S. typhi getroffenen Feststellungen sowie aller übrigen mitgeteilten Befunde dürfte eine Definition der Beziehungen von O-Formen der gramnegativen Darmbakterien und Virulenz nur noch dahingehend möglich sein, daß *O-Formen nicht die virulenten Formen schlechthin sind,* sondern nur im Gegensatz zu den o-Formen *in virulenten Formen vorliegen können* bzw. die alte BOIVINsche Feststellung (1939) nach wie vor Gültigkeit hat, wonach „das O-Antigen als eine anscheinend notwenige, aber nicht hinreichende Bedingung zur Virulenz anzusehen ist" (s. a. DUBOS 1947, H. SCHMIDT 1950).

Der mögliche negative Ausfall des Virulenzversuchs bei einer O-Form läßt daher das *Virulenzkriterium* für differentialdiagnostische Zwecke nur noch im *positiven Falle* verwertbar erscheinen (Bestätigung einer O-Form), während eine festgestellte Avirulenz im Tierversuch nur noch die Bedeutung eines zusätzlichen Charakteristikums für o-Formen haben kann, wobei die o-Formdiagnose als solche jedoch durch andere Kriterien sicherzustellen ist.

Wenn demnach das serologische O-Merkmal mit der Virulenzeigenschaft nicht identisch ist, so erschiene auch richtiger wie bei den Tuberkelbakterien (s. Kapitel I) das Virulenzkriterium gesondert und unabhängig von anderen Merkmalssystemen (einschließlich O/o) aufzuführen. Es wäre deshalb auch nochmals zu überprüfen, ob die z.B. bei Past. tularense erfolgende enge Verkopplung von Virulenzeigenschaft und Salzempfindlichkeit (Literatur bei AVI-DOR und YANIV 1953) wirklich berechtigt ist.

Im übrigen interessieren als bemerkenswerte Befunde aus der letztgenannten Arbeit von FELIX und PITT zur Virulenz der Typhusbakterien noch folgende Angaben:

Zunächst wird für das Vi-Antigen nunmehr auch von diesen Autoren eingeräumt, daß dieses allein die Virulenz von S. typhi-Stämmen nicht bestimmt, was mit den Befunden von WILSON (1928), KAUFFMANN (1941), LUIPPOLD (1942), ALMON (1943) und BRONSTEIN (1943) übereinstimmt, nach denen andere gramnegative Darmbakterien, die auch das Vi-Antigen der Typhusbakterien besitzen, keine Pathogenität zeigten. Nur bei gleichzeitigem, wenn auch nur geringfügigem Vorhandensein des allein ebenfalls nicht virulenzbestimmenden O-Antigens wirkt das Vi-Antigen bei Typhusbakterien virulenzfördernd. Auch der vorher avirulente O-haltige und Vi-freie H 901-Stamm, den KAUFFMANN (1936) wie PERRY, FINDLAY und BENSTED (1933) den avirulenten Rawling-Stamm, in einen hochvirulenten umgebildet hatte, entwickelte in diesem Prozeß wieder ein Vi-Antigen, das im übrigen 2 Jahre später von CRAIGIE und YEN (1938) durch Phagentest als zum gleichen Typ wie der Ty 2-Stamm gehörig festgestellt wurde. Weder KAUFFMANN noch CRAIGIE war dabei bekannt gewesen, daß der H 901- und der Ty 2-Stamm aus dem gleichen Typhusausbruch isoliert wurden.

FELIX und PITT weisen dann nochmals darauf hin, daß einer besseren Agglutinabilität eines Typhusstammes in Anti-Vi-Serum keineswegs eine höhere Virulenz der Keime entspräche, sondern hier das Gegenteil der Fall sei, was MORGAN (1949) auch für Shiga-Ruhr-Bakterien erwähnt. Begründet wird diese schon 1934 geäußerte Meinung mit der Ansicht, daß die Stämme mit höchster Virulenz auch den höchsten Gehalt an Vi-Antigen hätten und der größte Teil der Vi-Antikörper für die Neutralisation beansprucht würde, weshalb konsequenterweise der Titer der Reaktion erniedrigt sei. Quantitative — nicht veröffentlichte — Absorptionsversuche hätten gezeigt, daß die Erklärung richtig sei. Auf Grund der konstanten Beziehung von Virulenz und Agglutinabilität sei der Agglutinationstest auch zur Auffindung von geringen Variationen im Vi-Antigengehalt von Kulturen verwendbar, in welcher Weise er sich auch jahrelang als Kontrollreaktion im Rahmen der Typhusvaccine- und Typhusserumherstellung bewährt habe. Mäusevirulenzteste hätten ständig mit den Agglutinationen übereingestimmt, was auch von Bensted (1937) mitgeteilt sei. Lewin (1938) war allerdings demgegenüber der Meinung, daß zwischen dem Verlauf einer Typhuserkrankung und der Agglutinabilität der S. typhi-Stämme in O- und Vi-Seren keine Beziehungen bestünden, ebenso übrigens auch nicht zur Mäusepathogenität, was Cullough (1951) auch bei parallelen Mensch- und Mäuseversuchen für Infektionen mit S. meleagridis, anatum, newport, derby und bareilly (sämtlichst aus Trockeneipulver gewonnen) feststellt [dabei im übrigen zusammen mit Wesley-Eisele (1952) durch Fütterungsversuche beim Menschen die Pathogenität von S. newport, derby bareilly und pullorum für Menschen nochmals bestätigt].

Felix und Pitt sind dennoch auf Grund der Versuchsergebnisse von Findlay (1951) der Überzeugung, daß die relative Mäusevirulenz frisch isolierter S. typhi-Stämme ihre Virulenz für den Menschen widerspiegele. Findlay hatte hierzu vergleichsweise je 5 Stämme von einem leichten und einem schweren Typhusvorkommnis geprüft und jeden Stamm des schweren Ausbruchs mäusevirulenter als die Stämme des leichten Typhusvorkommnisses gefunden. Ähnlich fanden Felix und Anderson (1951) eine Anzahl unmittelbar aus der Blutkultur isolierter Stämme eines milden Typhusvorkommnisses weniger virulent als alte Laboratoriumskulturen durchschnittlicher Virulenz.

Schließlich verglichen Felix und Pitt noch die Virulenz von 4- und 18—20stündigen Kulturen ihrer Teststämme mit dem Ergebnis, daß der Letaleffekt einer kleinen Zahl von jungen Keimen zweifellos unmittelbar größer sei, als der einer großen Zahl alter Keime der gleichen Stämme (s. Tabelle 17d):

Tabelle 17d. *Comparative virulence tests on cultures grown for 4 hr. and 18—20 hr.*

Strain	Lethal effects following intraperitoneal inoculation of mice with living bacilli			Viable count of dose in millions of organisms grown at 37° C. for	
	Dose in millions of organisms estimated by opacity	Grown et 37° C for			
		18—20 hr.	4 hr.	18—20 hr.	4 hr.
Ty 2	40	3/10	8/10	21	13
	40	4/10	8/10	25	15
Vi I	100	3/10	5/10	46	31
	100	3/14	8/14	50	34
O 901	400	2/10	5/10	260	190
	400	3/14	8/14	210	160
Ty 6 S	400	1/10	1/10	110	90
	400	2/14	1/14	120	90
Ty 2 Rough	600	3/16	3/16	350	230

Note. The numerator indicates the number of mice that died, the denominator the number inoculated.

Die Differenzen schienen allerdings nicht groß genug, um Absorptionsversuche zur Feststellung etwa gleichzeitig vorhandener quantitativer Änderungen im Vi- oder O-Antigengehalt der Keime zu rechtfertigen.

Aus der Diskussion mit den Arbeiten von BATSON und Mitarbeitern (1949, 1950), die im übrigen als methodisch unzulänglich abgelehnt werden, ist dann noch zu entnehmen, daß der für die Herstellung des amerikanischen Armee-Typhusimpfstoffes seit 1936 verwandte Stamm „58“ von einem Dauerausscheider, bekannt als „Panama Carrier“ stammt (SILER und Mitarbeiter 1941). (Purinabhängigkeit und Virulenz von Stammvarianten s. FORMAL 1954).

In der Literatur bekannt gewordene Virulenzvarianten anderer Bakterien sind z. B. eine avirulente R_{1a}-Form des in Amerika seit über 50 Jahren für Sensibilisierungs- und Immunitätsstudien bei Tuberkulose viel verwandten R_1-Stammes (STEENKEN und GARDNER 1946), sowie eine völlig avirulente Variante BCG_a-Form des typischen virulenzschwachen BCG-Stammes (s. bei SMITH und MARTIN 1948).

Die Ausführungen zur Virulenz von SO- und Ro-Formen seien mit einem Hinweis auf Versuche von JENSEN und WORATZ (1952) mit dem Teststamm S. paratyph. B Kröger B I-Ro des Verfassers abgeschlossen, wonach für *Hühnerembryonen* die Avirulenz von Ro-Formen möglicherweise nicht gilt.

2. Zur Toxicität der O- und o-Formen.

Ist nach den Ausführungen des vorigen Abschnittes für die Virulenz (Infektiosität plus Pathogenität) gramnegativer Darmbakterien das O- (nach H. SCHMIDT 1950 auch das Vi- oder ein Vi-ähnliches) Antigen eines der dabei notwendigen Erfordernisse, so ist demgegenüber die von der Virulenz auch prinzipiell zu trennende *Toxicität* nicht vom Besitz der somatischen O- und Vi-Antigene abhängig. Als klassisches Beispiel führt H. SCHMIDT (1950) die Ro-Form des Sh. dysent.-Prigge-Teststammes 58o an, die frei von O-Antigen dennoch hoch toxisch ist.

Die von PRIGGE und KICKSCH (1941) bereits beschriebene Toxicität dieses Stammes, der sich besonders gut zur Reingewinnung von Ektotoxin der Shiga-Bakterien eignete, wurde in eigenen Versuchen des Verfassers (KRÖGER 1952) nochmals sinnfällig demonstriert. Bei Ziegenimmunisierungsversuchen (zusammen mit MANZ) gingen durch Unterschätzung des Toxicitätsgrades dieses Stammes nacheinander 2 Tiere verloren, obwohl die Immunisierungen mit kleinsten Dosen begonnen wurden. Erst als in späteren Versuchen (s. Kapitel VIII) die Ro-Keime durch vorherige Kochsalzextraktion (OLITZKY und KLIGLER 1920) weitgehend im Ektotoxingehalt reduziert wurden, gelangen die weiteren Immunisierungen ohne Verluste.

Starke Ektotoxinbildner erhielten dann auch DUBOS und GEIGER (1946) im Rahmen der R(o)-Dissoziation von Sh. dysenteriae.

Wenn Sh. dysenteriae ein derart hochwirksames Ektotoxin — von Eiweißcharakter (WAGNER-JAUREGG 1942) mit LD_{50} von $1\,\gamma$ für Mäuse und $10\,\gamma$ für Kaninchen in günstigen Fällen (DUBOS und GEIGER 1946) — in großer Regelmäßigkeit bildet, so können im Prinzip auch andere Ruhrbakterien neben dem Endotoxin derartige Ektotoxine bilden (nach BUCHWALD 1939 und SCHROER 1939 auch Schmitz-Bakterien, nach GÄRTNER 1941 und ROELCKE 1942 auch Sh. Sonnei-E-Ruhr, vgl. auch die Übersicht von ENGLEY 1952), in welchen Fällen nach SMILE und Mitarbeiter (1948) die Infektionen schwerer und mit höherer Letalität verlaufen sollen. Konnte so nach H. SCHMIDT (1950) die alte Anschauung von DOERR, derzufolge die Shiga-Ruhrbakterien 2 verschiedene

Gifte bilden, durch die Untersuchungen unter anderem auch von Boivin mit Merobeanu (1937) sowie mit Delaunay und Sarciron (1940), Haas (1942) und vor allem auch Prigge und Kicksch (1941) über jeden Zweifel sichergestellt werden, so hält H. Schmidt es auch für sehr wahrscheinlich, „daß die wirklich pathogenen gramnegativen Bakterien, nicht nur Ruhrbakterien sondern auch Salmonella- und Colibakterien, außer dem Endotoxin auch echte Ektotoxine bilden". Jedoch liegen hierzu vorerst positive Mitteilungen nur von Vincent (1942/1944) und Hohorst (1953) vor. Vincent berichtet über ein neutropes und weiter ein enterotropes, nach ihm auf Grund besonderer Labilität vom O-Antigenkomplex abtrennbares Toxin bei S. typhi. Hohorst gibt nach Hinweisen auf frühere wenig erfolgreiche Versuche von Vincent (1925), Weinberg und Prévot (1937) sowie Lodenkämper (1939) für E. coli ein durch Säurefällungen von Endotoxin leicht abtrennbares Ektotoxin an, für dessen Nachweis die nekrotisierende Wirkung auf die Kaninchenhaut geeignet sei. Von Boroff (1949) wird demgegenüber für Shiga-Bakterien an dem Vorhandensein nur eines „dominanten" Antigens festgehalten, an das auch das einzige von diesen Bakterien gebildete Toxin geknüpft sei. Als Stütze seiner Ansicht werden von ihm Schutzversuche mit einem O/o-Stammpaar von S. dysenteriae durchgeführt, auf die im Kapitel VII zurückgekommen wird. Es fragt dann sich auch, ob nicht im Gefolge der nachstehenden Ausführungen über die „toxische Komponente" der gramnegativen Darmbakterien das Toxin wenigstens von Sh. dysent. 58 o und anderen Ro-Formen in seiner Ursache und Entstehung eine andere Auslegung finden könnte, als nach den bisher üblichen Erklärungen eines Ektotoxins gegenüber dem Endotoxin.

a) Toxicität der O-Formen.

Das *(O)-Endotoxin* der gramnegativen Darmbakterien wird, wie schon früher erwähnt, gemeinhin heute als mit dem O-Antigenkomplex identisch angesehen (H. Schmidt 1950, Prigge 1952).

H. Schmidt möchte dabei jedoch eine genauere Definition dahin geben, daß der Sachverhalt mit größter Wahrscheinlichkeit so liege, daß das O-Antigen durch die Verbindung des die Spezifität bedingenden, nicht degradierten Polysaccharids mit dem die antigene Wirkung vermittelnden konjugierten Protein repräsentiert würde; dieser Antigenkomplex erhielte dann seine toxische Wirkung erst durch Verbindung mit dem lipoidalen Komplex, der für sich allein wiederum nicht toxisch sei. Die toxische Wirkung sei hier im übrigen ausgesprochen enterotrop und pyrogen (Weger 1947), bei Mäusen gelegentlich auch neurotrop. Diese Wirkungen kämen anscheinend allen Endotoxinen der gramnegativen Bakterien zu, wobei aber der sie bedingende gemeinsame Molekülkomplex noch unbekannt sei.

Es wurde schon in Kapitel III, 1 zitiert — wie auch von H. Schmidt in einer Fußnote angeführt —, daß diesen Auslegungen gegenüber O. Westphal bereits früher in unveröffentlichten Versuchen das O-Vollantigen ebenso toxisch wie den Kohlenhydrat-Proteinkomplex (ohne Lipoid) und diesen wie einen Kohlenhydrat-Lipoid (B)-Komplex fand. H. Schmidt möchte danach dem Lipoid (B) dann wenigstens eine steigernde Wirkung auf eine bereits vorhandene Toxicität zuordnen. Demgegenüber kommen jedoch erneut Helmert und Heymann (1951) bei experimentellen Untersuchungen über das Gift von Sh. flexneri zu der Feststellung, daß dem Phosphatid des Endotoxinkomplexes keine essentielle Bedeutung zukomme (vgl. auch Cmelik 1952 und 1953). Giftwirkung und antigenes Vermögen könnten wohl nur dem Protein und dem Polysaccharid zugeschrieben werden. Dabei wird von ersteren Autoren als fraglich bezeichnet, ob die toxische Wirkung des aus Flexner-Endotoxin durch Trichloressigsäureeinwirkung gewonnene Proteins (II E) und des Polysaccharids (II P) auf eine selbständige Molekülgruppe zurückgeführt werden dürfe. Zugleich scheint ihnen daher auch die von Goebel,

BINKLEY und ihren Mitarbeitern (1945 bis 1950 — s. Kapitel V, 2) vertretene Auffassung, daß die Giftkomponente — je nach Aufarbeitung des Ausgangsmaterials — sich dem Polysaccharid oder dem Protein zugesellen könne, nicht ohne Widersprüche mit ihrem eigenen übrigen Befinden vereinbar. Sie möchten statt dessen ihren Versuchen eine Deutung geben, welche die komplizierte Annahme einer vierten Komponente als Träger der erforderlichen Giftwirkung mit wechselnder Bindung an das Protein oder Polysaccharid entbehrlich mache.

Wenn die demgegenüber fortgesetzte Suche, so vor allem der eben genannten amerikanischen Autoren, nach einer „toxischen Komponente" in den Endotoxinen der gramnegativen Darmbakterien deren chemische Natur auch bislang noch nicht endgültig aufklären konnte, so stellten doch inzwischen WESTPHAL und LÜDERITZ (1953) bei der biologischen Prüfung der von ihnen aus den O-Formen quantitativ dargestellten Lipopolysaccharid (s. Kapitel V, 2) folgendes fest: Das aus einem E. freundii-Stamm (Kröger mit Coli O-Antigen 8) gewonnene hochmolekulare Lipopolysaccharid löst am Menschen und Kaninchen nach intravenöser Injektion bereits von 0,001 bis 0,002 γ/kg typische Reizwirkungen aus (Fieber, Leukopenie, Leukocytose, Eosino- und Lymphopenie, Aktivierung des Hypophysen-Nebennierenrindensystems u. a.). Die mittlere letale Dosis (intravenös) beträgt für Kaninchen 20—50 γ/kg, für Mäuse und Ratten 150 bis 200 γ/kg (allgemeiner für O-Lipopolysaccharide bei diesen Tiergattungen 0,5—10 mg/kg). Die Substanz zeigte große Ähnlichkeit mit dem tumornekrotisierenden Lipopolysaccharid (HUTNER und ZAHL 1943, NIEMANN und Mitarbeiter 1952) aus B. prodigiosus von SHEAR (1936 und 1943). Ein weitgehender Abbau des O-Lipopolysaccharids, soweit er *ohne* Verlust der Lipoidkomponente vor sich geht (Abbau unter Vermeidung hydrolytischer Spaltung oxydativ mit verdünntem Wasserstoffsuperoxyd und Katalysatoren), liefert niedermolekulare, teils dialysable Präparate mit voll erhaltener, zum Teil (für Kaninchen) gesteigerter Pyrogenität und hoher Toxicität, die aber nach Agglutinations- und Präcipitationshemmungsversuchen ihre Antigenität und Immunspezifität eingebüßt haben. Aus diesen Versuchen wird geschlossen, daß manche Reizstoffeigenschaften des O-Lipopolysaccharids nicht notwendig an ein hohes Molekulargewicht gebunden sind, sondern durch die *besondere Kombination der Lipoidkomponente mit einem löslichkeitsvermittelnden Träger* (Polysaccharid oder Protein — s. Kapitel V, 2) zustande kommen (WESTPHAL und LÜDERITZ 1953 — s. auch unter 3).

In Bestätigung dieser für eine besondere „toxische Komponente" im Sinne GOEBELS und gegen die Auffassung von HELMERT und HEYMANN sprechenden Befunde zeigten weitere Untersuchungen von WESTPHAL und Mitarbeiter (1954), daß auch bei künstlichen Lipopolysaccharid-Proteinsymplexen das Prinzip von GOEBEL anwendbar ist. Es wurde z. B. das Lipopolysaccharid aus S. abortus equi zunächst entsprechend der Methode von MORGAN (1941—1945) an Casein gekuppelt. Der künstliche Symplex wurde anschließend mit 1% Essigsäure gespalten, wobei im sauren Medium schwerlösliches „Lipocasein" erhalten wurde. In der klaren Lösung fand sich Polysaccharid neben teilweise freier Abequose. Das so erhaltene Lipocasein war in alkalischem und neutralem Medium gut löslich. Gemeinsam mit KEIDERLING und EICHENBERG wurde gefunden, daß das künstliche Lipocasein für Kaninchen ebenfalls stark toxisch (und pyrogen) war. Es gelingt also, die Lipoidkomponente vom bakteriellen Polysaccharidträger auf inertes Protein zu übertragen, wobei stark toxische (und pyrogene) Eigenschaften auf das betreffende Protein übergehen. Die immunologischen Eigenschaften solcher künstlichen Lipoproteide werden zur Zeit von HURNI untersucht.

Die bei den Umkupplungen wesentliche Komponente, das jeweilige Lipoid A bzw. seine Vorstufe A_1 sind in freier Form biologisch wenig aktiv, offenbar hauptsächlich wegen der Schwerlöslichkeit in Wasser. Die Injektion von Suspensionen des isolierten Lipoids A (aus Coli- oder Abortus equi-Bakterien) führt nach WESTPHAL und LÜDERITZ (1954) nur bei höheren Dosen zu merklichen Reizwirkungen (z. B. Fieber, Verschiebungen im weißen Blutbild usw.). Die Schwellendosis bei intravenöser Injektion liegt für Kaninchen bei 100 γ/kg und höher. Verteilt man Lipoid A jedoch feiner mit Hilfe von Lösungsvermittlern wie „Tween", so steigt die Wirksamkeit um mehr als das 10fache. Bei der Kupplung an höhermolekulare Träger findet dagegen eine Wirkungssteigerung um das mehr als 1000fache statt.

Die von der Lipoid A-Komponente ausgehenden biologischen Wirkungen, wie besonders die Toxicität, kommen also offenbar dadurch zustande, daß das in

Wasser unlösliche Phospholipoid durch Verbindung mit höhermolekularen Trägern molekulardisperse wäßrige Lösungen bilden kann und dadurch optimal wirksam wird (s. auch unter 3). Unter diesem Blickwinkel könnte der eben geschilderte Umkupplungsversuch mit der toxischen Komponente von einem Polysaccharid-auf einen Proteinträger ein Modellversuch auch für die (Endo-/Ekto-)Toxinverhältnisse bei den Sh. dysent.-O- und o-Formen und damit auch eine Brücke zwischen den oben zitierten Auffassungen von H. Schmidt u. a. auf der einen sowie Boroff auf der anderen Seite sein (s. a. S. 550).

Es wurde bereits früher erwähnt, daß im Rahmen des O-endotoxischen Symptomenkomplexes die O-Lipopolysaccharide nicht unerheblich Shwarzmann-aktiv sind und zwar vorbereitend wie auslösend aktiv (Shear und Mitarbeiter 1943, Homma und Mitarbeiter 1949—1953, Takeda 1953, Ogata 1953, Kuwajima und Mitarbeiter 1953, Hurni unveröffentlicht). Die minimal wirksamen Dosen reiner Lipopolysaccharide (z. B. von Ruhr- oder Pseudomonabakterien, sowie von Salmonellen) betragen bei Kaninchen etwa 1—5 γ intracutan als vorbereitende und etwa 100—200 γ intravenös als auslösende Dosis.

Da, wie früher schon erwähnt (Kapitel III, 1 und V, 2), die O-Lipopolysaccharide noch ihre O-Spezifität aufweisen, wird von ganz besonderem Interesse sein, inwieweit sich in den Prüfungen ihrer biologischen Reizwirkungen nur Gemeinsamkeiten oder den Verschiedenheiten in den klinischen Manifestationen der jeweiligen homologen bakteriellen Infektionen entsprechende Unterschiede ergeben. Im ersteren Fall würden die dann mit reinen Substanzen gewonnenen Ergebnisse im Sinne der vorerwähnten Feststellungen von Weger (1947) und auch von Peter (1951) liegen, welch letzterer in Tierversuchen mit in alkalischem Milieu „schonend" gewonnenen „unveränderten Endotoxinen" serologisch differenter Bakterien *gleiche* unspezifische und bei natürlichen Infektionskrankheiten übliche Allgemeinerscheinungen einschließlich Temperatur- (vgl. auch Bennett 1948) und Blutbildveränderungen fand und dabei die unspezifische Wirkung der selbst noch spezifischen Antigene durch den Einfluß auf vegetative und andere zentrale Regulationseinrichtungen (Hoff 1929) zustande kommen sieht.

Im Rahmen pharmakologischer Untersuchungen zum Gift von Sh. flexneri hebt Kroneberg (1952) jedoch wieder die Tatsache hervor, daß zwischen den meisten von endotoxinbildenden Bakterien hervorgerufenen Erkrankungen keine Übereinstimmung der morphologischen Veränderungen besteht. Nach ihm ist dies unter rein kreislaufmäßigen Gesichtspunkten nicht erklärbar, es sei denn, daß die bei den einzelnen Giften im „Spannungskollaps" auftretenden Zirkulationsschäden (Letterer 1944) lokalisationsmäßige Unterschiede aufwiesen, etwa im Sinne einer giftspezifischen „Bevorzugung" bestimmter Kreislaufgebiete.

Diese letzteren Erörterungen führen bereits zu der auch für den nächsten Abschnitt (Pyrogenität) interessierenden und bedeutungsvollen, aber bisher ungeklärten Frage nach dem *Ort*, an dem im höheren Organismus die Reizstoffe der Endotoxine zur Wirkung kommen. Die außerordentlich kleinen Substanzmengen, welche zur Auslösung massiver Reizwirkungen genügen, machen es sehr wahrscheinlich, daß die Bakterienreizstoffe primär an besonderen Receptoren angreifen (Westphal und Lüderitz 1953). Nach diesen Autoren haben neuerdings L. Hayes und N. F. Stanley (1950) sowie E. Neter und seine Mitarbeiter (1952) gefunden, daß die O-antigenen Polysaccharide von Colibakterien an der Oberfläche von roten Blutkörperchen relativ fest gebunden werden, derart, daß die so sensibilisierten Erythrocyten durch spezifisches Coli-O-Antiserum agglutinabel werden. Westphal und Lüderitz konnten diesen

Befund für das reine E. freundii-Lipopolysaccharid (Stamm Kröger, O-Gruppe 8) bestätigen (nicht veröffentlicht). Injiziert man an Kaninchen mit passenden Mengen Colipyrogen (z. B. 0,5 oder 1 γ) sensibilisierte Kaninchenerythrocyten intravenös, so beobachtet man dieselben Reizwirkungen wie nach unmittelbarer intravenöser Injektion der gleichen Dosis des Pyrogens in wäßriger Lösung. Da das Lipopolysaccharid relativ fest an die Stromate gebunden wird, kann man annehmen, daß der Bakterienreizstoff in vivo nur dann abgekuppelt wird, wenn er in Berührung mit noch affineren Receptoren kommt. Auf diese Weise wäre es denkbar, daß Erythrocyten eine Transportfunktion zu jenen affinen Receptoren ausüben.

E. Klenk und H. Lauenstein (1951) haben kürzlich die Anwesenheit zuckerhaltiger, gangliosidähnlicher Lipoide in den Formbestandteilen von menschlichen Erythrocyten nachgewiesen und entsprechende Substanzen isoliert. Auch aus Rindermilz konnten E. Klenk und F. Rennekamp (1942) ähnliche Ganglioside darstellen. Gemeinsam mit W. Keiderling (Freiburg) prüfen Westphal und Lüderitz zur Zeit die Frage, inwieweit derartige zuckerhaltige Lipoide in Zellmembranen als Receptoren für die beschriebenen Bakterien-Lipopolysaccharide in Betracht kommen, zu denen sie aus chemischen Gründen eine besondere Affinität besitzen könnten. In Analogie hierzu hat nämlich C. V. Boyden (1951/52) gefunden, daß die Receptorsubstanz für Lipopolysaccharide aus Tuberkelbakterien („Hämosensitin") (1948) in den Stromata der Erythrocyten lipoidaler Natur ist. Die Extraktion der Receptorsubstanz aus Stromata mit Alkohol/Äther hat Boyden kurz beschrieben. Die Tendenz zur Aggregation und zur Bildung höherer Symplexe ist für die undegradierten Polysaccharide von gramnegativen Bakterien an sich schon groß. Andererseits konnten R. R. Wagner und I. L. Bennet (1950) für die pyrogene Wirksamkeit von Influenzavirus beim Kaninchen zeigen, daß diese zustande kommt, wenn das Virus primär an die Erythrocyten gebunden wird. Sie konnten eine Receptorsubstanz in den Erythrocyten nachweisen, deren chemische oder enzymatische Inaktivierung (in vivo) zur Folge hat, daß Influenzavirus für Kaninchen nicht mehr pyrogen ist.

Versuche in dieser Richtung drängen sich insofern auf, als man zur Erklärung der Wirkungsweise der hochwirksamen Reizstoffe aus gramnegativen Bakterien besonders affine Receptoren im höheren Organismus annehmen muß. Daß solche affinen Receptoren existieren, wird durch die geschilderten und weiteren Untersuchungen wahrscheinlich gemacht. Ob sich die für die Auslösung der typischen Reizwirkungen (Fieber usw.) verantwortlichen Receptoren an der Oberfläche peripherer Zellen (vgl. Fritze 1954, Bergmann und Mitarbeiter 1954) oder an zentralen Strukturen (s. auch Bennet und Mitarbeiter 1953) befinden, ob verschiedene Mechanismen je nach dem Ort der Applikation des Reizstoffs in Gang kommen, und inwieweit für das Zustandekommen dieser Wirkungen sekundäre, endogene Reizstoffe zwischengeschaltet sind, ist noch nicht endgültig entschieden. Für beide Auffassungen sind gewichtige Argumente vorgebracht worden.

In welcher Weise im übrigen Antikörperbildungsstätten mit antigenen Reizstoffen besetzt sind und hier zu spezifischen Gewebsreaktionen führten (vgl. auch Moeschlin und Mitarbeiter 1951), zeigten instruktive Isotopenversuche unter anderem von Fitch und Mitarbeiter 1953 (mit J^{130} markierter S. typhi-Vaccine). Nach Fagreus (1953) hat auch in morphologischer Hinsicht die Immunologie noch als wesentliches Problem die Aufdeckung der Phänomene zu lösen, die vom Augenblick einer Antigenzuführung an bis zum Beginn der bekannten morphologischen Veränderungen einschließlich der „Phagocytose der Antigene" im Reticulum des Antikörpersbildungsapparates ablaufen und dabei z. B. das phagocytierte Antigen die (Antikörper)-Globulinsynthesen modifiziert. Daß im übrigen das Reticulum durch blockierende Tuscheapplikationen in die Lage gesetzt werden soll, gegen toxische Antigene zu schützen, konnte von Kröger (1952) in peroralen und parenteralen Infektionsversuchen mit homologen O/o-Formen von S. enteritidis nicht bestätigt werden.

Abschließend zur Toxicität von O-Formen sei noch auf die Feststellungen von Chedid und Mitarbeitern (1952) hingewiesen, daß nach Mäuseversuchen mit S. typhi-Ty 2 *Cortison* zwar nicht auf die Virulenz, jedoch antitoxisch mit Beziehung zum O-Antigen wirken soll, und daß nach Frappier und Shermann (1953) in Mäuse intravenös applizierte *Filtrate* unter anderem aus Salmonella und E. coli zwar nicht toxisch und nicht antigen, aber gravierend für parenterale Keiminfektion wirkten.

War in den bisherigen Ausführungen zur toxischen Komponente der O-Formen im Hinblick auf die übereinstimmenden Ergebnisse der zitierten zahlreichen Autoren auf die Bedeutung hier des Lipoid-A-Anteils am O-Komplex besonders hingewiesen worden, so ist noch ergänzend mitzuteilen, daß von Takeda und Kasai (1952), sowie von Kuwajima und Mitarbeiter (1952 und 1953) in getrennten Untersuchungen wiederholt festgestellt wurde, daß nach chemischen und UV-Absorptionspektralanalysen O-Endotoxine aus E. coli, S. paratyph. B, S. paradysenteriae (OHNO), sowie S. typhi und hieraus gewonnener verschiedener Fraktionen (S- proteinfrei, P- nucleinsäurefrei nach Sevag, sowie weitere Fraktionen nach Cohn) soweit sie (mit Unterschieden) toxisch waren, immer *Nucleinsäure* einschlossen. Entsprechend wurde durch Ribonuclease oder Desoxyribonuclease die Toxicität z. B. nur der nucleinsäurehaltigen S-Fraktion, nicht der nucleinsäurefreien Fraktion P von S. typhi geschädigt (im übrigen auch die immunisierende Wirkung der S-Fraktion), was die genannten Autoren zu dem Schluß führt, daß „the toxic princip insolves the nucleic acid". Nach Homma und Mitarbeiter (1952) ist auch die (proteinfreie) Nucleinsäurefraktion von Sh. dysenteriae-Ektotoxin noch toxisch (bei reduzierter Antigenität). Da bei den O-Polysaccharidaufarbeitungen der früher genannten Autoren die später gewonnenen Lipoid A-Fraktionen zwar durch die Aufbereitungsverfahren bedingte (größere und kleinere) Stickstoffanteile aus restlichem Protein (Westphal und Lüderitz 1954), aber nicht die vorher abgetrennten Nucleinsäuren enthalten, wäre den Befunden der japanischen Autoren nochmals nachzugehen, weil sie eine zweite Möglichkeit einer chemisch zu definierenden toxischen Komponente bedeuteten (s. pyrogene Nucleinsäuren — Windle 1952, Bammer und Martini 1953). Eichenberg (1953) der O-Lipopolysaccharide von Westphal und Lüderitz mit und ohne Nucleinsäureanteil vergleichend prüfte, fand zwischen beiden Fraktionen *keine* wesentlichen Unterschiede (erstere nur *manchmal* und dann nur etwas toxischer).

b) Toxicität von o-Formen.

Die geschilderten Erkenntnisse zur Toxicität von Ekto- und vor allem Endotoxinen bzw. reinen Substanzen aus diesen bei den gramnegativen Darmbakterien sind dann in *neueren Untersuchungen* von Chloe Tal (1950) und Digeon, Raynaud und Turpin (1952) in interessanter Weise insbesondere *für die o-Formen* ergänzt worden. So differenzierte Chloe Tal die toxischen Wirkungen von Ro-Formen von Sh. dysenteriae genauer und fand dabei nur zum Teil erwartete Unterschiede und Gemeinsamkeiten zwischen Ro- und SO-Formen.

An sich ist schon lange bekannt, daß Ro-Formen nicht völlig atoxisch sind. Es zeigten dies schon die Versuche von Meyer und Goldenberg (1933), die R-Formen in Mäuse einspritzten und „nicht ganz leicht für die R-Formen die nicht mehr tödliche aber nicht zu schnell im Organismus abgetötete Dosis zu bestimmen fanden". Maltaner (1934) fand sogar bei intravenöser Behandlung von Kaninchen die R-Form in der Giftigkeit nicht geringer als die homologe S-Form, wie nach Tal (1950) und Felix und Pitt (1951) jedoch ein deutlicher Unterschied zwischen beiden Formen vorhanden ist (s. unten). Auch für Boroff (1949) sind

Ro-Formen von Sh. dysent. nicht atoxisch und auch ein Berkefeld-filtriertes Lysat aus diesen Formen war bei intraperitonealer Applikation für Mäuse ebenso toxisch wie die intakten Bakterien.

Bei den Immunisierungsversuchen des Verfassers (KRÖGER 1952 — Kapitel VI) mit den Ro-Formen von zweien der Teststämme dieser Arbeit (S. paratyph. B Kröger BI und S. Dublin-Caselitz-Ro) ergab sich für die Ro-Form von S. paratyph. B bei Mäusen eine ganz erheblich geringere Toxicität gegenüber der SO-Form, während bei S. Dublin-SO und -Ro die letalen Dosen wesentlich dichter beieinanderlagen. Allerdings wurden hier in beiden Fällen, da nicht eine exakte Toxicitätsprüfung, sondern nur die Feststellung einer sicher tödlichen Dosis geplant war, nicht die für präzise Toxicitätsprüfungen notwendige LD_{50} (TOPLEY und WILSON 1947), sondern die einer hier benötigten LD_{100} bestimmt.

CHLOE TAL (1950) fand zur Toxicität von R(o)-Formen bei Sh. dysenteriae im einzelnen folgendes:

Die in physiologischem NaCl-Medium völlig spontan sedimentierenden R(o)-Formen vermochten keine für das konjugierende Protein der O-Antigene typische Leberglykogen- und Nebennieren-Ascorbinsäurereduktion, ebenso keine placentaren Blutungen in trächtigen Mäusen und keine Nebennierenblutungen in Meerschweinchen zu erzielen; die Ro-Formen waren weiterhin nicht in der Lage, wie die vollständigen spezifischen Phospholipoid-Polysaccharid-Proteinkomplexe oder die nicht degradierten Polysaccharide der SO-Formen als „preparing factor" für das Schwarzmann-Phänomen zu wirken; der jedoch vorhandene Letaleffekt der Ro-Formen war 8mal geringer als der der homologen SO-Form, und auch für die Erzeugung einer Untertemperatur und Leukopenie bestanden nur quantitative, nicht qualitative Unterschiede gegenüber der SO-Form.

Auch bei FELIX und PITT (1951) war der Ty 2 Rough-Stamm nicht toxinfrei, wenn auch ebenfalls geringer toxisch als die mit geprüften O-Formen von S. typhi (Ty 2, Watson O 901), jedoch war nach Tabelle 17c (S. 540) der Unterschied zwischen den O- und o-Formen nicht so groß wie in den Sh. dysent.-Versuchen von CHLOE TAL.

Von ENGLEY (1952) wird im Rahmen seiner Übersicht zum „Neurotoxin" von Sh. dysenteriae dann nochmals festgestellt, daß das — thermolabile — Neurotoxin als Shigella-spezifisches Toxin in S- und R-Formen zu finden und frei von Endotoxin von den Keimen vor einer Autolyse der Zellen zu erhalten sei.

Neben den oben zitierten toxischen Lysaten von BOROFF aus Sh. dysenteriae stellten dann DIGEON und Mitarbeiter 1(952) aus einem einwandfrei O-freien S. typhi-Stamm (souche R 2) eine Substanz von beträchtlicher toxischer Wirkung dar (s. Tabelle 13, Kapitel V, 2). Frühere Versuche von BOIVIN (1939) führten nur zu einem nicht toxischen R-Antigen und HENDERSON (1939) gewann nur ein antigenes Substrat von schwacher toxischer Wirkung. Das Ergebnis von DIDGEON und Mitarbeiter bedeutete daher ähnlich den oben geschilderten Befunden von BOROFF, TAL, FELIX und PITT sowie ENGLEY die Möglichkeit der vergleichenden pharmakologischen (einschließlich pyrogenen) und chemisch-feinanalytischen Prüfung toxischer Wirkgruppen von SO- und Ro-Formen der gramnegativen Darmbakterien. Dabei war bereits von besonderem Interesse, daß die von DIGEON und Mitarbeitern gefundene toxische Substanz der von TAL und GOEBEL (1950) aus Sh. flexneri, und SCHMID, MICHL und ZWETTLER (1950) aus Brucella abortus zu entsprechen schien. Die erwähnten andersartigen Ergebnisse von BOIVIN und HENDERSON erklärten sich DIGEON und Mitarbeiter durch die Unterschiede in den angewandten Extraktionsverfahren.

Diese sind wohl auch die Ursache der orientierend schon festgestellten ebenfalls hochtoxischen Wirkung der bei KRÖGER, WESTPHAL und LÜDERITZ in weiteren

Untersuchungen befindlichen o-Lipopolysaccharide aus Salmonella-o-Formen der Tabelle 6 (S. 521).

Wenn so an der Existenz von endotoxischen Komplexen auch in o-Formen gramnegativer Darmbakterien neben den schon bekanntgewesenen „Ektotoxinen" der Sh. dysent.-Ro-Formen nicht mehr gezweifelt werden kann, erscheint die früher zitierte Forderung nach besonderer Kennzeichnung der O-Endotoxine aus O- und o-Formen als „O"- und „o-Endotoxinen" berechtigt. Da weiterhin noch offen ist, in welcher Beziehung die endotoxischen Komplexe homologer O- und o-Formen zueinanderstehen, dürfte darüber hinaus eine solche getrennte Kennzeichnung vorläufig notwendig sein.

Dabei bleibt noch endgültig zu klären, ob das bei den o-Formen von Sh. dysenteriae postulierte Ektotoxin (von Eiweißcharakter) nicht mit o-Endotoxin (Protein — vermutlich Lipoproteidträger der „toxischen Komponente") identisch sein könnte, womit zugleich die andersartige Deutung des Ruhrektotoxins für die o-Formen gegeben wäre (für die Sh. dysent.-O-Formen mit nachweisbarem Endo- und Ektotoxin wäre hier dann etwa anzunehmen, daß die „toxische Komponente" mit dem O-Polysaccharid nicht ausreichend lyophile Trägersubstanzen findet und sich daher auch noch Proteinanteilen der Zellen bedient).

c) *Schlußfolgerungen zur Toxicität der O- und o-Formen.*

Nach den bisherigen Ausführungen wird man *zusammenfassend* auch die oben zitierte Auffassung von H. Schmidt (1950) wie Prigge (1952) über die Identität von O-Endotoxin und O-Antigen dahingehend modifizieren müssen, daß bei toxischen O-Formen spezieller die O-Lipopolysaccharide und hier in einer besonderen Bedeutung die Lipoid-A-Komponenten die Träger der O-endotoxischen Erscheinungen sind. Es gibt aber auch nichttoxische O-Formen und toxische o-Formen, weshalb auch die toxischen Komplexe (O/o-Endotoxin) im Sinne schon der Auffassungen von Aoki, Mondolfo und Hourni, sowie Boroff besser unabhängig von der Antigenstruktur der Bakterien betrachtet werden, zumal auch noch nach den Untersuchungen japanischer Autoren (Takeda und Kasai, Kuwajima und Mitarbeiter) den Nucleinsäuren hier eine Bedeutung zukommen könnte.

Im Zusammenhang mit weiteren Toxicitätsprüfungen der O-Formen wäre wohl auch nochmals zu prüfen, in welcher Weise der *Toxicitätsgrad* der O-Endotoxine zur *Virulenzeigenschaft* der O-Formen steht. Wenn früher festgestellt wurde (s. oben unter 1), daß Virulenz und O-Antigengehalt nicht in systematischer und regelmäßiger quantitativer Beziehung zueinander stehen, so möchte man das bei toxischen O-Formen für das Verhältnis von O-Antigengehalt und O-Toxicitätsgrad als Schlußfolgerung aus den bisherigen Ausführungen über die Eigenschaft der O-Lipopolysaccharide zunächst annehmen, wie auch nach den Versuchen der Tabelle 17c von Felix und Pitt (1951). Bei Felix und Pitt waren entsprechend die im O-Antigengehalt gleichen S. typhi-Stämme O 901 und Watson (bei unterschiedlicher Virulenz) auch im Toxicitätsgrad gleich. Entsprechend waren auch bei ihnen die Überlebensquoten bei der Toxicitätsprüfung von 16000 *abgetöteten* Keimen (2 Std bei 58° C) der virulenzunterschiedlichen, jedoch im O-Antigengehalt gleichen S. typhi Ty 2-, Watson- und O 901-Stämme praktisch gleich (s. Tabelle 17c). Bei Prüfung jedoch der *lebenden* Keime ergaben sich entsprechend den Virulenzunterschieden trotz gleichen O-Antigengehaltes z. B. zwischen den Stämmen Ty 2 und O 901 ein Toxicitätsunterschied von 20:1 bei den LD_{50}-Bestimmungen (zuungunsten des weniger virulenten O 901-Stammes), bei Vergleich der lebenden und abgetöteten Keime des gleichen Ty 2-Stammes sogar von etwa 120:1 zuungunsten der abgetöteten Keime. Diese Unterschiede bei den lebenden Keimen trotz vorhandener Gleichheit im O-Antigen werden von Felix und Pitt allein auf die unterschiedliche Wirkung genuinen oder durch die Wärmeeinwirkung auch toxikologisch veränderten Vi-Antigens zurückgeführt.

Jedoch soll die Toxicität der Vi-Antigene 5—50mal geringer als die des O-Antigens sein (Boivin und Mesrobeanu 1938, Henderson und Morgan 1938), was die Deutung von Felix und Pitt zum Ausmaß der angegebenen Toxicitätsunterschiede erschwert. Da bei S. typhi-Stämmen aber die Verhältnisse durch das Vi-Antigen und den V/W-Formenwechsel (s. Kapitel III, 1) zweifellos kompliziert sind, wird man die Frage nach dem Zusammenhang von Toxicitätsgrad und O-Antigengehalt bei den toxischen O-Formen sowie hier des Toxicitätsgrades und der Virulenzeigenschaft noch an anderen Objekten weiter verfolgen müssen. Braun, Westphal und Lüderitz (1954) haben sich dabei mit hier zu zitierenden Versuchen in anderem Zusammenhang einer Gegenüberstellung der O-Lipopolysaccharide aus „Normal-" und „Dyspepsie"-Colis bedient. Dabei wurde für erstere keine und für letztere das Vorhandensein einer Pathogenitätseigenschaft (Infektiosität plus Pathogenität) als gegeben vorausgesetzt. Als Ergebnis wird festgestellt, daß nach den durchgeführten biologischen und chemischen Analysen „die Fähigkeit der Dyspepsie-Coli, für einen apathogenen Keim bestehende Schranken zu durchbrechen, und in den Wirtsorganismus einzudringen" nicht die endotoxischen Lipopolysaccharide bedingen. Zu ähnlichen Ergebnissen seien kürzlich auch Spink und Anderson (1954) bei Untersuchungen über Brucellaendotoxin und deren Bedeutung für die Pathogenese der Brucellose gelangt. Danach wird auch der toxischen Komponente (im Sinne der eingangs dieses Abschnittes erfolgten Feststellung) eine primäre Bedeutung für die Pathogenität nicht eingeräumt, wie dies unter dem Abschnitt 1 dieses Kapitels schon für das komplette O-Antigen als nur bedingt zutreffend festgestellt wurde. Auf jeden Fall sind auch die eben geschilderten Versuchsergebnisse eine Unterlage mehr zur Ablehnung einer prinzipiellen Identität von O-Antigen und O-Endotoxin.

Von Mondolfo und Hounie (1947) wird dann an Hand ihrer im folgenden Abschnitt besprochenen Parallelversuche mit je einer M (Schleim-)-, SO- und Ro-Form von 2 E. coli-Stämmen (Nr. 277 und 2227) zur Toxicität dieser Bakterien und ihrer Formtypen mitgeteilt, daß keine Beziehung zu ihrer Pyrogenität (pyrogenen Produktionsfähigkeit) bestehe und bei gleicher Pyrogenität erhebliche Unterschiede in der Toxicität vorlägen (s. Tabelle 18). Diese Feststellung interessiert im Hinblick auf die Schlußfolgerung des nächsten Kapitels über die dort gefolgerte Unabhängigkeit auch der pyrogenen Wirkungsfaktoren vom Formtyp bzw. der Antigenstruktur der gramnegativen Darmbakterien.

3. Die Pyrogenität von O- und o-Formen.

Aus den beiden vorhergehenden Abschnitten ist ersichtlich, in welchem Maß für das Studium des Gesamtkomplexes der bakteriellen Reizwirkungen auch die Ro-Formen der gramnegativen Darmbakterien bereits Beachtung gefunden haben. Speziell für Pyrogenitätsuntersuchungen interessierte jedoch bis vor kurzem eigentlich nur die SO-Form. Der Grund dürfte darin liegen, daß mit H. Schmidt (1950) „das bei Infektions*krankheiten* vorkommende Fieber in erster Linie als durch die in den Bakterienleibern präformiert vorhandenen pyrogenen Stoffe verursacht" angesehen wird. Diese Auffassung würde auch in Richtung der in Abschnitt 1 zitierten Versuche von Peter (1951) mit gleichsinnigen Temperaturveränderungen bei Versuchstieren nach Endotoxinapplikation auch von serologischen verschiedenen Bakterien liegen. Demgegenüber ist jedoch Bennett (1948) auf Grund von Fiebertoleranzversuchen mit S. typhi- und E. coli-Vaccinen (Toleranzversuche mit Endotoxin s. Cliff 1953) bei Pneumokokken- oder Coli (Peritonitis)-infizierten Kaninchen der Auffassung, daß "the pyrogen produced by certain bacteria plays little or no role in the production of the fever of infection". Jedoch auch für die Fiebertherapie (Gonorrhoe, progressive Paralyse, multiple Sklerose, Typhus) werden praktisch zur Herstellung bakterieller Vaccinen nur Keime mit vollständig vorhandenen O-Antigenkomplex verwandt (Pyrifer, Typhusvaccine). Auch die Versuche einer Isolierung der bakteriellen Pyrogene (erstmals vor 20 Jahren CO TUI und Mitarbeiter 1944, dann MORGAN 1941, BECK und FISHER 1946, WEGER 1947, O. WESTPHAL und Mitarbeiter 1944—1952) erfolgten fast ausschließlich bei SO-Formen der gramnegativen Darmbakterien (CO TUI — S. typhi; MORGAN-Sh. dysent.; BECK und FISHER — Serr. marcescens; WEGER — S. typhi, S. paratyph. B, Proteus, Ps. pyocean.; O. WESTPHAL und Mitarbeiter — E. coli, S. paratyph. B, S. abort. equi, Sh. dysent.). Nach BENNETT und BEESON (1950) gehören auch die O-Antigene der gramnegativen Darmbakterien zu den wirksamsten Pyrogenen.

So dienen auch für die seit einigen Jahren von O. WESTPHAL und LÜDERITZ intensiv betriebenen Versuche der Reindarstellung bakterieller Reizstoffe einschließlich der pyrogenen

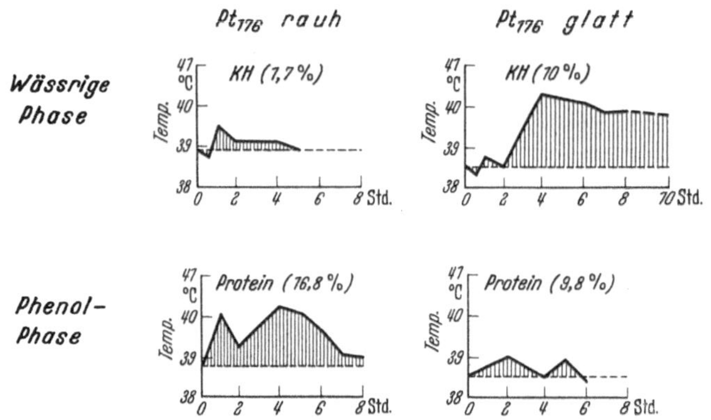

Abb. 13. Pyrogenitätsprüfung von Extrakten aus S. paratyph. B Kröger B I- SO und -Ro. Präparate je 1 γ/kg intravenös beim Kaninchen.

Wirkgruppen (s. Kapitel V, 2 und oben unter 2) verschiedene SO-Formen der gramnegativen Darmbakterien als Ausgangsmaterial für die chemischen Aufarbeitungen (Modifikation des Phenol-Wasser-Extraktionsverfahrens von PALMER und GERLOUGH 1940 — WESTPHAL, LÜDERITZ und BISTER 1944 und 1952).

Die hierbei erforderlichen größeren Bakterienmengen aus Bouillon- (nicht Agar-) Kulturen lassen sich am vorteilhaftesten unter Dauerbelüftung während der Kultivierung gewinnen (ROBERTS 1950). Dieses Prinzip findet auch bei den von Verfasser (KRÖGER 1947—1954) für O. WESTPHAL und LÜDERITZ hergestellten Kulturchargen Verwendung. Die Dauerbelüftung erfolgt dabei in den *eigenen* Kultivierungen jedoch nicht mit der zwar ebenfalls praktischen, jedoch technisch kostspieligeren Methodik motorisch bewegter Schaukelgestelle (KANTOROWICZ 1951), sondern durch einfaches kontinuierliches Durchdrücken vorher keimfrei filtrierter Luft mittels einer Druckpumpe einige Stunden nach Bebrütungsbeginn (weiteres zur Züchtung s. Kapitel V, 2 und über die p_H-Veränderungen durch die Belüftung — DAGLEY und Mitarbeiter 1952). Mit den Versuchen der oben und früher (Kapitel V, 2) zitierten Autoren ließ sich beweisen, daß speziell reine proteinfreie Lipopolysaccharide optimal wirksame Bakterienpyrogene sind. Die Grenzdosis z. B. des tumornekrotisierenden Lipopolysaccharids von SHEAR lag nach BECK und FISHER (1946) bei 0,005 γ/kg für Kaninchen, bei dem Escherichia-Lipopolysaccharid von WESTPHAL und LÜDERITZ bei 0,002 γ/kg für Kaninchen und 0,001 γ/kg für Menschen. Optimale klinische Reizwirkungen an Menschen werden nach WESTPHAL und LÜDERITZ (1954) bei derartigen Lipopolysacchariden mit intravenösen Injektionen von 0,5 γ total erzielt. Bei einem Teilchengewicht der Grundeinheiten von rund 1 Million (SCHRAMM, WESTPHAL und LÜDERITZ 1952) ergibt sich somit, daß zur Auslösung starker Reizwirkungen beim Menschen die Injektion von rund 10^{11} Molekeln des Lipopolysaccharids genügt (WESTPHAL und KICKHÖFEN 1953).

Diesen Pyrogendarstellungsversuchen aus SO-Formen gegenüber schien jedoch von zumindest theoretischem Interesse, ob und in welcher Weise etwas sich auch aus *Ro-Formen* Pyrogene gewinnen ließen. Der Parallelversuch würde gleichzeitig Aufschluß geben, ob die „pyrogene Komponente" bei den gramnegativen Darmbakterien sich nur in Verbindung mit den oberflächlichen somatischen Körperantigenen finden läßt, oder auch hier wieder wie für die „toxische Komponente" andere Möglichkeiten gegeben sind. Zum Zwecke dieser Untersuchungen wurden von Verfasser (KRÖGER 1953) an O. WESTPHAL und LÜDERITZ neben Kulturchargen von S. paratyph. B Kröger B I - SO und Sh. dysent. Prigge - 16 O solche von den homologen o-Formen zur Aufarbeitung übergeben. Das aufschlußreiche Ergebnis dieser Aufarbeitungen war, daß sich zunächst wie bei den O-Formen mit der wäßrigen Phase der Extraktionen ein pyrogenes O-Lipopolysaccharid, dafür aber mit der phenolischen Phase von den o-Formen ein *stark pyrogenes Protein* (o-Lipoproteid?) in großer Ausbeute gewinnen ließ (N = 15,7—16,3%, P = ∅, kein Kohlenhydratanteil). Diese Pyrogene waren jedoch denen aus der O-Form in der Stabilität unterlegen. Abb. 13 zeigt die Fieberkurven der mit den Pyrogenen aus S. paratyph. B Kröger B I-SO und -Ro behandelten Kaninchen (nach 1 γ Pyrogen je kg Körpergewicht intravenös).

Tabelle 18. *Pyrogenität und DL_{min} von MO-, SO- und Ro-Form von E. coli Nr. 277 und 2227 von* MONDOLFO *und* HOUNIE (1947). (Pyrogenität der Stämme und Formtpyen praktisch gleich — s. Abschnitt unter 3).

		Temperaturerhöhung 3mal je 10 Tiere	DL_{min}
E. coli Nr. 277	MO	1,872	25 Mill. Keime
	SO	1,715	150 „ „
	Ro	1,714	400 „ „
E. coli Nr. 2227	MO	1,456	25 „ „
	SO	1,552	40 „ „
	Ro	1,380	∞ „ „

Nach diesen ersten Versuchen schien die pyrogene Komponente der gramnegativen Darmbakterien wohl bei O-Formen in den spezifischen O-Lipopolysaccharidkomplexen der O-Antigene verankert, konnte prinzipiell aber auch ebenso nach dem Beispiel der Ro-Formen an ein Protein herantreten.

Inzwischen haben weitere Pyrogenitätsuntersuchungen (WESTPHAL und Mitarbeiter) mit den hier noch Nucleinsäure enthaltenden Kohlenhydratfraktionen auf der einen Seite und den kohlenhydratfreien Proteinfraktionen aus O- und o-Formen von E. coli (Stamm Kauffmann), S. paratyph. B (Stämme Kröger) und S. enteritidis (Stamm Kröger G I und Dublin-Caselitz) bestätigt, daß *sowohl die KH-Nucleinsäure wie die Proteinfraktionen* aus jeweils *beiden* Formtypen der gramnegativen Darmbakterien pyrogen sein können. Wenn auch bei den Versuchen immer eine Fraktion und manchmal auch eine Wachstumsform deutlich bevorzugt schien (EICHENBERG 1953), so war grundsätzlich die Pyrogenität hier also nicht formtypgebunden und damit die pyrogenen Wirkgruppen nicht auf eine einseitige Bindung an O-Antigene als Trägersubstanzen festgelegt (vgl. auch pyrogene Nucleinsäuren — WINDLE 1952, BAMMER und MARTINI 1953). Diese festgestellte Möglichkeit der wechselnden chemischen Bindung einer bakteriellen Reizgruppe beleuchtet damit in anderem Sinne auch die früher erwähnte These von GOEBEL, BINKLEY und ihrer Mitarbeiter (s. auch unter 2) über die Zugesellung der Giftkomponente der Endotoxine je nach chemischer Aufarbeitung des Ausgangsmaterials zum Polysaccharid oder Protein. Da WESTPHAL und LÜDERITZ (1953) u. a. bereits weitergehend am höher gereinigten Lipopolysaccharid der O-Formen die Bedeutung der Lipoidkomponente für die Pyrogenität feststellen konnten (s. Kapitel V, 2), werden die künftigen entsprechenden Untersuchungen mit dem Lipopolysaccharid aus den o-Formen wie auch eventuell den Lipoidproteiden aus beiden Formen auch hier weitere

Klärungen zur Natur und den Lokalisationen der pyrogenen Wirkgruppen erbringen. Mondolfo und Hounie (1947) sind auf Grund der schon im vorigen Abschnitt zitierten Parallelversuche mit M-, S- und R-Formen von E. coli bereits der Meinung, daß zwischen dem von den Bakterien produzierten Pyrogen und den Antigenen (Soma-, Kapsel-, Geißelantigen) wie auch der Toxicität der Bakterien keine Beziehungen bestünden (s. Tabelle 18). Nach ihnen schiene Pyrogen mehr ein Produkt des Zellstoffwechsels.

Übrigens wird von Dawson und Todd (1952) die *Zählung der kleinen Lymphocyten* als eine gegenüber der Temperaturmessung genauere Methode der Pyrogenitätsprüfung empfohlen.

VII. Zur Schutzwirkung von O- und o-Formen.

Wie aus den eingangs des Kapitels V aufgeführten Differenzierungsschemata ersichtlich, hat schon Arkwright (1921) sich mit der Schutzwirkung von Vaccinen aus „S“- und „R“-Formen beschäftigt. Nach ihm hatten nur S-Formvaccinen eine Schutzwirkung, R-Formvaccinen dagegen nicht, in welcher Richtung dann auch die Auffassung der in der S-Form zugleich auch die Virulenzform sehenden Autoren lag (s. Kapitel VI, 1). Ergänzend stellte Grinnell (1930) fest, daß eine Immunisierung mit der R-Form von S. typhi im Blut gar keine oder nur eine geringe Vermehrung der bactericiden Blutstoffe hervorrief, demgegenüber die Behandlung mit der Vaccine eines glatten, virulenten Stammes die Bactericidie erheblich vermehrte. Auch nach diesem Autor waren daher R-Formen für prophylaktische Typhusschutzimpfungen wertlos, obwohl sie hohe (H)-Agglutinintiter erreichten, die jedoch keinen Maßstab für die erreichte Schutzwirkung darstellten. Grinnell (1932) warf daher später auch die Frage auf, ob der „Rawling“-Stamm, mit dem seit Jahren in den angelsächsischen Ländern und Dominiens alle Vaccinen für die Militärimpfungen hergestellt wurden, noch wirksam sei. Dieser Stamm war bereits bei seiner Isolierung durch Wright (1900) aus der Milz eines an Typhus Verstorbenen relativ atoxisch gewesen und wurde von Grinnell nach der inzwischen über 30jährigen Fortzüchtung als „rauh“ und völlig avirulent gefunden. Es empfahl deshalb für die Impfstoffherstellung den Ersatz dieses Stammes durch einen anderen Stamm.

Von Marrian, Findlay und Bensted (1933), Perry und Finlay (1933) sowie Tao (1936) und Siler (1937) wurden diese Befunde und Forderungen Grinnells bestätigt und epidemiologische Versager der Impfung mit der Untauglichkeit dieses Stammes erklärt. Nach Hawley und Simmonds (1934) lag das Nachlassen der Rawling-Vaccine jedoch an der Herabsetzung der Keimzahl, welcher Ansicht sich auch Patterson (1935) anschloß, der im übrigen einen geeigneteren Stamm noch nicht als gefunden ansah. Brown (1936) gelang dann durch wiederholte Mäusepassagen eine „Verjüngung“ des Stammes mit Wiederherstellung seiner vollen Virulenz und alten immunisatorischen Wirkungen (bei Rückgewinnung auch des Vi-Antigens, s. S. **541** u. **543**).

Gegenüber diesen die R-Formvaccinen und ihren Schutzwert völlig disqualifizierende Meinungsäußerungen zeigten jedoch an Kaninchen durchgeführte Impfversuche bei Maltaner (1934) sogar eine bessere Schutzwirkung der Rauhform- als der Glattformvaccinen, wenn auch die Seren mit geißellosen Rauhformen behandelter Kaninchen keine spezifischen Agglutinine gegen die infizierenden Glattkeime besaßen. Auch Lewin (1938), der an sich für die Herstellung von Impfstoffen in erster Linie Vi-haltige glatte Stämme berücksichtigt sehen wollte, erzielte mit einem zwar Vi-haltigen, jedoch rauhen Stamm Immunität gegen glatte virulente Bakterien, was nach d'Allessandro (1942) ebenso auch mit einer Vi-armen R-Form zu erreichen ist. RAUSS (1940) ist demgegenüber jedoch wieder der Ansicht, daß jeder Antigenbestandteil der Schutzimpfung nur gegen das homologe Antigen schützt, welche Erwägung jedoch nach H. SCHMIDT (1950) noch der experimentellen Überprüfung bedürftig ist. BOIVIN (1942) unterstreicht ebenfalls nochmals im Rahmen von Untersuchungen mit S. typhimurium-Stämmen, daß eine erhaltene antigene Struktur, wenn auch nicht für die maximale Virulenz, so doch für die größtmögliche immunisierende Wirksamkeit eines Stammes ausreichend ist. DUBOS (1944) fand jedoch wiederum, daß mit Extrakten aus R-Formen von Sh. dysenteriae Antikörper (Bakteriolysine) zu erzielen waren, die in Verbindung mit Komplement nicht nur R-Formen von Sh. dysenteriae lysierten, sondern auch deren S-Formen wie auch S-Formen von Sh. flexneri und Sh. sonnei.

Nach SCHLOSSBERGER (1952) „darf mit dem Vorhandensein von Bakteriolysinen, zwar nicht der Zustand, den wir Immunität nennen, identifiziert werden, doch kann der Nachweis von Bakteriolysinen als Kriterium für den Eintritt oder das Ausbleiben von Immunität, z. B. bei Immunisierungsmethoden, verwandt werden".

Auch für KONST (1949) hat sich der Gebrauch nicht virulenter Varianten in der Immunisierungspraxis bereits eingeführt und nach SPICER (1936) ist auch mit R-Formen von hämolysierenden Streptokokken, nach SCHOENING und Mitarbeiter (1938) mit R-Formen von Erysipelothrix rhusiopathiae und nach BRAUN (1947) mit M-Formen von Br. abortus eine Schutzwirkung prinzipiell möglich.

Wie demnach festzustellen ist, sind die Meinungen über eine eventuelle Schutzwirkung auch von R(o)-Formvaccinen keineswegs mehr so einheitlich ablehnend wie anfangs, wie denn überhaupt die Frage nach den für die klassische prophylaktische parenterale Typhusschutzimpfung bestgeeigneten Stämme noch durchaus in Fluß ist (s. FELIX und PITT 1951, BATSON und Mitarbeiter 1950, Kapitel VI sowie BRAUN 1947).

Auch nach RAETTIG (1952) „ist in der Wahl der Stämme, die für eine aktive Immunisierung optimal geeignet sind, noch heute eine große Unsicherheit festzustellen, die sich praktisch darin zeigt, daß es in den deutschen Imstoffwerken üblich geworden ist, eine größere Anzahl von Stämmen möglichst verschiedenen Alters und verschiedener Antigenstruktur zur Vaccineherstellung zu benutzen, um möglichst alle wirksamen Komponenten zu erfassen". Nach RAETTIG haben im übrigen auch neben der Stammauslese „alle anderen überaus zahlreichen Versuche, die zu dem Problem der Impfstoffverbesserung für parenterale Impfungen veröffentlicht wurden, in den vergangenen 50 Jahren keinen entscheidenden Fortschritt gebracht". RAETTIG führt hierzu eine instruktive umfangreiche tabellarische Zusammenstellung der von 1886—1950 vorgeschlagenen Modifikationen auf. Sie umfaßt bereits 3 Druckseiten, obwohl sie nur die von dem Autor für wesentlich gehaltenen Verfahren enthält und ergänzend auf die noch ausführlicheren Übersichten von SEIFFERT (1917) und BAERTHLEIN (1929) hingewiesen werden muß. Als letzte Vorschläge sind dabei die neu empfohlene Typhus-Paratyphus-„Adsorbat"-Vaccine (RÖHRER und DEHMEL 1950, WOLTERS, FISCHOEDER und WEIDEMÜLLER 1950) sowie mittels Ultraschall gewonnene Antigene (CLAUBERG 1950, BRAUSS und BERNDT 1951) aufgeführt, welch letztere inzwischen auch noch von KNAPP (1951), JOO und TARNÓCZY (1952) sowie WEISSGLASS und Mitarbeiter 1952 bearbeitet worden sind.

Im Rahmen der Ausführungen hier interessiert von den Modifikationen, daß CASTELLANI (1909) schon einmal lebende avirulente Typhusbakterien nach 1stündiger Erwärmung auf 50^0 als Impfstoff vorgeschlagen hat, wobei über die Morphologie und Antigenstruktur dieser Bakterien dem damaligen Stand der Kenntnisse entsprechend Näheres jedoch nicht ausgesagt ist (o-Formen?). Es interessiert weiter, daß von früh an schon versucht ist, nicht nur mit den Keimen selbst, sondern auch den auf verschiedenste Weise aus ihnen gewonnenen Inhaltsstoff zu immunisieren (MCFADEN und ROWLAND 1901, WASSERMANN 1903, BRIEGER und MAYER 1903, LEVI und DOLD 1914, GRASSET und GORY 1927, SABENA 1931, MORZYCKI und ZABLOCKI 1935, KRÖGER 1937, LOVERKOWICH und RAUSS 1942).

Diese letzteren Versuche dürften mittel- oder unmittelbar das gleiche Bestreben als Ursache gehabt haben, das im Prinzip bereits in den Abschnitten über die Toxicität und bakteriellen Pyrogene angeführt wurde: Befreiung der spezifischen — hier immunisierenden — Komponente von dem Ballast der übrigen Bakterienzelle und deren Inhaltsstoffen mit dem Ziel der Aufklärung der Struktur (chemische Beschaffenheit) und Verbesserung ihrer Anwendung (Verbesserung des Immunisierungseffektes, Wegfall klinisch und psychologisch unerwünschter Nebenreaktionen, Verbesserung der peroralen Immunisierungsmöglichkeit). Nach den erfolgreichen Immunisierungsversuchen von MCLEOD, HODGER und HEIDELBERGER (1945) mit spezifischen Kapselpolysacchariden gegen Pneumokokkeninfektionen (s. auch die Tierversuche von DOWNIE 1937 und DUBOS 1938) könnte bei Gültigkeit gleichzeitig der oben zitierten teilweisen Auffassungen von einer Wirkungslosigkeit von Ro-Formen für Schutzimpfungen die systematische Bearbeitung der O-Antigenkomplexe von S. typhi und S. paratyphi der aussichtsreichste Weg für derartige Reindarstellungsversuche des immunisierenden Prinzips sein. Solche Untersuchungen lägen dann auch in der Richtung der Arbeiten von BOIVIN und MESROBEANU (1933 — vgl. auch FRATTINI 1951), RAISTRICK und TOPLEY (1934), MORGAN (1937), sowie der oben erwähnten Ergebnisse von BOIVIN (1942) bei S. typhimurium. Letzterer Autor hat nach LÖFFLER (1951) „bereits in einer optimistischen Anwandlung schon einmal die Prophezeiung aufgestellt, daß das Problem der Prophylaxe gegen endotoxinhaltige Erreger bald so elegant gelöst sein werde, wie die Vitamin D-Therapie, wo man Kinder auch nicht mehr mit dem unangenehmen Lebertran plagen müsse“. Für LÖFFLER (1951) sind wir jedoch von diesem Punkt noch weit entfernt, da für die Typhusimpfstoffe bis auf weiteres noch der Satz gelte: „Keine Entgiftung ohne Einbuße an immunisatorischem Vermögen.“

In der Tat käme es bei derartigen Versuchen in erster Linie zunächst einmal auf eine Trennung des immunisierenden von dem toxischen Prinzip der Salmonellabakterien an. Bei den Prinzipien gelten jedoch bereits seit PFEIFFER und BESSAU (1912) als identisch, was auf Grund seiner neuen eingehenden Untersuchungen über die Beziehungen von Toxicität und immunisierenden Vorgängen bei Typhusimpfstoffen auch LÖFFLER (1951) in der eben zitierten Weise in weitgehendem Maße bestätigen möchte. Auf der anderen Seite stellt jedoch LÖFFLER auch noch fest, daß bei sehr erheblicher Entgiftung bzw. Antigenschädigung eine deutliche Dissoziation zu finden war, weshalb die apodiktische Forderung PFEIFFERS dann doch nicht für uneingeschränkt gültig gehalten wird. Auf jeden Fall waren aber auch wieder in den Mäuseschutzversuchen von KUWAJIMA und Mitarbeiter (1953) im Mischverhältnis von 1:9 schützende proteinfreie Nucleinsäurepolysaccharide und nucleinsäurefreie Polysaccharidproteinfraktionen aus S. typhi zugleich toxisch (wobei der Schutzeffekt der nucleinsäurehaltigen Mischkomponente durch Desoxy- und Ribonucleinsäure zu zerstören war).

LÖFFLER (1951) sind bei seinen Untersuchungen anscheinend noch nicht die Versuche TREFFERS (1946) bekanntgewesen, der im Rahmen von Entwicklungsarbeiten an einer Impfvaccine gegen Shiga-Ruhr durch Acetylierung der MORGANschen spezifischen Polysaccharid-Proteinkomplexe von Sh. dysenterie bereits eine entgiftende Wirkung ohne Zerstörung der aktiven Schutzwirkung erreichen konnte (anschließend auch für den Protein-Polysaccharid-Komplex von S. typhi).

So starben von 4 Mäusen an 0,4 mg des nicht entgifteten löslichen Shiga-Antigens alle 4, bei 0,2 mg 2 von 4, bei 0,1 mg kein Tier. Demgegenüber vertrugen 48 Mäuse ohne Ausnahme 3 mg der acetylierten Präparate des Antigens. Die mit der Acetylierung erhalten gebliebene Schutzwirkung zeigt die Tabelle 19.

Tabelle 19. *Survival rates of immunized mice after intracerebral challenge with live shiga dysentery organisms.* (Nach TREFFER 1946.)

Immunizing antigen, given in 3 doses of 0,05 mg each	survivals	
	number	per cent
none — controls	4/55	7
unacetylated, toxic shiga antigen	4/15	27
shiga antigens acetylated 1.5—4 hr.	19/93	20
shiga antigens acetylated 5—24 hr.	64/151	42

Demnach scheint entgegen den bisherigen Annahmen eine Trennung des toxischen und immunisierenden Prinzips bei den gramnegativen Darmbakterien grundsätzlich möglich und die erneute pessimistische Stellungnahme zu diesem Problem von LÖFFLER (1951) nicht unbedingt berechtigt. Untersuchungen des Verfassers (KRÖGER 1954) prüfen daher auch — erneut zusammen mit O. WESTPHAL und O. LÜDERITZ — die Aufgaben TREFFERs nach, die im Gültigkeitsfalle einen erheblichen theoretischen und praktischen Fortschritt bedeuten würden, da bisher Entgiftungen unter Erhalt der immunisierenden Wirkung eindeutig nur bei den bakteriellen Ektotoxinen wie z. B. Diphtherie- und Tetanustoxin erreicht worden sind.

Daß bei allen derartigen Entgiftungsbestrebungen für die Immunisierungsantigene unter Umständen eine Verringerung der speziell antitoxischen Wirkung in Kauf zu nehmen wäre, mag möglich sein (vgl. maligne Diphtherie trotz Di-Toxoidschutzimpfung ?). Primär ist auch die Erreichung eines antiinfektiösen Schutzes wesentlicher, wobei im übrigen die bei den Testmethodiken zur Prüfung der Impfstoffwirkung in der Regel (notwendigerweise) geübte Praxis der parenteralen Applikation der Kontrollinfektionen bei den Versuchstieren (Mäuse und Kaninchen) die antitoxische Wirksamkeit der Impfstoffe sicher zuverlässiger als ihren antiinfektiösen Effekt kontrolliert. Wie schon in Kapitel VI, 1 erwähnt, leidet so die Prüfung des letzteren, weil schließlich diese Infektionsart eben nicht den natürlichen Verhältnissen einer *peroralen* Keimaufnahme (s. unten) entspricht.

Für all derartige Isolierungs- und Reindarstellungsversuche dürfte jedoch von unvermindertem prinzipiellen Interesse sein, ob Ro-Formen der gramnegativen Darmbakterien tatsächlich frei von dem Infektionsschutz verleihenden Prinzip sind oder nicht. Im letzteren Fall könnten dann anders als bei den Pyrogenen theoretisch aufschlußreiche Aufarbeitungen von o-Formen unterbleiben. Auf Grund der zitierten widersprechenden Literaturangaben schien es daher angezeigt, in eigenen Versuchen die aktive Schutzwirkung von Salmonella-Ro-Formen nochmals zu überprüfen und zwar den üblichen Vorgehen entsprechend an Mäusen, für deren Eignung auch in neueren Arbeiten wieder von FELIX und PITT (1951), LÖFFLER (1951), WOLTERS und Mitarbeitern (1951) sowie BATSON und Mitarbeitern (1951) plädiert wird. Zwecks Vermeidung des die Verhältnisse komplizierenden Vi-Antigens wurden von den typhösen Erregern neben S. paratyph. B ergänzend

S. Dublin als Vertreter der Bakterien der Enteritis-Gärtner-Gruppe verwandt. Versuche mit letzteren Keimen schienen deshalb vorteilhaft, weil sie bei Wahl eines geeigneten Stammes gegenüber der bei typhösen Erregern allein möglichen abschließenden parenteralen tödlichen Infektion zur Feststellung der Immunisierungseffekte eine *perorale* Applikation ermöglichen, die dem natürlichen Infektionsmodus besser entspricht (Kröger 1952 und 1953).

Von Vorteil war dabei, daß unter den eigenen Stämmen neben den nicht mehr fütterungspathogenen S. Dublin-Caselitz-Teststämmen SO und Ro ein hochfütterungspathogener und der hier allein interessierenden gleichen O-Gruppe (1) 9 (12) zugehöriger S. enterit. (Gärtner)-Stamm „Kröger G I" vorhanden war, der sich jedoch durch einen anderen Teilfaktor im H-Antigen von S. Dublin unterscheiden ließ. Während die S. Dublin-Stämme die H-Antigene „g. p" besitzen, ist die H-Antigenformel für S. enteritidis „g. m." Mit Hilfe von p- und m-Faktorenseren war es auf diese Weise möglich, z. B. bei allen während der Virulenz- und Toxicitätsversuche zum Exitus kommenden Mäuse festzustellen, daß sie nicht etwa „außerplanmäßig" statt einer S. Dublin- einer S. enteritidis-Infektion erlegen waren. Da der S. Dublin-Stamm SO früher bei Caselitz noch ebenfalls hochfütterungspathogen gewesen war, lag ein solcher Rückschlag dieses Stammes durchaus im Bereich des Möglichen. Wie wichtig derartige diagnostische Unterscheidungsmöglichkeiten hier sind, unterstrichen die eigenen Erfahrungen während dieser Versuche. Anfangs war die besonders hohe Infektiosität des S. enterit. G I-Stammes unterschätzt und — bei Wahrung der üblichen Kautelen — in einem Raum mit den Virulenz- und Toxicitätsprüfungen sowohl des S.Dublin- wie des S. enteritidis-Stammes begonnen worden. Die serologische Prüfung der aus den jeweils nach Abschluß der Versuche sezierten Versuchstiere gezüchteten Keime mit Hilfe der p- und m-Faktorenseren zeigte jedoch bald die Notwendigkeit der völligen, auch räumlichen Trennung bei den Versuchen, wenn einwandfreie Ergebnisse gewährleistet bleiben sollten. In der Folge wurde deshalb auch bei *jedem* verstorbenen Versuchstier die serologische Antigenanalyse der herausgezüchteten Keime durchgeführt.

Als wesentlichstes hier interessierendes Ergebnis resultiert aus den Versuchen (Kröger 1952 und 1953), daß eine intraperitoneale Immunisierung mit lebenden o-Formen sowohl bei S. paratyph. B wie auch S. Dublin mindestens die Hälfte der so vorbehandelten Tiere die für alle Kontrolltiere parenteral tödliche abschließende Impfdosis der lebenden homologen SO-Form überleben ließ (4 von 8 bei S. paratyph. B I-Ro, 4 von 10 und 8 von 10 bei S. Dublin-Ro). Wenn die Ro-Immunisierungsantigene zuvor durch Erwärmung auf 60^{0} $^{1}/_{2}$ Std abgetötet waren, verschlechterte sich allerdings das Ergebnis bei S. paratyph. B I-Ro, in welcher Versuchsgruppe die so immunisierten Tiere in keinem Fall mehr die tödliche Dosis der lebenden homologen SO-Form überlebten. Für S. Dublin-Ro blieb jedoch das Ergebnis unverändert (6 von 9 Tieren überlebend).

Danach wird man Impfstoffen — zumindest lebender — Salmonella-Ro-Formen eine aktive Schutzwirkung gegen intraperitoneal verimpfte sonst tödliche Dosen der homologen SO-Form nicht absprechen können, wenn diese Schutzwirkung nach den übrigen Ergebnissen auch quantitativ geringer als die der homologen SO-Formen erschien. Für die theoretischen Überlegungen ist damit nicht ausgeschlossen, daß wie für die toxischen und der pyrogenen (s. Kapitel VI) auch für die immunisierenden Stoffgruppen der gramnegativen Darmbakterien eine andere Bindung als an die bisher hierfür allein in Anspruch genommenen O-Antigenkomplexe dieser Bakterien in Frage kommen kann. Zur Isolierung und Reindarstellung der immunisierenden Komponenten wären daher auch hier nicht nur die SO-, sondern auch die Ro-Formen verwendbar, wenn auch für praktische Immunisierungszwecke auf Grund der quantitativ höheren Leistungen zweifellos den SO-Formen der Vorzug zu geben ist (vgl. auch BRAUN 1947). Entsprechend werden in weiteren Versuchen von Verfasser (KRÖGER 1954) zur Zeit auch *Extrakte* wie zunächst die Lipopolysaccharide aus beiden Formen von Bakterien der Enteritisgruppe auf ihre immunisierende Wirksamkeit geprüft, um im Sinne der oben zitierten Sh. dysenterie-Bakteriolysinversuche von DUBOS (1944) die gegen SO-Formen schützenden Komponenten auch in den Ro-Formen näher zu lokalisieren.

Dabei kann aus den ersten Versuchen (noch unveröffentlicht) mitgeteilt werden, daß es bei *parenteraler* Immunisierung von Mäusen mit knapp untertödlichen Dosen von O 9- (6mal 0,005 γ intraperitoneal) oder o 9- (6mal 0,001 γ intraperitoneal)-Lipopolysaccharid nicht gelang, die Tiere gegen die tödliche per os-Infektion mit dem fütterungspathogenen S. enterit. Kröger G I-Stamm zu schützen. Nur gegen die parenterale tödliche Infektion mit der homologen S. Dublin SO-Form wurden verlängerte Überlebenszeiten und einige Male auch einige ganz überlebende Tiere erzielt und zwar dann mit dem O 9-Lipopolysaccharid. Ob durch Acethylierung der Lipopolysaccharide nach TREFFERS (1946) und damit höherer Dosierbarkeit der Antigene wie auch durch Adsorption an neutralen Träger zur Erreichung einer Depotwirkung ein besserer Erfolg zu erzielen ist, wird noch geprüft. *Per os*-Immunisierung mit dem O 9- und o 9-Lipopolysaccharid (laufend tägliche Verfütterungen von je 100—500 γ bis zu 15 Tagen) waren in den ersten Versuchen völlig erfolglos und sollen mit in Kapseln deponierten Antigenen fortgesetzt werden.

Aus den erstgeschilderten Versuchen interessiert noch die unzulängliche Wirkung beider S. Dublin-Formen bei 3maliger intraperitonealer Immunisierung gegen die einmalige per os-Verfütterung des fütterungspathogenen S. enterit. G I-Stammes, wie andererseits jedoch eine tägliche Verfütterung der lebenden nicht mehr fütterungspathogenen S. Dublin SO-Keime immerhin die Hälfte der Versuchstiere die bei allen übrigen einschließlich der Kontrolltiere sonst tödliche einmalige Verfütterung des S. enterit. G I-Stammes überleben ließ (5 von 7, 4 von 7, 2 von 4). Es unterstreichen diese Ergebnisse die prinzipielle Möglichkeit der peroralen Immunisierung (s. Übersicht von THOMSEN, THOMSEN und MORRISON 1948). Die Ro-Form des S. Dublin-Stammes fiel hier erwartungsgemäß völlig aus (überlebend 0 von 6 und 0 von 5), wodurch zugleich die in Fütterungsversuchen mangels Fütterungspathogenität beider Dublin-Formen sonst nicht feststellbare unterschiedliche Virulenz (s. Kapitel VI, 1) der SO- und Ro-Form sich doch noch sinnfällig demonstrierte.

Es sei dann aus den Versuchen vielleicht noch erwähnt, daß die intraperitoneale Immunisierung mit dem kompletten antigenen Komplex der beiden Salmonellateststämme (SO-Formen) nicht völlig gegen die O-antigen-reduzierte o-Form schützte (überlebend 2 von 10 und 3 von 9 bei S. paratyph. B- SO-, 5 von 7, 7 von 8 und 5 von 10 bei S. Dublin-SO-Immunisierung). Es erschien dies überraschend, da nach den Feststellungen des Kapitel III, 3 das in den Ro-Formen nach Verlust des O-Antigens den somatischen Antigenkomplex darstellende „R"-Antigen auch in den SO-Formen grundsätzlich vorhanden ist und nach RAUSS (1940) jeder Antigenbestandteil der Schutzimpfungen gegen das homologe Antigen schützen soll. Jedoch scheint nach den Versuchen durch die Immunisierung mit vollständigem Antigenkomplex das tiefer gelegene „R"-Antigen durch den O-Komplex in seiner immunisatorischen Wirksamkeit gegen das in den homologen o-Formen oberflächlich und bereits „serologisch disponibel" vorliegende „R"-Antigen beeinträchtigt, weshalb analog zu dem Begriff einer „serologischen Disponibilität" von CARLINFANTI von einer bei den O-Formen vorliegenden „mangelnden immunisatorischen Disponibilität" des „R"-Antigens gesprochen werden möchte (KRÖGER 1952 und 1953).

Den Mäuseversuchen entsprechende Untersuchungen sind dann noch von BOROFF (1949) mit einem Shiga-Ruhr O/o-Stammpaar (Nr. 2308 von DUBOS) bei Kaninchen durchgeführt worden. BOROFF führte diese Schutzversuche unter dem Blickwinkel seines Streits gegen die 2-Toxin-Theorie bei Sh. dysenteriae aus (s. Kapitel V, 2).

BOROFF wehrt sich dabei gegen die Auffassung, daß als Antwort auf die Injektion von „Neurotoxin" („Ektotoxin" — Kapitel V, 2) Antikörper allein gegen dieses Toxin gebildet würden und die „antibakterielle Immunität" nur durch die Immunisierung mit der kompletten S-Variante von Sh. dysenteriae oder ihrem somatischen (O-)Antigen zu erreichen sei (Boivin und Mesrobeanu 1937, Morgan und Partridge 1941, Steabben 1943). Zur Bestätigung seiner andersgerichteten Auffassung von nur einem „dominanten" Antigen und daran geknüpften einzigem Toxin in Sh. dysenteriae lag Boroff daran zu beweisen, "that protective antibody against one fraction of Sh. dysenteriae should protect the immunized animals against all fractions as well as against whole organisms". In Serien zu je 6 Kaninchen wurde daher mit folgenden Antigenen immunisiert:

1. mit der *O- und o-Form* (letztere weder mit Shiga-O-Seren noch mit Seren reagierend, die mit Shiga-o-Stämmen hergestellt waren),
2. mit *filtrablen Lysaten* aus beiden Formen,
3. mit durch Säurefällung gewonnenen, anschließend gewaschenen und neutralisierten *toxischen Präcipitaten* aus beiden Formen (Dubos und Geiger 1946),
4. mit *Diäthylenglykol*-Derivaten von beiden Formen (Morgan 1937),
5. mit einer *O-agglutinablen, jedoch nicht toxischen* durch 18stündige Züchtung einer 7 Stundenkultur der O-Form in 15 Liter Kalbfleischbouillon mit p_H 7 unter kräftigem Schütteln in Stahlbehältern gewonnene Variante,
6. mit durch *Ketengas entgiftete O- und o-Form* und ebenso entgifteten Lysaten aus beiden Formen.

Die Ergebnisse dieser Immunisierungsversuche zeigen die Tabellen 20a—c.

Tabelle 20a. *Serological reactions and degree of active protection exhibited by rabbits immunized with whole organisms and various fractions of S. dysenteriae.*

Rabbits immunized with	Highest serum dilution giving complete agglutination with S 2308 WO	Degree of precipitation reaction with antigen dilutions of		Survival ratio of rabbits challenged with 20 LD_{50} of homologous antigen	Survival ratio of rabbits challenged with heterologous antigen
		1:1,000	1:10,000		
S 2308 WO	1:1,024	4	3	4/6	4/4
R 2308 WO	0	0	0	6/6	6/6
S 2308-b	1:1,024	4	3	6/6	6/6
R 2308-b	0	0	0	6/6	6/6
S 2308 PT	1:1,024	4	3	5/6	5/5
R 2308 PT	0	0	0	4/6	4/4
S 2308 SA	1:1,024	4	0	5/6	0/5
R 2308 SA	0	0	0	6/6	0/6

S, smooth variant. WO, whole heat-killed organisms.
R, rough variant. PT, partially purified toxin.
b, sonic lysate. SA, somatic antigen.

Partially purified toxin, hydrochloric acid precipitate from sonic lysate of smooth and rough cultures of *S. dysenteriae.*

Heterologous antigen challenge:
S 2308 WO and R 2308 WO—challenged with S 2308 partially purified toxin.
S 2308-b, R 2308-b, S 2308 PT, and R 2308 PT—challenged with S 2308 WO.
S 2308 SA—challenged with S 2308 WO.
R 2308 SA—challenged with S 2308 partially purified toxin.

Die mit der ziemlichen Gleichartigkeit der Überlebendquoten in der Tabelle 20a auffallenden Versuchsergebnisse (Immunisierungen mit SO- und Ro-Formen, sowie den Extrakten aus beiden Formen) waren Boroff zunächst einmal die Bestätigung seiner *1-Toxintheorie,* sodann auch dafür, daß die Immunisierung von Kaninchen mit hitzegetöteten Keimen der *Glatt- und Rauhvariante* von Sh. dysenteriae oder ihrer filtrablen Lysate wie auch der toxischen Präcipitate einen *Schutzeffekt gegen beide Varianten und ihre toxischen Produkte* erreiche (nicht dagegen die Diäthylenglykolderivate!). Auf Grund der Ergebnisse der Tabelle 20b für die Immunisierung mit der nichttoxischen, jedoch O-haltigen Variante der SO-Form ist er weiter der Ansicht, daß der Schutzeffekt einer Sh. dysent. Vaccine *nicht notwendigerweise an die Toxicität* der Keime geknüpft sei.

Die negativen Ergebnisse mit den Diäthylenglykolderivaten (SA der Tabelle 20a) in Verein mit den ergänzenden serologischen Daten der Tabelle 20a und b lägen im übrigen in der Richtung der früher zitierten Auffassung von Aoki (Kapitel VII), sowie von Mondolfo und Houeni (1949), wonach die Schutzkomponente wie die Toxicität (und die Pyrogenität) nicht vom Vorhandensein des O-Komplexes abhängig sind und daher auch mit Boroff das Vorhandensein von *Agglutinin* oder *Präcipitin* in den Immunseren *kein Index* für den Schutzeffekt ist.

Tabelle 20b. *Serological reactions and active protection exhibited by rabbits immunized with nontoxic strain of S 2308 S. dysenteriae.*

Rabbit No.	Highest serum dilution giving complete agglutination [1]	Degree of precipitation reaction with antigen dilutions [2] of		Result of challenge with 40 LD_{50} of toxic strain 2308
		1:1,000	1:10,000	
1	1:1,024	4	3	Survived
2	1:1,024	4	3	Survived
3	1:1,024	4	1	Survived

[1] Test antigen in agglutination test, S 2308 heat-killed organisms.

[2] Test antigen in precipitation test, S 2308 partially purified toxin.

Die Ergebnisse der Tabelle 20c bestätigen Boroff dann auch die entgiftende aber serologisch antigenitätserhaltende Wirkung des Ketengases, wobei im Sinne der früheren Feststellungen von Löffler über die schwere Abtrennbarkeit vom schützenden Prinzip auch hier die Entgiftung mit einer Zerstörung der Fähigkeit zur Schutzkörperbildung einhergegangen ist. Demgegenüber hat nach Tabelle 20b die „natürliche" nichttoxische SO-Variante dennoch einen Schutzeffekt wie auch die toxische O-Form erreichen können.

Tabelle 20c. *Serological reactions and active protection exhibited by rabbits immunized with whole organisms and sonic lysate detoxified by ketene.*

Rabbits immunized with Acetylated	Highest serum dilution giving complete agglutination [1]	Degree of precipitation reaction with antigen dilutions [2] of		Survival ratio of rabbits challenged with 20 LD_{50} of homologous untreated antigen
		1:1,000	1:10,000	
Smooth whole organisms 2308	1:1,024	4	3	0/6
Sonic lysate of smooth whole organisms 2308	1:1,024	4	3	0/6

[1] Test antigen in agglutination test—S 2308 WO.

[2] Test antigen in precipitation test—S 2308 partially purified toxin.

Boroff prüfte weiter noch die Dauer der von ihm erreichten Schutzwirkungen mit dem Ergebnis, daß nach 6 Monaten nur noch einige der mit dem O-Formlysat immunisierten Tiere (3 von 8), alle anderen gleich wie immunisierten Tiere jedoch nicht mehr geschützt waren. Entsprechend fand sich bei Kröger (1954), daß zur Serumgewinnung mit Salm. *O 9- und o 9-Lipopolysaccharid* langfristig (je 30mal 0,01 γ—5 γ in steigenden Dosen) immunisierte Kaninchen nach 13 Monaten einer parenteral applizierten tödlichen Dosis der homologen S. Dublin-SO-Form gegenüber nicht mehr Stand hielten.

Immunisierungsversuche ohne vollantigene O-Komplexe liegen dann noch von Kuwajima und Mitarbeiter (1952) und Frappier und Sormea (1952) sowie von Herzberg und Elberg (1953) vor.

Kuwajima und Mitarbeiter hatten unter den chemisch, toxikologisch und immunisatorisch geprüften Fraktionen eines S. typhi-Stammes eine Fraktion I (Cohn), deren Gehalt an O-Einheiten/mg nach den angestellten O-Agglutininabsorptionsversuchen Null war. Aktive Mäuseschutzversuche mit dieser Fraktion ergaben Überlebensquoten wie folgt (nach 37 LD_{50}): 100 γ — 6 von 10, 10 γ — 7 von 9, 1 γ — 9 von 10, 0,1 γ — 4 von 8. Gegen höhere Infektionsdosen (10000 LD_{50}) war der Schutzeffekt, wenn auch deutlich geringer, ebenfalls noch vorhanden. Im Verein mit den Ergebnissen der übrigen geprüften Fraktionen (S und P nach Savage, I—IV nach Cohn) kommen die Untersucher zu dem Schluß, daß "the concept of immunity against the infection should be regarded as an intergrated function afforded by *some* constituents in bacterial cell". Frappier und Sormea arbeiteten mit Filtraten von *jungen* S. typhi-Kulturen (O 901 H und O, Vi I, Ty 2 und A), die kein somatisches Antigen enthalten sollen, jedoch ebenfalls in Immunisierungsversuchen an Mäusen einen Schutzeffekt gegen experimentelle Infektion mit den homologen Stämmen erreichten.

Bei den Untersuchungen von Herzberg und Elberg handelt es sich um Schutzversuche mit einer avirulenten streptomycinabhängigen Variante eines virulenten Br. melitensis-Stammes, wobei diese einen signifikanten Schutzeffekt bei Mäusen und einen geringeren bei Meerschweinchen erreichte.

Insgesamt wird man unter Einbeziehung der obengenannten Ausführungen über die Notwendigkeit eventuell genauerer Trennung zwischen der antitoxischen und der antiinfektiösen Komponente der Schutzwirkung der Impfstoffe der bisherigen O/o-Formversuche dahingehend auslegen können, daß ein ganz eindeutiger Nachweis antiinfektiösen Impfschutzes in den geschilderten S. enterit.-Versuchen mit einer SO-Form gelang (vorhandene Überlebensquoten gegen die peroral tödliche Dosis einer homologen fütterungspathogenen Form). Aus den übrigen SO- und Ro-Versuchen (mit S. enteritidis wie Sh. dysenteriae bzw. den verschiedenen Präparationen von diesen) kann gleich sicher in den positiven Fällen eine Abgrenzung zwischen erreichtem antiinfektiösen *und* antitoxischem oder nur antitoxischem Schutzeffekt nicht abgelesen werden, da bei Applikation nur parenteral wirksamer Kontrollinfektionen wie erwähnt nicht mehr echte, den natürlichen Notwendigkeiten der Infektionsabwehr (gegen peroral wirksame virulente Keime) entsprechende Versuchsbedingungen vorliegen. Andererseits kann jedoch hier aus der nachgewiesenen, wenn auch teils unterschiedlichen Schutzwirkung der Ro-Formimmunisierung gegen die *lebenden* homologen SO-Keime in der Blutbahn und den Geweben geschlossen werden, daß die Abwehr nicht nur ein antitoxischer, sondern zum Teil sicher auch antiinfektiöser Effekt ist. Daß ein antitoxischer Schutz auch durch Ro-Formimmunisierung erreichbar sein würde, liegt als logische Schlußfolgerung auch der Ausführungen und Ergebnisse des Kapitels VI, 2 nahe, wobei jedoch aus den geschilderten S. enterit.-Versuche mehrmals als bemerkenswert zu verzeichnen ist, daß wie o-Komplex-immunisierungen nicht ohne weiteres gegen O-Endotoxin, auch O-Komplex-immunisierungen nicht immer gegen o-Endotoxin schützten. Im übrigen wird man nach dem erneuten, jedenfalls bei den S. enterit-Versuchen allgemein und speziell in den Fütterungsversuchen günstigeren Ausfall der SO- gegenüber den Ro-Formimmunisierungen vorerst noch der Ansicht sein wollen, daß entsprechend den Erfahrungen bei der Virulenz (gegen die sie speziell gerichtet ist) für die antiinfektiöse Komponente einer Schutzimpfung, der O-Komplex, wenn auch nicht allein notwendig, so doch einer der dabei wesentlichen Erfordernisse ist (vgl. Kapitel VI, 1).

Es mag dann zur *Technik* der Impfstoffversuche mit *O- oder o-Polysaccharidkomplexen* oder anderen Inhaltsstoffen gramnegativer Darmbakterien als vielleicht auch hier beachtenswert angeführt sein, daß bei Pneumokokken-Polysaccharidversuchen nach Felton (1949) und P. Morgan und Mitarbeiter (1952) die Dosierung der Antigene eine wesentliche Rolle spielt. Zum Beispiel seien bei Mäusen nur kleine Dosen von schützender Wirkung und große nicht („immunological paralysis"). Auch der Nachweis einer Antigenität der Pneumokokkenpolysaccharide (Typ II) für Kaninchen gelänge nur durch die Technik der Immunisierung mit kleinen Dosen, was allerdings nach BAER und Mitarbeiter (1954) möglicherweise kein allgemeines Phänomen ist, sondern von der Art der verwendeten Antigenpräparate abhängt.

Von KOHLER (1953) stammt dann noch ein Vorschlag zu der für notwendig gehaltenen Verbesserung der gegenwärtigen Methoden der Auswertung experimenteller Vergleichsprüfungen von Salmonellaimpfstoffen (logarithmisches Diagramm der entsprechend der Vorschläge von PRIGGE bei Diphtherieimpfstoffen ausgewerteten Salmonellaimpfstoffe).

VIII. Beziehungen von O- und o-Formen von Sh. dysenteriae zur Blutgruppeneigenschaft Null.

Die ersten Beobachtungen über Beziehungen von Sh. dysent.-Bakterien zur menschlichen Blutgruppeneigenschaft Null stammen von SCHIFF (1934). Zuvor hatte SCHIFF (1929) jedoch schon festgestellt, daß nach Absorption mancher Rindernormalseren mit AB-Blutkörperchen (Blkp) ein gegenüber Null-Blkp wirksames Agglutinin zurückbleibt. FRIEDENREICH und ZACHO (1931) fanden dann, daß mit derartigen tierischen Anti-Nullseren eine Unterscheidung von A_1- und A_2-Blkp möglich ist, da das Anti-Null-Agglutinin die A_2-Blkp im Gegensatz zu A_1-Blkp verklumpt.

Die Theorien zur Deutung dieser Reaktionen sind nach DAHR (1950) und H. SCHMIDT (1952):

THOMSEN und Mitarbeiter (1930) — vorhandene Nullanlage bei den unter 16 Fällen 15mal A_2 O-Bluten;

HIRSZFELD und KOSTUCH (1938) — artspezifische Reaktion, da Nullsubstanz noch in allen nicht völlig von Null — der ursprünglich bei Menschen vorherrschenden Blutgruppeneigenschaft — zu A und B mutierten Blkp vorhanden sein soll.

Anti-Null-Agglutinine in Tierseren wurden dann von DAHR auch bei Hunden, Katzen, Schweinen und einigen Vogelarten gefunden, wobei sich am ergiebigsten Rinder, Schweine und insbesondere Hühner mit zum Teil 50% Anti-Null-Agglutinin im Serum erwiesen (zitiert nach DAHR 1950).

Da das Auffinden eines starken tierischen Anti-Null-Antiglutinins unter Umständen mühevoll ist, wurde versucht, durch Einspritzen von Null-Blkp bei Kaninchen oder anderen Versuchstieren ein Immunagglutinin zu finden. Diese Versuche sind nach DAHR (1950) im allgemeinen fehlgeschlagen. Nur OLBRICHT (1939) berichtet über Bildung von brauchbaren Immunagglutininen bei Mäusen. Auch MANZ (1947) konnte bei einem Schaf durch häufiges Einspritzen von Null-Blkp ein brauchbares Anti-Null-Agglutinin gewinnen, dessen Titer jedoch schnell absank, sobald mit der Immunisierung aufgehört wurde.

SCHIFF (1934) fand jedoch auch, daß ein durch Immunisierung bei einer Ziege gewonnenes *Anti-Shiga-Serum* nach Adsorption mit A_1-Blk eine elektive Wirkung gegenüber menschlichen Anti-Null- und A_2-Blkp besaß, während A_1-Blkp nicht agglutiniert wurden. Ein derartiges Anti-Shiga-Immunserum von der Ziege kann demnach auch an Stelle eines natürlichen Anti-Null-Serums verwendet werden. Allerdings soll nach DAHR (1939 und 1950) eine derartige Immunisierung nicht immer zum Erfolg führen, in erreichtem Fall jedoch das gewonnene Serum gut haltbar, in hoher Verdünnung wirksam und daher lange benutzbar sein[1].

[1] Heute werden leistungsfähige Anti-Null- (bzw. nach MORGAN Anti-H-) Seren aus Pflanzensamen gewonnen (RENKONEN 1948 u. 1950, Literatur bei KRÜPE 1950, 1953).

Als Ursache zur Bildung der Immun-Anti-Null-Agglutinine bei Ziegen durch Shiga-Bakterien wurde von Eisler (1931/32) ein den Shiga-Bakterien und Menschenblutzellen gemeinsames, von dem Forssmann-Antigen verschiedenes antigenes Substrat angenommen (vgl. über Receptorgemeinschaften von Bakterien und Isoagglutininen Illchmann-Christ und Nagel 1954). Nach den eingehenden Untersuchungen von I. Schmidt-Schleicher (1940) kann jedoch die Anti-Null-Agglutininbildung hier „ein irgendwie unspezifisch bedingter Vorgang“ sein.

Die Autorin hatte bei ihren Ziegen-Immunisierungsversuchen 2 Shiga-Stämme mit O-Antigen sowie das aus einem der Stämme nach dem Boivinschen Trichloressigsäureverfahren (1931 und 1935) extrahierte O-Antigen verwandt. Dabei stellte sie zunächst fest, daß im Gegensatz zu Eisler die Seren aller Ziegen, die in den Versuch genommen wurden, bereits *vor* der Immunisierung die Fähigkeit hatten, *alle* menschlichen Blkp zu agglutinieren. Die Titer dieser Hämagglutinationen war bei einigen Seren sogar beachtlich hoch. Die Autorin beobachtete weiter einen nur langsamen Anstieg der Antikörpertiter, in einem Fall sogar eine Abnahme und sonst beträchtliche Schwankungen im Laufe der Immunisierung, wobei diese Titerveränderungen *alle* Blutgruppenagglutinine betrafen. Durch die Immunisierung mit dem extrahierten O-Antigen wurde bis zum Versuchsschluß ebenfalls eine Steigerung der A_1-, A_2- und B-, jedoch nicht der Null-Agglutinine erreicht.

Diese und andere Ergebnisse im Verein mit zusätzlich durchgeführten Adsorptionsversuchen (s. unten) gaben I. Schmidt-Schleicher die Begründung zu ihrer Stellungnahme wie folgt:

„Zieht man also in Betracht, daß in allen vorliegenden Versuchen die Immunisierung mit Shiga-Bacillen bei Ziegen keine Anti-Mensch-Hämagglutinine bildete, die nicht schon vorher bestanden, und daß einer gelegentlichen Titersteigerung derselben während der Immunisierung auch gelegentlich eine Titerabnahme entsprach, so haben wir Bedenken, die bei Ziegen im Anschluß an die Immunisierung mit Shigabacillen auftretenden Anti-Null-Agglutinine, die P. Dahr (1934) überhaupt nicht erhalten konnte, als spezifisch bedingt anzusehen, aus dem gleichen Grunde, wie wir aus der Beobachtung einer sehr starken Anti-A-Titersteigerung bei Menschen im Anschluß an eine aktive Diphtherieschutzimpfung keine serologische Beziehung zwischen Diphtheriebacillen und A-Substanz ableiten möchten. Die Absorption von Hämagglutininen aus dem Serum durch Shiga-Bacillen geht zwar besser mit O-antigenhaltigen Stämmen als mit solchen, die wie der Aoki-Stamm kein O-Antigen haben, aber dies kann rein physikalisch-chemisch bedingt sein, und andererseits verläuft die Absorption durchaus nicht immer im Sinne des verschiedenen Gehaltes der einzelnen Blutzellen an Null-Substanz, sondern scheint meistens eine Titerreduktion mit sich zu bringen, die sich auf alle Blutgruppen gleichmäßig erstreckt, somit durchaus den Charakter einer unspezifischen Absorption besitzt.“

Es interessiert im Rahmen dieser Arbeit besonders, daß Eisler und I. Schmidt-Schleicher sich bei diesen Untersuchungen bereits der Gegenüberstellung von O- und o-Formen von Sh. dysent.-Bakterien bedient haben (Eisler SO-, RO- und Ro-Formen, Schmidt-Schleicher SO- und So-Formen), wenn auch in erster Linie für die erwähnten Absorptionsversuche. Jedoch hat I. Schmidt-Schleicher auch bereits mit einer o-Form (Aoki-Stamm) Kaninchen immunisiert, wenn auch die mitgeteilten Ergebnisse hier nicht entsprechende quantitative Angaben enthalten wie die sonst angeführten Versuche. Jedenfalls genügten der Autorin diese Ergebnisse, um die sekundäre Bedeutung der O-Antigene für die Beziehungen zwischen Shiga-Bakterien und Hämagglutininen in den tierischen Seren festzustellen und die Unspezifität dieser Beziehungen hierdurch nur noch unterstrichen zu sehen. Das Vorhandensein des *Sh. dysent.-O/o-*Prigge-*Stammpaares unter den Teststämmen seiner Arbeiten* gab Verfasser (Kröger 1952) Gelegenheit, die Versuche der Voruntersucher durch Parallelimmunisierung von

2 Ziegen mit der O- und o-Form dieses Stammes teils nachzuprüfen, teils zu ergänzen.

Die Immunisierung der Ziegen wurde in den zusammen mit THOFERN und PUNIN durchgeführten Versuchen mit gleichen Keimmengen für die RO- und Ro-Form durchgeführt. Dabei wurde mit Rücksicht auf die hohe Toxicität der Ro-Form mit kleinsten Immunisierungsdosen begonnen und außerdem der Ro-Form für die erste Immunisierungsperiode (1.—13. Immunisierung) im Hinblick auf die früher zitierten Erfahrungen zusammen mit MANZ (s. Kapitel VI) vorher noch Ektotoxin entzogen (Extraktion mit NaCl bei Kühlschranktemperatur, OLITZKY und KLIGLER 1920, PRIGGE und KICKSCH 1941). Im ganzen wurden die Ziegen in 3—4tägigen Abständen über rund 3 Monate mit steigenden Dosen (28 × 0,4 mg bis 2 ganze Ösen je Injektion) anfangs subcutan, später intravenös immunisiert.

Nach dem Ergebnis der Immunisierung wurde auch bei dem Ziegenbock mit der Ro-Form eine Steigerung des Anti-Null-Agglutinintiters erzielt, wenn auch der Titer bei dem RO-Formtier eindeutig höher lag. Die auffälligsten Titersteigerungen erfolgten zwischen der 18. und 27. Injektion, in welcher Zeit intravenös und mit schneller steigenden Dosen ($^1/_{200}$ bis 2 Ösen je Injektion) immunisiert wurde. Der Titeranstieg betraf jedoch in diesem Abschnitt bei dem Ro-Tier nur die Null-Agglutinine, während bei dem RO-Tier entsprechend den Ergebnissen von EISLER und SCHMIDT-SCHLEICHER auch die A_2- und B-Agglutinintiter zunahmen.

Die von EISLER und SCHMIDT-SCHLEICHER erwähnten Absorptionen der Hämagglutinine durch die RO- und Ro-Formen wurden bei beiden Versuchsseren ebenfalls durchgeführt, und danach gelang entsprechend den Ergebnissen der früheren Untersucher auch hier die Absorption der Null-Agglutinine sowohl mit der RO- wie der Ro-Form. Der von den anderen Autoren festgestellte quantitative Unterschied zugunsten der RO-Formen fand sich nur in dem mit der O-Form gewonnenen Serum, welche Art von Ziegenseren von EISLER und I. SCHMIDT-SCHLEICHER allerdings auch allein geprüft wurden. Für das hier auch mit der Ro-Form hergestellte Serum war jedoch abweichend festzustellen, daß O- und o-Formen praktisch in gleicher Weise absorbierten. Im übrigen wurden jedoch aus beiden Versuchsseren die Null-Agglutinine nicht vollständig absorbiert, was für die mit der O-Form hergestellten Seren auch schon früher beobachtet wurde.

Im ganzen zeigen aber die eigenen Versuche, daß auch bei Ziegen die Immunisierung mit einer Ro-Form von Sh. dysenteriae eine Steigerung der bei den Tieren schon vorher vorhandenem Hämagglutinine einschließlich der Null-Agglutinine erreichen läßt, wenn auch die Titerhöhe hinter der nach entsprechender RO-Formimmunisierung zurückbleibt. Die prinzipielle Unabhängigkeit der Hämagglutinin-Titersteigerung vom O-Antigen der Shiga-Bakterien wurde damit auch für Ziegen erwiesen. Die oben zitierte Meinung von I. SCHMIDT-SCHLEICHER über die „Bedenken, die bei Ziegen im Anschluß an die Immunisierung mit Shiga-Bakterien auftretenden Anti-Null-Agglutinine als spezifisch anzusehen", findet auch von dieser Seite hier ihre Berechtigung. Auch für das O-Antigen der Shiga-Bakterien bleibt festzustellen, daß diesem nur eine quantitative Bedeutung, d. h. ein Einfluß auf den *Grad* der Titersteigerung von in den Ziegen bereits vor einer Immunisierung vorhandener Hämagglutinine einschließlich der Anti-Null-Agglutinine eingeräumt werden kann.

Es war bei den Versuchen noch auszuschließen, daß die unterschiedlichen Hämagglutinintiter für beide Versuchstiere nicht durch Mängel in der Agglutininbildung des Ro-Formtieres lag, weshalb beide Tiere nochmals über Kreuz mit den heterologen Antigenen weiter immunisiert wurden (über 2 Wochen intravenös mit 5 Injektionen je $^1/_9$ bis steigend auf 4 Ösen). Das Ergebnis der erweiterten Agglutininprüfung war ein nunmehr prompter Anstieg des Hämagglutinintiters in dem „58 o"-Serum, während die Titer in dem „16 O"-Serum sich nicht einmal in der früheren Höhe gehalten hatten.

Eine mangelnde Reaktionsfähigkeit auf das Immunisierungsantigen lag demnach als Ursache des vorher niedrigeren Agglutinintiters bei dem zunächst nur mit der Ro-Form immunisierten Tier nicht vor.

IX. Bakteriostatica-Empfindlichkeit von S/R- und O/o-Formen.

Auf die Bakteriostatica- (hier Antibiotica- und Sulfonamid-)Empfindlichkeit der S/R- und O/o-Formen soll nur so weit eingegangen werden, als sich etwa Reaktionsunterschiede nach den Formtypen und damit dann auch Schlußfolgerungen allgemeinerer Art zum Wirkungsmechanismus der Bakteriostatica ergäben.

Unterschiede in der Empfindlichkeit werden von SCHMIDT, WARD und COGHILL (1945) für B. subtitis gegen Penicillin, von ROLAND und STUART (1951) für S. typhi gegen Streptomycin angegeben. Nach letzteren Autoren war die die S-Form von S. typhi 1898 10mal geringer gegen Streptomycin empfindlich als die R-Form des gleichen Stammes. Offensichtlich sind SO- und Ro-Formen dieses Stammes gemeint, da auf die frühere Mitteilung schon von GROS, MACHEBOEUF, RYBAK und LACAILLE (1949) Bezug genommen wird, in der auf Grund ähnlicher Befunde postuliert wird, daß O-Antigen die Streptomycinwirkung herabsetze. ROLAND und STUART fanden dann auch die mit 0,31 γ/cm^3 Nährsubstrat festgestellte Streptomycinempfindlichkeit der R(o)-Form des S. typhi 1898-Stammes bei Gegenwart des durch Trichloressigsäureextraktes aus den homologen S(O)-Formen gewonnenen O-Antigen um das 8fache verringert (auf 2,5 γ/cm^3). Im übrigen fanden diese Autoren bei weiteren Untersuchungen zum Resistenzproblem (1952) bei streptomycinresistenten Coli-, Salmonella- und Shigella-Stämmen eine Beeinflussung des H-Antigens bei den begeißelten Stämmen, in denen zwar ein H-Antigenverlust nicht, dafür aber bei einigen der Stämme eine deutliche H-Hypo- oder -Inagglutinabilität festgestellt wurde. Das O-Antigen der streptomycinresistenten Stämme blieb unbeeinflußt, während bei einem gegen Enterin 20 und 21 resistenten Sh. dysent.-Stamm ein Verlust des somatischen Antigens zu verzeichnen war.

Gegenüber diesen, auf Beziehungen zwischen dem O-Antigenkomplex und der Empfindlichkeitseigenschaft bzw. der Bakteriostaticawirkungsweise hinweisenden Mitteilungen zeigte sich in Beobachtungen des Verfasser folgendes (KRÖGER 1953):

1. Alle 6 hier öfter schon zitierten Coli-, Salmonella- und Shigella-(S/R und O/o-)Teststammpaare (E. coli O 18, S. paratyph. B I—III, S. Dublin, Sh. dysenteriae) zeigten gegen Streptomycin, Aureomycin, Chloromycetin und Terramycin und ein Sulfonamidgemisch (Cibazol, Elkosin und Gantrisin) in der Methodik von ANDINA und ALLEMANN (1950) wie auch in der üblichen Verdünnungsreihe *keine* Unterschiede nach S/R- oder O/o-Formtyp in der Bakteriostaticaempfindlichkeit, es sei denn, die Keimdichte in den Teststammaufschwemmungen war bei der Aussaat zu unterschiedlich. Ob letzteres bei den vorgenannten Autoren genügend beachtet wurde, ist nicht bekannt. Unterschiedliche Reaktionen ergab nur die Austestung der 6 Teststammpaare gegen Penicillin, ohne daß aber auch hier systematische Beziehungen zur S/R- oder O/Ω/o-Eigenschaft erkenntlich wurden.

2. Auch die Beobachtung einer Patientin mit Colicytitis, die anfänglich S- und R-Formen von E. coli (unbekannter Antigenstruktur), dann unter Streptomycinbehandlung nur noch R-Formen (mit abgespaltenen S-Formen in der 5. Passage bei Subkultur) und nach Aussetzen der Streptomycinbehandlung wieder S- und R-Formen im Urin ausschied, ergab bei der Resistenzprüfung in oben angegebener Weise ebenfalls keinen Empfindlichkeitsunterschied nach dem Formtyp. Auch die unter der Streptomycinbehandlung sich einstellende Empfindlichkeitsabnahme der Colikeime erfolgte für beide Formen sowohl zeitlich wie quantitativ in gleicher Weise.

Nach diesen Ergebnissen möchte man die Bacteriostaticaempfindlichkeit oder -resistenz bzw. deren bacillären Receptor doch *unabhängig* von der S/R- oder O/o-Eigenschaft bzw. dem Vorhandensein oder Fehlen des spezifischen Phosphorlipoid-Lipopolysaccharid-Proteinkomplexes der O-Antigene an der Zelloberfläche der gramnegativen Darmbakterien sehen (vgl. auch McLeod und Daddi 1939 für Sulfonamide bei Pneumokokken und Møller 1948 für verschiedene chemisch-antibakterielle Stoffe bei E. coli).

Sie ist im übrigen nach Eisenberg und Schimmel (1952) auch unabhängig vom Phagentyphus — Prüfung von 24 Phagentypen von S. typhi gegen Penicillin, Chloromycetin, Aureomycin und Terramycin).

Daß die Antibiotica-Empfindlichkeitseigenschaft auch wie andere Merkmalssysteme einschließlich S/R und O/o (s. Kapitel XI) durch spezifische Desoxyribonucleinsäurefraktionen, die für das betreffende Merkmal verantwortlich sind, auf den gegenteiligen Formtyp übertragen werden kann, zeigten Versuche unter anderem von Hotchkiss (1952). Weiter wird zunehmend die Antibioticawirkung in einer Einflußnahme auf den Bakterien*stoffwechsel* gesehen, was im zutreffenden Fall ebenfalls in Richtung einer Unabhängigkeit der Sensibilitätseigenschaft von der morphologischen S/R- oder antigenen O/o-Struktur der Bakterien sprechen würde. Nachweislich wurden nämlich auch die Änderungen in den fermentativen Eigenschaften der Bakterien bisher unabhängig von dem S/R- oder O/o-Merkmal gefunden (Sears und Schoolnik 1936 bei Sh. dysenteriae, Hershey und Bronfenbrenner 1936 sowie Nyberg und Mitarbeiter 1937 bei E. coli, Gaby 1946 bei Ps. aeroginosa, Nungester 1933 bei B. anthracis, Spicer 1936 bei hämolytischen Streptokokken).

Nun ist bekannt, daß z. B. Chloromycetin, obwohl in vivo für die Keimausscheidung vor allem auch bei Dauerausscheidern von sekundärer Bedeutung, gegen den klinischen Symptomenkomplex des Abdonaltypus außerordentlich wirksam ist. Hier wird die Wirkung insbesondere nach experimentellen Untersuchungen von Klose und Knothe (1951 und 1952) am Hühnerembryo sowie von Vorländer und Schmitz (1952) an Kaninchen in einer durch Eingriffe in den internen Stoffwechsel der Bakterien verursachen „Entgiftung" des Endotoxins der S. typhi-Bakterien gesehen (Störungen der Proteinsynthesen — Wissemann und Mitarbeiter 1954). Weiterhin stellten Schnabel (1951), Vorländer mit Schmitz (1952) und Seeliger (1952) sowie Bavastrelli und Cassata (1953) einen hemmenden Einfluß von Chloromycetin auf die O-Agglutininbildung bei Kaninchen und Mensch fest, was bisher nur von Raimondi (1952) nicht bestätigt wird. Wenn andererseits in den obigen Versuchen alle geprüften Salmonellastämme in ihren O- *und* o-Formen gegen Chloromycetin eine gleich gute Empfindlichkeit zeigten, so steht zunächst damit fest, daß die Chloromycetinempfindlichkeit oder -resistenz einerseits und die eventuell O-Antigene bzw. O-Endotoxin entgiftende wie auch die O-Agglutininbildung hemmende Wirkung des Chloromycetins andererseits voneinander unabhängige Komponenten des Chloromycetinwirkungsspektrums sind. Nach Cassata (1953) sollen übrigens auch zwischen Chloromycetin-empfindlichen und -resistenten S. typhi-Populationen keine Unterschiede in der Virulenz bestehen.

Zur Nachprüfung, ob die von den obengenannten Autoren angenommene „entgiftende" Wirkung des Chloromycetins auf besondere Affinitäten des letzteren zu den O-Endotoxinen beruht, wäre von Interesse festzustellen, wie sich die Toxicität von o- und nicht nur von O-Formen unter Chloromycetineinfluß verhält.

Nach Eichenberg (nicht veröffentlicht) waren O-Lipopolysaccharide von Westphal und Lüderitz aus S. typhi O 901-Kulturen, die von Verfasser mit Chloromycetinzusatz gezüchtet wurden, weniger toxisch als die originalen O 901-Lipopolysaccharide. Ein Parallelversuch mit entsprechend gezüchteten o-Formen wurde noch nicht durchgeführt.

Es ist dann noch anzuführen, daß möglicherweise Bakteriostatica auch die S/R- oder O/o-Form*dissoziation* bei gramnegativen Bakterien fördern können, worauf etwa auch die obengeschilderten S/R-Befunde unter Aureomycintherapie bei der Cystitispatientin zurückzuführen wären. Es paßt das auch zu den sonstigen Beobachtungen variationsfördernder Einflüsse biologisch aktiver chemischer Substanzen (s. Kapitel XI). Auf der anderen Seite sind Beobachtungen gehäufter Dissoziationen nach Antibioticatherapie bisher kaum beschrieben, auch z. B. nicht für Fälle antibiotisch behandelter Salmonelladauerausscheider, bei denen die Neigung zur S/R- und O/o-Variation schon natürlich häufiger ist. Immerhin fand Voureka (1951) schon bei experimentellen Untersuchungen über die Chloromycetinwirkung auf Colibakterien auch Veränderungen der Antigenstruktur. Ein Teststamm des Verfassers (S. Dublin-Caselitz Ro) zeigte bei Chloromycetinpassagen (Jensen und Woratz 1952) allerdings vorerst keine Abwandlung der Antigenstruktur, dafür aber eine „Zwergform"-Mutation (Kröger 1953 — s. Abb. 16, Kapitel XI).

Derartige Zwergformabwandlungen beschrieben unter Einwirkung subletaler Dosen von antibakteriellen Agenzien schon andere Autoren (Schnitzer und Mitarbeiter 1942, Youmans und Mitarbeiter 1942 und 1945) bei Penicillin, letztere Autoren auch bei Bariumchlorid; Hadley 1941 sowie McKinney und Mellon bei Sulfonamiden, Duff 1937 sowie Parvis und Mazza 1939 bei Phenol sowie Colwell 1946 bei Naphthol.

X. Phagen und S/R- bzw. O/o-Formen.

Wird nach den Ausführungen des vorigen Kapitels eine Beziehung des antibakteriellen Wirkungsmechanismus der Antibiotica und Sulfonamide zum O-Komplex der Bakterien nicht gesehen, so wurde dort auch schon mitgeteilt, daß die Sensibilitätseigenschaft auch unabhängig vom Phagentypus gefunden wurde (Eisenberg und Schimmel 1952). Von den Phagen wird im übrigen berichtet werden, daß sie erfolgreich zu S/R- bzw. O/o-*Dissoziationsversuchen* verwandt wurden (Burnet 1929 und 1930, Dambroviceanu und Soru 1934, Craigie und Brandon 1936, Scholtens 1937, Korobkava und Kotelnikov 1939, Rosgon 1939, Feldstein 1940, Rauss 1940, Giovanardi 1940 und Molina 1941, Checcacci 1942 — Kapitel XI, 2) und weiterhin unter ihrem Einfluß experimentell Transmissionen serologischer O-(und H-)Merkmale gelangen (Zinder und Lederberg, Nicolle und Mitarbeiter 1950 und 1951, Kauffmann 1953).

Deuten diese Feststellungen mehr in Richtung auf eine Bedeutung der Phagen für die Nucleinsäuren als für andere Zellbestandteile (vgl. Desoxy- und Ribonucleinsäuren als transformierende Substanzen — Kapitel XI, 2), so wiesen doch schon HADLEY 1926, BURNET 1927 und 1929 (nach BRANDIS 1953 auch LEVINE und FRISCH) daraufhin, daß „zwischen der lytischen Wirksamkeit von Salmonellenphagen und der Gegenwart gewisser hitzestabilen O-Antigene enge Zusammenhänge bestehen könnten" (BRANDIS 1953). Entsprechend haben hier auch GOEBEL und Mitarbeiter (1949—1953) sowie WEIDEL (1954) lyophile Polysaccharide in den Zelloberflächen als wesentlich für die Phagenreception gefunden. Derartige Polysaccharide sind bei den O-Formen mit dem O-Komplex für Grenzflächenreaktionen ohne weiteres verfügbar, während für die o-Formen nach Kapitel V, 2 festgestellt wurde, daß hier die ebenfalls oft reichlich vorhandenen o-Polysaccharide, da nicht serologisch aktiv, vermutlich auch nicht oberflächlich (in der Zellmembran) gelagert sind. Wird demnach für die Phagenreception grundsätzlich das Vorhandensein eines irgendwie grenzflächenaktiven Polysaccharids verlangt, so wäre für die Ansatzmöglichkeit von Rauhphagen (BURNET, BRANDIS 1954) bei den o-Formen anzunehmen, daß hier die Phagen dennoch eine Verbindungsmöglichkeit zu den o-(oder restlichen Vi?-)Polysacchariden fänden (sofern nicht entsprechend den in Kapitel VI für toxische und pyrogene Komponenten des bakteriellen Endotoxinkomplexes festgestellte Verankerungsmöglichkeiten prinzipiell eine Ersatzmöglichkeit hier des lyophilen Polysaccharids in den Grenzflächen durch ein Protein ebenfalls in Frage käme).

BRANDIS (1954) stellte im übrigen bei Ro-Formzüchtungen mit Rauhphagen fest, daß dabei manchmal neben der Phagenresistenzentwicklung der o-Formen Rückschläge in O-Formen auftreten, was von ihm auf Restanteile von O-Antigen in den betreffenden R-Formen (Row-RΩ-Formen) zurückgeführt werden möchte, für welche Fälle dann mit dem restlichen O-Polysaccharid auch wieder eine zwanglos im Sinne obiger Deutungen liegende Phagenangriffsmöglichkeit gegeben ist.

Läßt man demgegenüber die Art der Reaktionsweise zwischen Phagen und o-Formen in der Angriffsphase noch offen, wird von BRANDIS (1954) für die Rauhphagen bereits an eine Gruppen- oder Typen- oder noch weitergehende Spezifität gedacht, da eine von S. paratyph. B gezüchtete Rauhphage keineswegs alle Salmonellen- aber auch nicht alle S. paratyph. B-Rauhstämme angriff. Damit eröffnet sich auch hier eventuell eine Möglichkeit der Phagentypisierung von Ro-Formen, wie möglicherweise einer eindeutigen und dann relativ einfachen Feststellung reiner o-Formen überhaupt (vgl. Kapitel V).

Wurde oben auf Grund der dissoziationsfördernden Wirkung von Phagen an besonderen Beziehungen der Phagen auch zu den (Desoxy- und Ribo-)Nucleinsäurekomplexen der Bakterienzellen gedacht, so sind nach ANDERSON und FELIX (1952) im Zusammenhang mit Phageneinwirkungen nicht *nur* Mutationen, sondern wie bei der Vi-Phase II-Variation von S. typhi auch phänotypische Modifikationen möglich. Wenn auch sonst schon systematische Beziehungen zwischen Phagentypus und O-Antigenstruktur nur bedingt bestehen (z. B. reicht auch die Phagenspezifität wesentlich weiter als die serologische O-Spezifität — s. Kapitel III und erneut MITULASZEK und Mitarbeiter 1950, vgl. auch MØLLER 1948), dürften solche Phagentypmodifikationen erst recht keine Verbindung zum O/o-Formenwechsel haben.

Inzwischen fanden GOEBEL und JESAITIS (1953) bei Sh. sonnei (Phase II und bei einer phagenresistenten Variante) „lipomuco-protein"-Substanzen, die bei serologischer Spezifität der intakten Keime phagen-*inaktivierende* Eigenschaften aufwiesen. Zum weiteren Studium dieses wichtigen Phänomens werden sicher auch wieder O/o-Form-Parallelversuche von Vorteil sein.

XI. Die Ursachen des S/R-Formen- und O/o-Strukturwechsels.

Der S/R- und O/o-Formenwechsel wird zum Teil bereits eindeutig als genetisch bedingte Keimveränderung beschrieben. Jedoch werden sonst auch in neuerer Zeit noch keineswegs die in einer Nachkommenschaft wiederzufindenden Abweichungen einheitlich als Mutationen (de Vries 1900) anerkannt. So ist Dubos (1947) der Ansicht, daß „analysis of these phenomena in terms of classical genetics presents, however, many difficulties. Except in a very few suggestive cases, such as the production of mucoid material by paratyphoid B bacilli (Hage 1925), and the production of pigment by Serratia marcescens (Marchal 1932), there is no evidence that bacterial variation behaves according to Mendelian laws". Auch Gundel (1949/50) sieht sich vor seinem Tode noch zu der Stellungnahme veranlaßt, daß „die überwiegende Mehrzahl aller bakteriellen Variationen im Sinne von van Loghem 1921—1939), der mit Recht regressive und Anpassungsvorgänge in den Vordergrund seiner Betrachtung stelle, ohne das Vorhandensein von Erblichkeitsvorgängen bei Bakterien vollkommen zu bestreiten, als physiologisch-pathologische Reaktionen der bakteriellen Individualität aufzufassen seien". Es ist verständlich, daß von solchen Autoren der bezüglich der Erblichkeitskriterien unverbindlichere Ausdruck „Dauermodifikationen" (Jollos 1924) vorgezogen wird. Wenn demgegenüber schon Baerthlein (1929) — nach älteren Autoren wie Beijerinck 1901 und 1912, Neisser 1906, Massini 1907, Cole und Wright 1916 sowie P. Eisenberg 1912 und 1914 u. a. — jedoch bereits anders als zur gleichen Zeit Gotschlich (1929) eindeutig als zweite Gruppe der Variationserscheinungen „mehr oder weniger stark erblich fixierte tiefgehende Erscheinungen von bakterieller Variabilität" anerkennt (die in der praktischen Bakteriologie von großer Wichtigkeit seien und unter ganz besonderen Bedingungen aufträten), so war hiermit dann auch der Anschluß an neuere Autoren wie Boivin und Delaunay (1947) gegeben, für die es wie bei allen anderen Lebewesen auch bei Bakterien einerseits reversible, nicht vererbbare, und andererseits irreversible, vererbbare Variationen gibt.

Die *reversiblen* Variationen sind dabei — zitiert nach Schlossberger (1952) — durch die äußeren Verhältnisse bedingt, unter denen die Bakterien leben; die Umwelt wirkt sich auf die Eigenschaften der Bakterien aus, ohne indessen deren Erbmasse zu verändern d. h. es wird in diesen Fällen nur der Phänotypus der Keime, nicht aber ihr Genotypus beeinflußt. Bei diesen reversiblen Varianten handelt es sich hauptsächlich um Änderungen der Größe, der Form und auch der Ausstattung mit Enzymen, die mit der wechselnden chemischen Zusammensetzung des umgebenden Milieus zusammenhängt („enzymatische Adaptation" nach Karström 1937/38, Monod 1947, Eagle 1951).

Bei den *irreversiblen*, genotypisch bedingten Variationen (Mutationen) ist demgegenüber die Auslösung der Veränderungen von Änderungen der Umwelteinflüsse weitgehend unabhängig (Schlossberger 1952 unter Bezugnahme auf Luria 1947, Tatum und Lederberg 1947, Delbrück 1945, Boivin 1947 u. a.).

Wie ersichtlich sind hier frühere prinzipielle Bedenken gegen die Übernahme des Mutationsbegriffes für die Variationserscheinungen im Bereich der Mikrobiologie bereits endgültig gefallen. Jedoch finden sich nicht nur bei den erwähnten

Gegnern oder noch einen neutralen Standpunkt einnehmenden Autoren wie GUNDEL (1949/50) und DUBOS (1947), sondern auch bei Anhängern der Mutationslehre noch Vorbehalte. So sehen z. B. SMITH und MARTIN (1948) zwar den Nachweis von Kernmaterialien bereits als erbracht an (Lit. ROBINOW 1947, PIEKARSKI 1949, PREUNER 1952), sind jedoch im übrigen der Meinung, daß „much of the evidence in favour of genetic mutation is indirect, and definite strings of genes or chromosomes have not been demonstrated“.

Es ist hier nicht näher auf die zahlreichen Arbeiten einzugehen, die zweifellos zunehmend dem Mutationsgedanken in der bakteriologischen Variabilitätslehre Raum verschaffen. Es seien hiervon nur als Beispiele in zwangloser Zusammenstellung aufgeführt:

GHELELOVITCH 1940, LURIA und DELBRÜCK 1943, ROEPKE und Mitarbeiter 1944, DEMEREC 1945, SEVERENS und TANNER 1945, LURIA 1946 und 1947, ROEPKE 1946, RYAN und Mitarbeiter 1946, LEDERBERG 1946, NOVICK und SZILARD 1950, BOYD 1951, CAVALLI 1952, HAYN 1952;

LEWIS 1934, GOWEN 1941, DELBRÜCK 1945, ZELLE 1941 und 1942 (Mutations*raten*);

MCILLWAIN 1946, LEDERBERG und TATUM 1946, ROEPKE und MERCKER 1947 (*1 Gen-1 Enzymtheorie*);

LEWIS 1934, HERSHEY und BRONFENBRENNER 1936, PARR und SIMPSON 1940, LWOFF 1943—1946, KRISTISEN 1944, ZAMENHOF 1946, RYAN und SCHNEIDER 1949, DEVI 1951, LIEB 1951, GILLESPIE 1952 (*Fermentmutanten*);

MILLER und BONHOFF 1946/47 und 1950, NEWCOMBE und HAWIRKO 1949, WELSCH 1950 und 1952. LEDERBERG 1951, BERTANI 1951, NEWCOMBE 1952 (*Streptomycin*abhängigkeit und -resistenz);

HABERMAN und ELLSWORTH 1931 und 1941, SPENCER 1935, LASSEUR und Mitarbeiter 1938, T'ING und CHIM-HSU 1940, GOWEN 1941, LINCOLN und GOWEN 1942, GRAY und TATUM 1944, TATUM 1945, LEDERBERG und TATUM 1945, ROEPKE und MERCKER 1947, BRAUN 1947, JORDAN 1951 (Mutation durch *Strahlenwirkung*);

BURNET 1929, EDLINGER 1952, FREDERICQ und BETZ-BAREAU 1952 (Mutanten durch *Phagen*);

BACON und Mitarbeiter 1951 (*Virulenz*);

LEDERBERG 1949, ZELLE und LEDERBERG 1951 (*Heterocygotie* bei Bakterien).

Neuere *Übersichten* zur Mutation bei Bakterien s. auch KAPLAN (1952 und 1953), LEDERBERG und TATUM (1953) sowie zur eingehenden Diskussion der einzelnen Anschauungen zur Variabilitätenentstehung (Mutation und Selektion, Adaptation, Dauermodifikationen, Lifecycles) DUBOS (1947) und BRAUN (1947).

Für die den Mutationsbegriff in der Mikrobiologie völlig akzeptierenden Autoren sei abschließend nur noch auf SCHLOSSBERGER (1952) verwiesen, der unter anderem dabei zum S/R-Formenwechsel ausführt, daß „die meisten Mutationen den kulturellen Bedingungen weniger gut angepaßt sind als die Ausgangsform und deshalb wieder verschwinden“. In anderen Fällen bedeute aber eine Mutation einen Fortschritt, und es komme dann zu einer Überwucherung der Ausgangsform durch die Mutante. Auf eine solche selektive Wirkung des Milieus sei die bei den Sammlungsstämmen in bakteriologischen Laboratorien häufig beobachtete progressive, schließlich totale Verdrängung einer ursprünglichen S-Form durch eine R-Mutante zurückzuführen; mit dem für die R-Form charakteristischen Verschwinden des somatischen Antigens O gehe im allgemeinen eine gewisse Steigerung der Vermehrungsfähigkeit einher (s. FELIX und PITT, Tabelle 17d und unter 1).

Von BRAUN (1947) wird hier die Entwicklung von S—R—M-Variante in künstlichem Nährmilieu so dargestellt, daß die (Brucella-) S-Formen hier zwar die höchste Wachstumsrate, jedoch die geringste Lebensfähigkeit unter diesen Formen hätten und auf die Dauer doch die langsamer wachsenden, aber im Kulturmilieu lebensfähigeren R- und M-Formen die Oberhand bekämen.

Der hier unter anderem angedeutete fortschrittliche Charakter einer bakteriellen Mutation, d. h. der Erwerb neuer positiver Eigenschaften wird von R. Müller (1950) nochmals besonders hervorgehoben.

Nach ihm ließe diese bei Chromosomen zwar noch nicht beobachtete Reaktionsweise daher auch Auffassungen, wie sie von H. J. Muller (1947) auf Grund seiner schädigenden Drosophilabestrahlungen geäußert würden, nämlich, daß „die ganz überwiegende Mehrzahl aller Mutationen letzten Endes schädlich sei", als irreführend erscheinen. Genetiker urteilten zu einseitig nach überlebenden invaliden Kernschleifengenen, die im Bakterienbereich jedoch nicht bekannt seien.

Im weiteren Verlauf dieses Kapitels sollen nun die Literatur- und eigenen Befunde des Verfassers zusammengestellt werden, die bezüglich des S/R- und O/o-Formenwechsels das Material zu einer Stellungnahme zum Entstehungsmechanismus dieser Variationen durch „Anpassung" oder „Mutation" abgeben können.

1. Vorkommen von S/R- bzw. O/o-Formen.

Zunächst sei daran erinnert, daß, wie schon erwähnt, Ro-Formen in vitro am ehesten in alten Sammlungskulturen angetroffen werden. Es kann dem hinzugefügt werden, daß auch in vivo Ro-Formen in erster Linie bei Dauerausscheidern oder chronischen Krankheitsprozessen anfallen.

So stammten auch von den von Verfasser experimentell verwandten Ro-Formen der S. paratyph. B Stamm Kröger B I Ro von einem Dauerausscheider und der S. Dublin-Caselitz Ro-Stamm zwar aus dem Sektionsmaterial einer an Gärtner-Sepsis ad exitum gekommenen *Patientin*, jedoch hatte sich deren Krankheitsgeschehen ebenfalls bereits über 7 Monate hingezogen.

Die R- (und Mucosus-)Formen von Habs und Blau (1933) in ihren Mitteilungen über Variationsformen bei S. paratyph. B fielen ebenfalls bei einem seit 3 Jahren als Dauerausscheider bekannten und dann interkurrent verstorbenen Heilstätteninsassen an.

Auch Vogelsang (1932) fand R-Formen bei Patienten frühestens 3 Monate nach der Infektion, in Stichagarkulturen nach 2—4 Jahren und nur in flüssigen Substraten — ähnlich wie später Meyer und Goldenberg (1933) — gelegentlich schon nach 1 Monat, dabei in einer Bouillonkultur einer S-Form nach 4 Monaten nur noch R-Formen.

Welcker (1934) berichtet allerdings neben R-Formen von S. paratyph. B und S. typhimurium in ebenfalls alten Sammlungskulturen über je 1 R-Form dieser Stämme von einem *Kranken* und aus einer Blutgallekultur bei einem Fall von Gastroenteritis.

Bei Greenbaum (1939) und Rauss (1939) findet sich wieder der Hinweis auf die Dauerausscheider für die Isolierung von S. typhi-R-Formen (Rauss in 8 von 364 Ausscheiderfällen). Pisu (1939) stellte bei einem Ruhrausbruch unter 38 isolierten Stämmen R-Formen mit zunehmender Dauer der Epidemie fest. R-Formbefunde anderer Bakterien bei chronischen Erkrankungen werden dann von Almaden (1938) bei Pneumokokken, Hadley (1941) bei Streptokokken, Gleibermann und Mitarbeitern (1939) bei Gonokokken, Marconi (1939) bei M. tuberculosis sowie von Hauge und Schoening und Mitarbeiter (1938) bei Erysipilothrix rhusiopathiae mitgeteilt, von Griffith (1938) außerdem in einer $8^1/_2$ Jahre alten Kultur eines von einer Ziege stammenden Tuberkelbakterienstammes.

Demnach dürften wie in frischen SO-Formkulturen auch bei frischen Salmonella- oder Shigellaerkrankungen Ro-Formen selten sein (bei B. anthracis die Regel — Braun 1947). Verfasser selbst hat sie in Stuhlproben frisch erkrankter Patienten nur bei Sh. Sonnei (E-Ruhr) gesehen, über deren leichte Dissoziation mit „Bomben"- und Flachformen neben den Glatt(Rund)-Formen bereits Haas (1938) und Roelke (1940—1942) berichten. Abb. 14 zeigt einen frischen Ausstrich der Glattform des Sh. Sonnei-Teststammes des Verfassers nach Ausstrich auf 2%igen Fleischwasseragar und 24 Std bei 37°.

Wenn demnach die Stuhl- und Urinproben frisch erkrankter Salmonella- oder Shigellapatienten (außer E-Ruhr) als Regel nur die SO-Form zeigen, so ist auf der anderen Seite festzustellen, daß dies auch bei Dauerausscheidern durchaus der Fall sein kann.

VOGELSANG (1932) berichtet auch hierzu bereits von 5 Dauerausscheidern mit unbekannter Infektionszeit, bei denen in 2 Fällen nur S-Formen neben den 3 weiteren mit S- und R-Formen zu finden waren. Dauerausscheider mit bekannter Infektionszeit lieferten ebenfalls in 2 Fällen noch nach 2—9 Jahren unverändert S-Formen, gegenüber 2 weiteren mit S- und R-Formen nach 3 Monaten und 10 Jahren und nur einer 85jährigen Ausscheiderin mit allein R-Formen nach wahrscheinlich 47 Jahren zurückliegender Infektion. In den eigenen jahrelangen Beobachtungen des Verfassers bei zahlreichen Dauerausscheidern mit kürzer oder länger zurückliegender Erkrankung überwiegen die Fälle unverändert chronischer Ausscheidung von SO-Formen ganz eindeutig, wobei eine Übersicht über laufend immerhin rund 200 Ausscheider vorhanden ist.

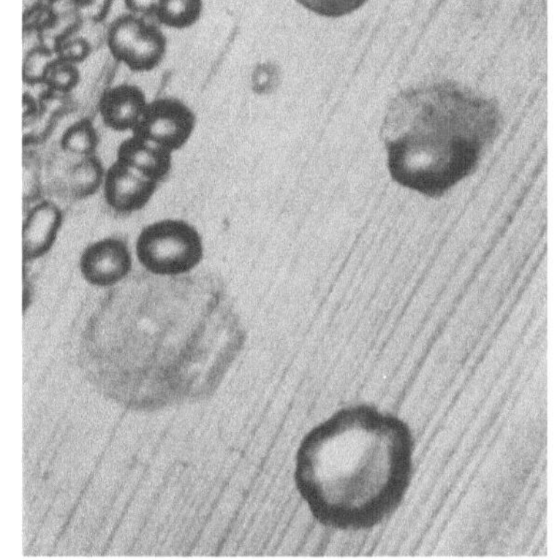

Abb. 14. Dissoziation der Glattform von Sh. Sonnei (Stamm Kröger E-Ruhr).

VOGELSANG (1932) fand weiter hierzu in Laboratoriumsstämmen, die als S(O)-Formen isoliert und später in Agarstichkulturen weitergezüchtet wurden, neben den bereits erwähnten Kulturen mit R-Formen andere Kulturen mit noch nach 4 Jahren unveränderten S(O)-Formen. Dasselbe kann von den Originalkulturen der SO-Formen der Salmonella-SO-Teststämme des Verfassers berichtet werden. Sie befinden sich ebenfalls schon jahrelang im Agarstich und haben dort bisher keine RΩ- oder Ro-Formen abgespalten.

Diesen Befunden gegenüber liefert aber entsprechend den geschilderten Beobachtungen auch schon von VOGELSANG bereits seit Jahren dem Verfasser der Ausscheiderpatient L. regelmäßig auch R-Formen seiner S. paratyph. B-Bakterien, wobei das morphologische und serologische Bild der Paratyphuskolonien in den Stuhlausstrichen recht mannigfaltig ist. Es finden sich typische SO-Formen neben schwächer oder stärker ausgeprägten RΩ- und Ro-Formen. Dabei überwiegt zumeist die S-Form-Flora, manchmal erscheinen auch nur R-Formen. Die in dieser Abhandlung zitierten und auch in anderen Arbeiten (O. WESTPHAL und Mitarbeiter 1951/54, v. PRITTWITZ und GAFFRON 1952, JENSEN und WORATZ 1952) verwandten Bakterienstämme S. paratyph. B Kröger B I-SO und -Ro wurden von diesem Patienten gewonnen.

In einer neueren Mitteilung berichten dann noch COLICHON und GULARDI (1951) von 6 S. typhi-Dauerausscheidern unter 1781 Personen in Peru, von denen einer ebenfalls nur Ro-Formen ausschied.

Überblickt man diese zwischenzeitlich auch in anderen Arbeiten ähnlich mitgeteilten Befunde, so ist verständlich, daß CASELITZ (1949) den zwar nicht zwangsläufigen, jedoch möglichen Anfall von R(o)-Formen in menschlichen Ausscheidungen als das Produkt über längere Zeit zu datierender Auseinandersetzungen der Bakterien mit einem Wirtsorganismus ansehen möchte [vgl. hierzu

BRAUN (1947), der mit Bildung von Antikörpern im Wirt und der damit gegebenen Zurückdrängung der im Normalserum vorhandenen "suppressing factors" vor allem gegen die R(o)-Formen jetzt Entwicklungsmöglichkeiten für letztere gegenüber den durch die spezifischen Antikörper stärker berührten und unterdrückten S(o)-Formen sieht — s. Kapitel VI, 1]. Diese Überlegung könnte ohne Schwierigkeiten auch auf die in vitro-Befunde übertragen werden, wobei nur an die Stelle des Reaktionspartners Wirtsorganismus das künstliche Nährmilieu zu setzen wäre. Es paßte für beide Verhältnisse die in der Regel längere „Inkubationszeit" bis zum eventuellen Erscheinen von Dissoziationsformen wie auch die bei aller Verschiedenheit der Milieufaktoren Mensch und Nähragar in beiden Fällen bemerkenswert gleichsinnigen prinzipiellen und zeitlichen Unregelmäßigkeiten im Auftreten der abgewandelten Formen. Wenn CASELITZ noch feststellt, daß bei dem S/R-(plus O/o-)Formenwechsel (O → R-Antigen) Faktoren im Spiele sind, die wir nicht kennen, so wird man nach der geschilderten Art und Weise des Auftretens der hier ohne besondere Eingriffe eventuell anfallenden Dissoziationsformen deren Entstehung durch *Mutationen* doch wohl als zwangloseste Erklärung annehmen wollen, zumal die Auffindung von Formvarianten bei „Klon"-Untersuchungen die grundsätzliche Möglichkeit des Vorhandenseins von Mutanten auch in Formtyp-*Rein*kulturen erwiesen haben (TORREY und MONTU 1936 bei E. coli, ZELLE 1942 bei S. typhimurium, BRAUN 1945 und 1946 bei Br. abortus, DAWSON 1938 bei Pneumokokken, HUMPHRIES 1944 bei Kl. pneumoniae, HOFFSTAEDT und YOUMANS 1932 sowie HABERMAN und ELLSWORTH 1941 bei Staph. aureus, letztere auch bei Serrata marcescens, BARBER und FRAZIER 1945 bei Lactobacillen, DUFF 1937 bei Bac. salmonicia, MELLON 1942 bei einem Streptothrix). Es spräche hierfür auch, daß derart („natürlich") angefallene Formveränderungen nach erfolgter Reinzüchtung bemerkenswert stabil erschienen, was nicht nur für Ro-, sondern auch für „Zwischenformen" gilt.

CASELITZ (1949) stellt letzteres schon für seine bei 2 Ausscheidern gewonnenen „Übergangsformen" von S. paratyph. B und S. Dublin fest. Erfahrungen des Verfassers mit dem Stamm S. paratyph. B II-RΩ können dies nur bestätigen. Diese RΩ-Form fiel seinerzeit zusammen mit der homologen SO-Form ebenfalls bei einem Ausscheider an und hat seine Zwischenform inzwischen über $1^1/_2$ Jahre unverändert bewahrt.

Es ist dies im übrigen wie die CASELITZschen Beobachtungen auch ein Beweis gegenüber den gegenteiligen Angaben unter anderem von SMITH und MARTIN 1948 (vgl. auch DESKOWITZ 1937, ZELLE 1941 und 1942) für den möglichen „Endstufen"-Charakter von Zwischenformen bei Salmonellabakterien, die demnach in diesen Fällen keineswegs unstabile „Intermediärformen" darstellen, „die nach Weiterverimpfung in typische S- oder R-Formen zurückschlagen". Aus diesem Grunde wurde, wie früher erwähnt, ihre Bezeichnung als SΩ- bzw. RΩ- statt Übergangsform für zweckmäßig gehalten, obwohl HEYMANN (1952) die Bezeichnung Ω leider gerade am Beispiel anscheinend noch relativ „labiler" Zwischenformen von Sh. Flexneri einführt.

Es ist bei der Isolierung von derart abgewandelten Formen aus alten SO-Formkulturen oder Ausscheiderstühlen in den Subkulturen besonders auf etwaige *restliche SO-Keime* zu achten. Diese können sonst leicht Anlaß zu angeblichen erneuten Formenwandlungen einer isolierten Dissoziationsform sein, wie sie BOIVIN (1941) z. B. bemerkenswerterweise mit der Auffindung von neuerlichen S-Formen in R-Formkulturen eines S. typhimurium- und eines S. enteritidis-Stammes und Verfasser (KRÖGER 1953) mit dem Wiederauftauchen von S-Formen nach Absetzen der Antibioticatherapie bei einer Patientin mit zwischenzeitlich nur R-Formausscheidungen im Urin (s. Kapitel IX) beobachtet haben. Sicherlich ist für manche mitgeteilten Beobachtungen experimenteller Formenwandlungen eine mangelnde Formenreinheit der verwandten Kulturen die nicht erkannte Ursache gewesen. Besondere Mühe wird man sich bei Isolierungen von Formtypen geben müssen, wenn sie aus Ausscheiderstühlen oder alten Subkulturen stammen, die noch im Erstausstrich neben der gesuchten Dissoziationsform andere enthalten (z. B. RΩ- neben Ro-Formen; Ro-, RΩ- und SO-Formen o. ä.). Hier wird man erst nach einer ganzen Reihe von Subkulturen mit jeweiliger zwischenzeitlicher Ausspatelung auf einen ganzen Plattensatz sich zufrieden geben, und für die Weiterverimpfung immer wieder von sorgfältig geprüften Einzelkolonien ausgehen. Vom letzten Plattensatz sind dann möglichst viele Kolonien nochmals eingehender zu überprüfen.

Eine Reinzüchtung und Reinhaltung von Ro-Formen wird allerdings dadurch erleichtert, daß diese Formen auf künstlichen Nährböden bessere Entfaltungsmöglichkeiten finden sollen, als etwa SO-Formen (s. oben eingangs dieses Kapitels BRAUN 1947 sowie FELIX und PITT 1951 mit den Angaben über das unterschiedliche quantitative Wachstum von S. typhi Ty 2 Rough gegenüber den übrigen S. typhi-Stämmen, Tabelle 17d). Hiernach gingen etwaige Ro-Mutanten in SO-Kulturen auch nicht so leicht verloren wie dies umgekehrt jedoch anzunehmen wäre. Die größere Wachstumsenergie und bessere Anpassung der Ro-Formen an künstliche Nährbedingungen (BRAUN 1947, SMITH und MARTIN 1948, SCHLOSSBERGER 1952) wäre demnach auch der Grund für das schließliche Überwiegen von Ro-Mutanten in SO-Formkulturen („Selektion"), wie auch die Wandlungsrichtung SO→Ro bei Sammlungskulturen fast ausschließlich bekanntgeworden ist.

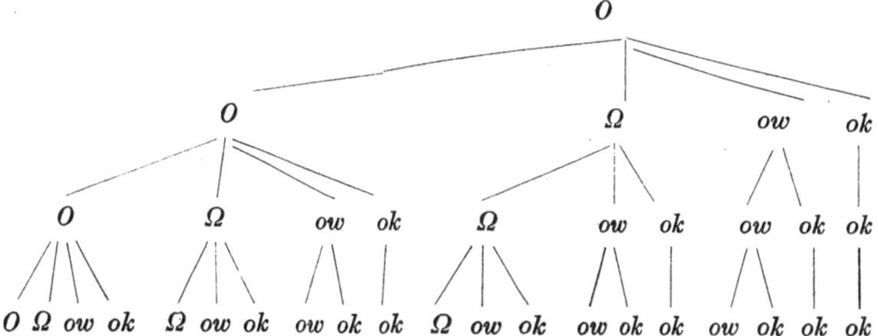

Abb. 15. Dissoziationsschema Flexner Typ 3 (H). (Der in diesem Schema wiedergegebene Dissoziationsgang der O- und Ω-Formen ist experimentell gesichert, derjenige der o(w)-Form noch hypothetisch.)

Die oben aufgeführten Angaben über die Stabilität natürlich anfallender Zwischenformen stammen von Beobachtungen bei Salmonellabakterien. Sie können aus eigener Erfahrung mit der Ro(w)-Form des Coli-Kauffmann-Teststammes des Verfassers als grundsätzlich auch bei Colibakterien möglich angesehen werden. Anders scheinen die Dinge jedoch bei Ruhrbakterien zu liegen, bei denen nach HAAS (1938), PRIGGE (1942) und HEYMANN (1952) zwar die o-Formen — bzw. bei Sh. Sonnei (E-Ruhr) die Flachformen — ebenfalls stabil sind, jedoch nach PRIGGE (Sh. dysent.) und HEYMANN (Sh. flexneri) die O-Formen wie auch die Ω-Formen „ohne künstliche Einflüsse' (HEYMANN) in einen zunehmenden „Degenerationsprozeß" weiter dissoziieren können.

Nach eigenen Beobachtungen am Beispiel des Sh. dysent. Prigge-Stammes 16 O wie auch an bisher daraufhin untersuchten Glatt- und Bombenformen von Sh. Sonnei (E-Ruhr) ist dies durchaus zu bestätigen.

Als Beispiel für diese Dissoziationen sei das Schema von HEYMANN (1952) bei Sh. Flexneri Typ 3 (H) angeführt (Abb. 15).

Nach HEYMANN wurden alle aufgeführten Dissoziationsformen bis auf die bei der Row-Form experimentell bestätigt.

Demnach ist die Dissoziations- bzw. Mutationsneigung bei O- und Ω-Formen von Ruhrbakterien wesentlich ausgeprägter als bei anderen gramnegativen Darmbakterien.

Es scheinen jedoch auch bei Salmonellabakterien leichter dissoziierende Stämme vorkommen zu können. So berichtet Zelle (1941) von einem „unstable S-Type"-Stamm von S. typhimurium, bei dem er nach Abtrennung jeder Tochterzelle, sobald eine Teilung erfolgte, 1 R-Form bereits auf je 148 Zellteilungen erhielt.

Es bleibt noch die Überlegung, ob der SO → Ro-Formenwechsel den Erwerb einer *„positiven" oder „negativen" Eigenschaft* darstellt (s. oben H. J. Muller und R. Müller). Nach allen bisherigen Ausführungen dürfte für die künstlichen Kulturbedingungen ersteres, bezüglich der Möglichkeiten der Schaffung eines arterhaltenden Keimreservoirs in Mensch und Tier letzteres der Fall sein. Es steht hier einer besseren Anpassungsfähigkeit der o-Formen an künstliche Nährbedingungen auf der einen Seite ein Mangel an „defensiven und offensiven Waffen" (Smith und Martin 1948) auf der anderen gegenüber, der die o-Formen in Wirtsorganismen sich nicht lange und erfolgreich genug behaupten läßt.

2. Experimenteller S/R-(O/o-)Formenwechsel.

Ein experimenteller S/R-(O/o-)Formenwechsel ist bei gramnegativen Darmbakterien in vielerlei Weise verursacht und auch erreicht worden, jedoch mit meist wechselnden Erfolgen und keineswegs mit der „Sicherheit eines Experimentes" (Meyer und Goldenberg 1933).

Die den Mutationscharakter des S/R-(O/o-)Formenwechsels unterstreichenden Untersuchungen seien vorweggenommen:

So konnte von Burnet (nach persönlicher Mitteilung an Dubos 1947) bei der Untersuchung der quantitativen Verhältnisse der S ⇌ R-Variation vermittels spezifischer Bakteriophagen eine ähnliche *Mutationsrate* (10^{-6}) wie von Lewis bei B. coli mutabile festgestellt werden. Stabile Mutationsraten trotz unterschiedlicher Formtypen (M, S und R) fand Møller (1948) bei E. coli, das gleiche bei unstabilen Varianten von S. typhimurium Deskowitz (1937), ebenso ähnliche Konstanz in der Dissoziation bei Streptokokken Solotorovsky und Buchbinder (1941). Die Variantenbefunde bei *„Klon"*-Untersuchungen wurden schon im vorhergehenden Abschnitt aufgeführt, ebenso die von Zelle (1941) mit einer *höheren Mutationsrate* von 1 R-Form auf 148 Zellteilungen bei einem „unstabilen" S-Stamm von S. typhimurium. Es sind hier auch noch die Fälle *unterschiedlicher S/R-Mutationsraten* bei gleichartiger Kultivierung von Einzellkulturen der gleichen Bakterienart einzuordnen [Torrey und Montu bei E. coli, Braun (1945 und 1946) bei Br. abortus, Hofstaedt und Youmans (1932) bei Strept. aureus].

Die manchmal erfolgreiche Möglichkeit der Ro-Formgewinnung aus *alten* SO-Form-Agarstich- oder Bouillonkulturen wurde bereits erwähnt. Nach Welcker (1934) sollen auch umgekehrt nach einiger Zeit aus Ro-Formkulturen in Bouillon, Leber- und Gallebouillon sowie Lackmusmilch SO-Formen zu erhalten sein (s. auch Braun 1947 für Br. abortus, Spicer 1936 und Mellon mit Mitarbeitern 1944 bei Streptokokken), wie überhaupt nach Braun (1947) flüssige Nährmedien die Dissoziation mehr als feste Substrate begünstigen sollen (vgl. auch Boivin 1941).

Hierzu kann als Beispiel von Verfasser noch ein Ergebnis von Abimpfungen aus sich selbst überlassenen Bouillonkulturen der SO-Formen der eigenen Teststämme mitgeteilt werden (s. Tabelle 21).

Tabelle 21. *S/R-O/o-Formenwechsel gramnegativer Darmbakterien in Bouillon.*

Abimpfung nach	E. coli Kauffmann	S. paraty. B. Kröger			S. Dublin-Caselitz	Sh. dysent.
		B I	B II	B III		
	SO	SO	SO	SO	SO	RO
6 Wochen . . .	SO	SO	SΩ	SO	SO	SO
11 Wochen . .	SO	SO	SO + RΩ	SO + RΩ	SO	SO + Ro

Über gelungene S/R- bzw. O/o-Formenwechsel mit *Phagen* berichten außer oben BURNET (1929 und 1930) noch DAMBOVICEANU und SORU (1934), CRAIGIE und BRANDON (1936), SCHOLTENS (1937), KOROBKOVA und KOTELNIKOV (1939), ROSGON (1939), FELDSTEIN (1940), RAUSS (1940), GIOVANARDI (1940) mit MOLINA (1941) sowie CHEACCI (1942).

BURNET fand unter Phageneinfluß meist phagfeste Formen, die einem anderen S- oder R-Formtyp angehörten als der Ausgangsstamm. Jedoch traf dieser Formenwechsel nicht immer ein. DAMBROVICEANU und SORU ließen Bakteriophagen auf Choleravibioenen von „typischer Glattform" wie auf „intermediäre Typen" einwirken und erzielten dann „charakteristische Rauhformen". Rauhformen wurden demgegenüber durch Phagen nicht verändert. KOROBKOVA und KOTELNIKOW untersuchten die Rolle von Phagen bei der Dissoziation von Paratyphus B-, FELDSTEIN bei Shigaruhrbakterien sowie ROSGON bei Milzbrand. Die *übrigen* Autoren ließen Vi-Phagen auf Vi-haltige Stämme einwirken, mit dem Ergebnis, daß diese die äußere Glatteigenschaft verloren (CRAIGIE und BRANDON bei Colibakterien, SCHOLTENS, RAUSS und die italienische Autoren bei Vi-haltigen und O-freien Typhusstämmen, SoV→RoW-Formenwechsel).

Mit Hilfe zum Teil bereits erwähnter *physikalischer* Verfahren wurden ebenfalls schon Erfolge erzielt:

Bestrahlungen mit UV-Licht (W. BRAUN 1943), Formenwechsel S→R bei Br. abort., Versuche in umgekehrter Richtung ohne Erfolg;

Beschallungen (CASELITZ 1951/52), Formenwechsel SO→Ro bei 3 (S. typhi O 901, S. paratyph. B, S. London) von 62 beschallten Salmonellastämmen.

Temperaturveränderungen (LASSEUR und Mitarbeiter 1938, MORGAN und BECKAITH 1939, BORDET 1940, BARBER und FRAZIER 1945).

Die meisten experimentellen Formenwandlungsversuche waren jedoch Umzüchtungsversuche auf oder in verschiedenen *Nährmedien* — mit oder ohne bestimmte Zusätze — sowie Versuche mit in *vivo*-Passagen. Beeinflußt wurden diese Versuche von den bei Pneumokokken seit GRIFFITH (1928) erfolgreich verlaufenen Experimenten mit Typenwandlungen einschließlich R→S-Formenwechsel (DAWSON und Mitarbeiter 1931/32 u. a., s. Kapitel 1).

So konnte GRIFFITH (1928) zeigen, daß es bei Mäusen durch gleichzeitige Injektion avirulent gewordener lebender Typ I-Pneumokokken mit abgetöteten virulenten Typ II-Pneumokokken gelingt, einen virulenten Typ II-Stamm wiederzugewinnen, was von NEUFELD und LEVINTHAL (1928) und KIMURA, SUKNEFF und H. MEYER (1928) und später von LANGWALD-NIELSEN (1944) bestätigt werden konnte. Es gelang dann DAWSON und Mitarbeiter (1931/32) die Umwandlung von Typ II- in III-Pneumokokken auch in vitro durch Einimpfung lebender R-Keime vom Typ II in ein Medium von abgetöteten S-Keimen vom Typ III. ALLOWAY (1932/33) gelang die Umwandlung in zellfreien Filtraten, aus denen er die wirksame Substanz beträchtlich anreichern konnte. Nach DAWSONS Verfahren transformierte Harris (1938) einen wenig mäusevirulenten Stamm vom Typ XIV in einen für Mäuse hochpathogenen Typ II (zitiert nach H. Schmidt 1950).

Entsprechend wurden S/R-Formenwandlungen bei gramnegativen Darmbakterien versucht, wozu schon früher nach ähnlichen Bemühungen Arkwright und Pitt (1924) und Bruce White (1925) feststellen, daß es für diese Bakterien keine Methode gäbe, die es mit Sicherheit ermögliche, die Umwandlungen künstlich herbeizuführen. Dieser Ansicht sind nach späteren Parallelversuchen zu den zitierten Pneumokokkenversuchen auch Meyer und Goldenberg (1933). Caselitz (1949) stellt die Erfolgsmöglichkeit derartiger Wandlungsversuche nach ergebnislosen Bemühungen bei eigenen verschiedenen Salmonellaformtypen überhaupt in Frage. In der Literatur finden sich Versuche wie folgt:

Versuche mit *Nährmedien:*

Nach White (1925), Savage und White (1925) (aerobe und anaerobe Kultivierung in saccharosehaltigem Medium) und ebenso Koser und Styron (1930, Flachform→Glattormf bei Sh. Sonnei) begünstigt ein häufiges Überimpfen der Kulturen — bei verschiedenen Zeitintervallen (Savage 1900, Arkwright 1919/20, Goyle 1929, Ide 1938) — das Auftreten von R-Formen, nach Caselitz (1949/50) ist hierbei ein Traubenzucker-, nach Goyle (1926) ein hoher Pepton- oder Phenolzusatz von Vorteil; nach Kauffmann (1941) empfiehlt sich zur Stabilerhaltung der S-Formen die Züchtung auf zuckerfreien Medien, und nach Bader (1949) zur Rückgewinnung von S-Formen aus stabil erscheinenden R-Stämmen die Kultivierung auf Löffler-Serum, auf dem nach eigenen Beobachtungen — s. Abb. 17 — jedoch die meisten R-Formen glatt erscheinen. Eine Rückwandlung R in S soll, wenn auch schwierig, nach Jordan (1924/26), Hayakawa (1936) und Crossley, Ferguson und Brydson (1946) möglich sein, z. B. bei Fortzüchtung unter Stärkezusatz zu Bouillon oder Agar (s. oben auch Welcker 1934, Braun 1947 u. a.) Nach Møller (1948) gelang Rückwandlung von R zu S weder in vitro noch in vivo, dagegen S oder R in M mit normalmenschlichem Blut, wie nach ihm auch Filtrate alter Kulturen die Dissoziation fördern. Einfaches Alternlassen der Kulturen in gewöhnlicher Bouillon ergaben wie Kröger, Béguin und Grabar (1952) noch die besten Ergebnisse für eine S→R-Abwandlung (5 von 23 geprüften Salmonellastämmen S in R, bei 9 weiteren beginnende Veränderungen), demgegenüber hypertonische Bouillon nur 2 völlige und 3 beginnende S- → R-Abwandlungen zeigte. Eihaltige Nährböden kehren nach Steenken (1940) R_v- und R_a-Kolonien von Tuberkelbakterien in S-Formen um, während eifreie Nährböden die „Standardform" erscheinen lassen. Nach Tjotta und Waaler (1932) sind Rauhanteile einer Kultur gegen Komplement empfindlicher, welches Verfahren zur Gewinnung von S-Formen aus R-Kulturen jedoch Caselitz (1949) ebenfalls ablehnt. Neufeld und Levinthal (1928) empfahlen noch bei Pneumokokkenversuchen Organstückchen enthaltende Bouillon, die auch Meyer und Goldenberg (1933) bei gramnegativen Darmbakterien eine S→R-Umwandlung wesentlich schneller als gewöhnliche Bouillon ergab. Nach Bettencourt (1930) entstehen R-Formen bei Nährstoffmangel unter dem Einfluß von Phenol, Hitze u. a., demgegenüber eine Rückwandlung von R→S auf Nährböden nicht für möglich gehalten wird.

Zahlreiche weitere Versuche mit *unspezifischen* Nährbodenzusätzen wurden nach Braun (1947) wie folgt ausgeführt:

Chemische Zusätze: Atebrin — Panja (1945), Sulfapyridin und Jod — Tunnicliff (1940) und derselbe mit Hammond (1938), Eisenchlorid — Jackson (1936), Lithiumchlorid — Hadley (1927) und Humphries (1944);

Blut oder *Normalseren:* Aichelburg und Rogetti (1934), Paul (1934), Waaler (1936), Toomey und Takacs (1938), Rosgon (1938), Solotorovsky und Buchbinder (1941), McKinney und Mellon (1941), Humphries (1944), Braun (1946), Dubos (1947);

Exsudate oder *Ascites:* Jennings (1931), Pilot (1934), Pinner und Voldrich (1937);

Gewebeextrakte: Nutini und Lynch (1945).

Versuche mit homologen *O-Antikörpern im Nährmedium* (entsprechend Griffith 1923, Reimann 1925 und 1927 bei Pneumokokken und Julianelle 1926 bei Kl. pneumoniae):

STEINHARDT (1904/05), ARKWRIGHT und PITT (1929), BOIVIN (1941);

SCOTT (1926) erfolgreich R in S bei S. typhi und S. enteritis-Gärtner, kein Erfolg nach Erhitzen des Serums auf 70⁰ oder vorheriger Absorption der O-Antikörper;

HABS und SEITZ (1934) erfolgreich S in R bei je einem geißellosen S. paratyph. B- und S. typhimurium-Stamm;

SCHOLTENS (1937) erfolgreich S in R bei einer Reihe von S. typhi-Stämmen mit Vi-Antigen;

ROELCKE (1940) kein Erfolg mit S in R und R in S bei über 1 Jahr fortlaufenden Passagen von Salm. O-, Ω- und o-Formen in diesen Medien;

GIANNI (1951) erfolgreich S und R bei S. typh., kein Erfolg bei S. paratyph. B.;

BÉGUIN und GRABAR (1952) erfolgreich S in R mit 4 von 23 Salmonellastämmen (1 S. paratyph. B, 3 S. paratyph. C-Gruppe); kein Erfolg mit 16 Salmonellastämmen (7 S. typhi, S. paratyph. A, 4 S. paratyph. B, 4 S. paratyph. C-Gruppen), 3 Salmonellastämme zeigten teilweise Veränderungen.

Versuche mit *Bebrütung in S-Formvaccinen* [entsprechend DAWSON und Mitarbeitern (1931/32) bei Pneumokokken]:

ARKWRIGHT und PITT (1929) kein Erfolg mit R in S bei homologer S-Vaccine;

MEYER und GOLDENBERG (1933) erfolgreich R in S bei Sh. dysent. (2mal) und S. reading (1mal) bei homologer S-Vaccine;

HABS und SEITZ (1934) erfolgreich R in S bei geißellosem S. paratyph. B-Stamm in homologer und heterologer S-Vaccine;

BOIVIN (1941) kein Erfolg mit R in S.

Versuche mit *R-Antikörpern im Nährmedium:*

HABS und SEITZ (1934) kein Erfolg mit R in S bei S. paratyph. B;

BOIVIN (1941) kein Erfolg mit R in S;

SMITH und MARTIN (1948) allgemeine Angabe, daß R in S möglich sein soll.

Versuche *in vivo* (meist Mäuse):

bei oraler Infektion:

CASELITZ (1949) kein Erfolg mit Ω und o in O bei Salmonellabakterien;

ROELCKE (1940 und 1942) bis auf 1 Fall kein Erfolg mit Flachform in Glattform bei Sh. Sonnei in zahlreichen Menschen- einschließlich Selbstversuchen (s. Kapitel VI);

bei parenteraler Infektion:

BETTENCOURT (1930) erfolgreich R in S bei Verimpfung in die Brusthöhle bei Meerschweinchen;

WELCKER (1934) zum Teil erfolgreich R in S mit S. paratyph. B (begeißelt und unbegeißelt) und S. typhimurium bei intraperitonealer und subcutaner Applikation;

bei parenteraler Infektion + heterologer S-Formvaccine (entsprechend GRIFFITH 1928 bei Pneumokokken):

MEYER und GOLDENBERG (1933) kein Erfolg mit R in S bei Salmonellabakterien;

WELCKER (1934) zum Teil erfolgreich R in S wie bei parenteraler Infektion ohne Vaccine.

MØLLER (1947) kein Erfolg R in S, Erfolg R in M.

Als *eigene* Versuchsergebnisse des Verfassers können noch hinzugefügt werden (KRÖGER 1952):

SO→Ro in O-antikörperhaltiger Bouillon, S. paratyph. B SO nach 3 Passagen Ro; S. typhimurium SO nach 29 Passagen unverändert nur SO;

SO→Ro bei Bebrütung der SO-Formen der Teststämme in homologer SO-Formvaccine, nach 8 Wochen zum Teil Änderung der Farbstoffempfindlichkeit, noch keine Änderungen der Antigenstruktur;

Ro→SO nach *häufigem Umimpfen* auf Schrägagar, nach Wochen vereinzelt SO-Kolonien bei S. Dublin-Caselitz Ro(w);

Ro→SO *in vivo*:

perorale Infektion mit S. Dublin-Caselitz Ro, nur Ro-Formen,

parenterale (intraperitoneale) Infektion mit S. Dublin-Caselitz Ro, bei 1 von 10 Mäusen aus Herzblut 1 SO-Kolonie, sonst unverändert Ro.

Das in Erfolg und Zeitmaß meist unsichere Ergebnis der geschilderten zahlreichen und verschiedenartigen Versuche dürfte dahingehend auszulegen sein, daß im Prinzip ihnen allen wohl nur eine die vorhandene Neigung zur Mutation oder die Mutationsraten oder auch die Selektion der Mutanten *fördernde* Wirkung zukommt. Viele der oben zitierten Praktiken zur experimentellen SO→Ro-Formenwechsel *können* daher gelingen, aber es *muß* dies *nicht* der Fall sein, wie auch der umgekehrte Ro→SO-Versuch prinzipiell möglich, jedoch seltener erfolgreich erscheint. Ob tatsächlich bei SO-Formen die Neigung zu „gerichteter Mutation" größer als bei Ro-Formen ist, wird jedoch erst noch weiter zu untersuchen sein. Die auch bei experimentellen Untersuchungen zu beobachtende stärkere Dissoziationsneigung der Ruhr-O-Formen gegenüber ihren homologen o-Formen könnte in dieser Richtung mitsprechen. Für die Epidemiologie interessiert unter den Versuchen noch die Bestätigung, daß bis auf den speziellen Fall von Roelcke mit Flachformen von Sh. Sonnei bei peroralem, also natürlichen Bedingungen mehr entsprechendem Infektionsmodus, ein Ro→SO-Formenwechsel bisher experimentell nicht erzielt wurde.

Es ist dann noch als Ergänzung zu den Erörterungen über den Wirkungsmechanismus der Formenwechsel zu erwähnen, daß zunächst bei Pneumokokken (Avery, McLeod und McCarty 1944), dann aber auch bei gramnegativen Darmbakterien (Colibakterien Boivin, Vendrely und Tulasne 1947, Ruhrbakterien Weil und Binder) *Desoxyribonucleinsäure* als transformierende Substanzen festgestellt wurden. Dabei hat jedoch nach McCarty und Avery (1946) nur Desoxyribonucleinsäure von S-Formen und nicht die aus R-Formen transformierende Eigenschaft, wie des weiteren nach Taylor (1949) die Desoxyribonucleinsäurefraktion aus S III-Pneumokokken mindestens 2 transformierende Prinzipien enthalten kann (ER [„extra rauh"] →R und R→S).

Der Übergang von ER über R in die S-Form soll dabei in 2 Stufen erfolgen: ER wird zu R durch die Desoxyribonucleinsäure sowohl vom R- wie vom S-Typ III Pn. Die R- wird dann zur S-Form durch die Desoxyribonucleinsäure vom S III-Typ, beide Verwandlungen können nicht gleichzeitig erfolgen. Demnach ist „genotypisch" das transformierende Prinzip ER→R auch in der S-Form der Pneumokokken enthalten, obwohl morphologisch eine Rauhheit „phänotypisch" nicht in Erscheinung tritt.

H. Schmidt (1950), nach dem diese Versuche zitiert sind, erscheint es gerechtfertigt, „das transformierende Prinzip als eine Art Gen zu betrachten, das als ein sich selbst reproduzierendes Agens Kettenreaktionen einleitet, die zur Synthese eines Enzyms und eines Kapselpolysaccharids führen". Nach ihm läßt auch die Taylorsche Arbeit die beiden hier festgestellten transformierenden Prinzipien „als homologe genetische Elemente oder Allelen" erscheinen. Demnach sind auch für H. Schmidt die hier sich vollziehenden Wandlungsvorgänge genotypisch bedingt.

3. Experimenteller S/R-Formen- ohne O/o-Strukturwechsel.

Wie ersichtlich, hat der vorhergehende Abschnitt bei den Ergebnissen der experimentellen Umwandlungsversuche zumeist noch die alleinige S/R-Kennzeichnung verwandt. Der Grund liegt darin, daß, wie früher schon erwähnt, aus den zitierten Arbeiten häufig nicht eindeutig zu entnehmen ist, ob bei den Versuchen die morphologische oder antigene Formänderung oder beide zusammen gemeint sind (s. Kapitel I). Im allgemeinen möchte man annehmen, daß auch immer eine Änderung der Antigenstruktur erstrebt wurde.

In den früheren Kapitel III wurde bereits gezeigt, daß bei den gramnegativen Darmbakterien unter natürlichen Bedingungen morphologische Erscheinungsform und Antigenstruktur keineswegs immer in dem gleichen Verhältnis zueinander vorkommen müssen, weshalb die Doppelkennzeichnung eines Stammes gesondert nach seinen morphologischen und serologischen Kriterien — weil logischer — für richtiger gehalten wurde. Die folgenden Ausführungen geben der beschriebenen möglichen Unabhängigkeit der S/R- und O/o-Eigenschaften voneinander noch von der experimentellen Seite her eine Stütze. Es wird hierzu, wie früher ebenfalls schon angedeutet, auf einfache Weise (Kröger 1952, Heymann 1952), gezeigt, daß beide Formeigenschaften auch *unterschiedlich experimentell beeinflußbar* sind, d. h. also auch die Formen*wechsel* unabhängig voneinander erfolgen können.

In den Untersuchungen erfolgt dabei ein S/R-Formenwechsel bei unveränderter Antigenstruktur. Die Anregung zu diesen Versuchen, die im übrigen mit der in Abschnitt 1 in der Regel vermißten „Sicherheit eines Experimentes" gelingen, wurde von Verfasser aus Hinweisen von verschiedenen Autoren der Literatur entnommen, wonach auch kulturelle Züchtungsbedingungen zu koloniemorphologischen Veränderungen Anlaß geben können (Schleimkapselbildung bei B. anthracis unter CO_2-Einfluß, Rauhwachstum bei aerober Bebrütung auf Agar — Nungester 1929, Ivanovics 1937, Sterne 1937, Chu 1952; fadenförmiges Wachstum von Pneumokokken in flüssigen oder quaternäre Ammonbasen enthaltenden festen Medium — Okamoto und Shako 1937; Virulenzverlust bei Past. tularense bei Fortzüchtung auf Serumtraubenzuckeragar — Francis 1922, Foshay 1932, Snyder und Mitarbeiter 1946). In diesem Sinne sollte sich auch z. B. auf frisch gegossenen wasserreichen Nährsubstraten die R-Form schlecht (Meyer und Goldenberg 1933), und auf 2%igem Traubenzuckeragar die R-Form besonders gut darstellen lassen soll (Roelcke und Intlekofer 1938, Caselitz 1949).

In den eigenen Versuchen wurden hierzu die Teststammpaare des Kapitel V auf eine ganze *Reihe in der bakt. Praxis häufiger verwandter Nährböden* ausgeimpft. Das Ergebnis der 48stündigen 37°-Kulturen zeigen die Abb. 17a—c und 19 (Kolonien einheitlich etwa in $1^1/_2$facher Vergrößerung) und die Tabelle 20 (s. folg. Seiten).

Wie aus den Abbildungen und der Tabelle ersichtlich, ist das morphologische Erscheinungsbild von O-, Ω- und o-Formen gramnegativer Darmbakterien durch einfachen Nährbodenwechsel zu verändern und zwar ebenso in der Richtung S→R wie auch R→S. Die Formänderung kann dabei — vom Bild der „*morphologischen Grundform*" (Kröger 1952 und 1953) auf demt raditionellen 2%igen Fleischwasseragar ausgegangen — durchaus bis zum Grenzfall des gegenteiligen Formtyps erfolgen.

Dabei zeigen einige der Nährböden eine für alle Stämme gleichsinnige Beeinflussung des morphologischen Formtyps, so Traubenzuckeragar, auf dem auch alle S-Formen rauh wuchsen, wie andererseits Löffl r-Serum auch die R-Formen glatt erscheinen läßt. Andere Nährböden ändern das Koloniebild nur bei einzelnen Stämmen, wobei zum Teil für einen Stamm ganz individuelle und paradox erscheinende Ergebnisse vorliegen können. Als Beispiel seien angeführt:

der Blutagar, auf dem die R-Form des Coli-Kauffmann-Stammes ganz besonders schön ausgeprägt wird, demgegenüber die R-Form des Coli-Kröger-Stammes hier fast glatt erscheint; oder

der Brillantgrünphenolrotagar, der einerseits die R-Form von S. Dublin praktisch glatt und zum anderen die S-Form von E. coli-Kauffmann rauh darstellt.

Mukosusform-
„Mutante“ des
Ro-Stammes

Ro-Stamm

Zwergform-
„Mutante“ des
Ro-Stammes

Ro-Stamm

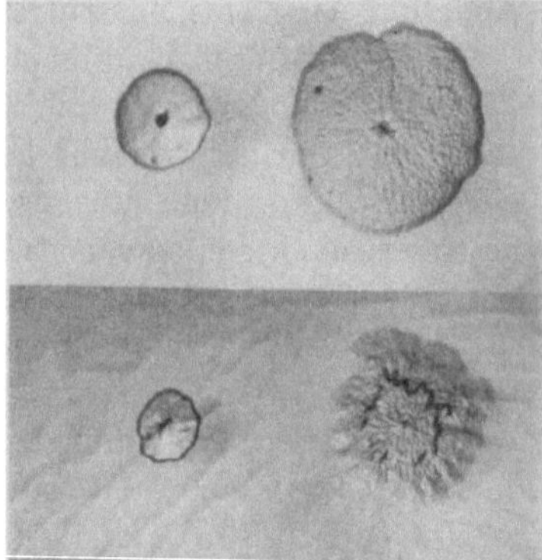

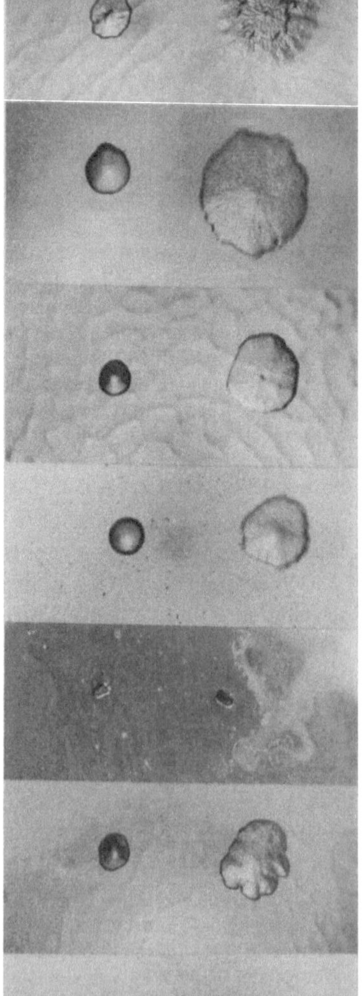

2% Fleischwasser-agar

1% Traubenzucker-agar

Blutagar

Endoagar

Brillantgrün-Phenolrot-agar

Wilson-Blair

Leifson-Agar

Löffler-Serum

a) Mukosusform nach Mäusepassage (S. Dublin-Caselitz-Row).

b) Zwergform nach Chloromycetinpassage (S. paratyph. B Kröger B I-Ro).

Abb. 16a und b. Beispiele zusätzlicher „genotypischer“ Abwandlung von Ro-Teststämmen.

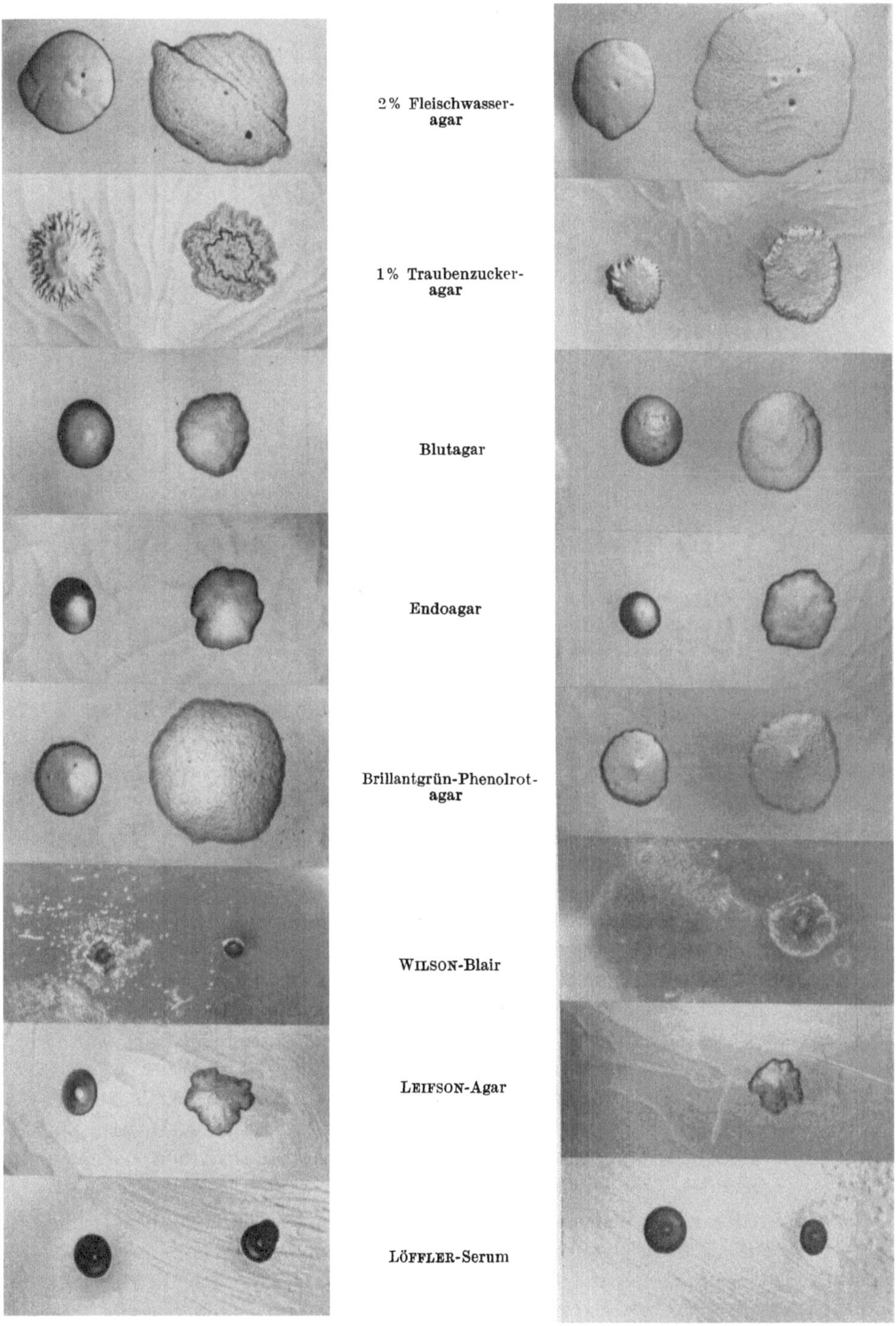

2% Fleischwasser-agar

1% Traubenzucker-agar

Blutagar

Endoagar

Brillantgrün-Phenolrot-agar

WILSON-Blair

LEIFSON-Agar

LÖFFLER-Serum

a) S. paratyph. B, Stamm Kröger B I.

b) S. paratyph. B, Stamm Kröger B II.

Abb. 17 a und b. Noch Beispiele von S/R-Abwandlungen als „Modifikation“.

Tabelle 22. *S/R- und O/o-Eigenschaften von Teststammpaaren gramnegativer Darmbakterien bei Nährbodenwechsel.*

() = Kolonie morphologisch nicht ganz S oder R, **R** oder **S** = besonders glatt oder rauh.

Stamm	Formtyp	2% ig r Fleischwasseragar	1% iger Traubenzuckeragar	Blutagar	Endoagar	Brill.-grünphenolrotagar	Wismutsulfitagar	Desoxycholatagar	Löffler-Serum	Eiernährboden
E. coli Kauffmann O 18-Gr.	SO Ro- Ro(w)	SO **R**o	SO **R**o	SO **R**o	SO So	RO **R**o	— —	— —	uO RO	SO So
S. paratyph. B. Kröger:										
B I	SO Ro	SO Ro	**R**O Ro	SO (S)o	SO (S)o	SO **R**o	SO Sȯ	SO Ro	SO So	SO **R**o
B II	SO RΩ	(S)O **R**Ω	**R**O RΩ	(S)O (R)Ω	SO (R)Ω	(S)O **R**Ω	SO SΩ	— **R**Ω	SO SΩ	(S)O **R**Ω
B III	SO Ro	SO Ro	**R**O **R**o	(S)O (R)o	SO So	(S)O **R**o	SO So	RO Ro	SO So	SO So
S. Dublin-Caselitz	SO Ro(w)	(S)O Ro(w)	**R**O **R**o(w)	RO **R**o(w)	SO So(w)	(S)O Ro(w)	RO So(w)	RO Ro(w)	SO So(w)	SO Ro(w)
Sh. dysent. Prigge	RO Ro	(R)O Ro	RO **R**o	(R)O (R)o	(R)O (R)o	**R**O **R**o	— —	RO Ro	— So	SO So

Es ist weiterhin bemerkenswert, daß die 3 dem gleichen Salmonellakultur- und -serotyp angehörenden S. paratyph. B-Stämme I—III von den Nährböden morphologisch durchaus nicht immer in der gleichen Weise verändert werden (s. z. B. Spalte Blutagar).

Die hier noch besonders interessierenden *serologischen* Daten der kulturmorphologisch veränderten Stämme demonstriert die ergänzende Tabelle 23. Hier sind die Ergebnisse der serologischen Prüfung der auf Traubenzucker-, Blut- und 5%igem Fleischwasseragar (s. unten) wachsenden Kolonien eingetragen. Wie ersichtlich, hat sich der serologische Formtyp auch im Falle des morphologischen Formenwechsels in keinem Fall geändert.

Es ist demnach kein Zweifel, daß hier ein eindeutiger experimenteller Beweis morphologischen Formenwechsels bei unveränderter Antigenstruktur der Bakterien vorliegt. Der Formenwechsel ist dabei jedoch nur „phänotypisch" erfolgt, denn bei Rückverimpfung der auf anderen Nährsubstraten im morphologischen Formtyp veränderten Keime auf 2%igem Fleischwasseragar erscheint unverzüglich wieder die ursprünglich, d. h. „genotypisch" vorgezeichnete S- oder R-Form („morphologische Grundform" — Kröger 1952 und 1953). Der hier *mit der Sicherheit eines Experimentes* sich vollziehende Formenwechsel ist also eine „reversible" Variation (Boivin), wie dies auch bei manchen anderen nährbodenabhängigen bakteriellen Variationserscheinungen der Fall ist. Es handelt sich also nach den früher gegebenen Definitionen si cher nur um eine *Modifikation* und nicht etwa eine (gerichtete) Mutation.

Wenn in derartigen Versuchen eine Änderung der morphologischen Grundform (s. oben) nicht erfolgt, so ist eine solche jedoch nach den früheren Ausführungen dieses Kapitels prinzipiell ebenfalls möglich, wenn auch nicht mit der gleichen Sicherheit eines Experimentes. Demnach ist für den *morphologischen S/R-Formenwechsel* festzustellen, daß dieser in zweierlei verschiedener Art ablaufen kann: als sicher reversible und nur „phänotypisch" sich auswirkende

Tabelle 23. *Serologische Daten der Teststämme dieser Arbeit nach Ausimpfung auf Traubenzucker-, Blut- und 5%igem Fleischwasseragar.*

	B. coli Kauffmann		S. paratyph. B. Kröger						S. Dublin-Caselitz		Sh. dysent. Prigge	
			B I		B II		B III					
	SO	Row —Ro	SO	Ro	SO	RΩ	SO	Ro	SO	Row	16 O	58 o
					1%iger *Traubenzuckeragar*							
NaCl 0,1% . .	—	—	—	—	—	—	—	—	—	—	—	—
0,9% . .	—	±	—	—	—	—	—	±	—	+	—	+
3,5% . .	—	±	—	—	—	—	—	±	—	++	—	+
Homol. Anti-O-Serum . . .	+	+	+	—	+	+	+	—	+	—	+	—
					Blutagar							
NaCl 0,1% . .	—	—	—	—	—	—	—	—	—	—	—	—
0,9% . .	—	+	—	—	—	—	—	—	—	+	—	+
3,5% . .	—	+	—	+	—	+	—	+	—	++	—	+
Homol. Anti-O-Serum . . .	+	+	+	—	+	+	+	—	+	—	+	—
					5%iger *Fleischwasseragar*							
NaCl 0,1% . .	—	—	—	—	—	—	—	—	—	—	—	—
0,9% . .	—	+	—	—	—	±	—	±	—	±	—	+
3,5% . .	—	++	—	+	—	+	—	+	—	++	—	+—
Homol. Anti-O-Serum . . .	+	+	+	—	+	+	+	—	+	—	+	—

Modifikation, aber auch als im BOINVINschen Sinne irreversible, d. h. in der Art genotypischer Abwandlungen über den Phänotypus hinaus auch die morphologische Grundform auf 2—2,5% igem Fleischwasseragar („Genotypus") verändernde *Mutation.* Danach wird man den morphologischen S/R-Formenwechsel künftig in der BOIVINschen Systematik sowohl unter den „reversiblen" wie bei den „irreversiblen" Variationserscheinungen aufzuführen haben.

Mit dieser Klärung des Sachverhaltes dürften auch die früheren Deutungsschwierigkeiten mancher „unstabiler" (DESKOWITZ 1937) oder „pseudo-rough (oder -smooth-)"Formen (MALLMANN 1932, PAUL 1927) behoben sein. Diese Autoren beobachteten (DESKOWITZ und MALLMANN bei Salmonellen, PAUL bei Pneumokokken) bereits ebenso wie später BLAKE und TRASK 1933 (wieder bei Pneumokokken), STEENKEN 1940 (bei Tuberkelbakterien), WALKER und YOUMANS 1940 (bei Streptokokken), HAYAKAWA 1937, CROSSLEY und Mitarbeiter 1946 (erneut bei Salmonellen) sowie MØLLER 1948 bei Colibakterien, S/R-Modifikationen im Sinne der eben geschilderten Versuche, was ihnen aber das Bild der Variationsentstehung nicht zu klären, sondern nur zu verwirren schien. Auch in den Diskussionen über die Adaptation- und „Dauermodifikations"-Theorie (s. die Übersichten von BAERTHLEIN 1929, GOTSCHLICH 1929, DUBOS 1947, BRAUN 1947) sind den Gegnern dieser Variabilitätenlehre immer wieder Schwierigkeiten dadurch entstanden, daß sie dieses Nebeneinander der Möglichkeiten von Mutation *und* Modifikation für ein und dasselbe Merkmal wie hier die S/R-Variation nicht klar genug erkannten (vgl. auch MAYER 1938).

Es ist dann zu erwähnen, daß auch H. Schmidt (1950) schon von reversiblen und irreversiblem S/R-Formenwechsel spricht, jedoch ist hier der *antigene O/o-Strukturwechsel gemeint.* Für diesen dürfte jedoch — formtyp*reine* Kulturen vorausgesetzt — seine Einordnung nach dem Boivinschen Schema vorerst nur als „irreversible" Variationserscheinung in Frage kommen. Hierfür spricht auch die von Caselitz und Verfasser (s. Kapitel III, 2 und oben unter 1) erneut nachgewiesene Konstanz der im O-Antigen veränderten Formen (Ω—o-Formen), sowie die Diffizilität ihrer experimentellen Beeinflußbarkeit, die sichere und regelmäßige Ergebnisse bisher nicht erreichen ließ (s. oben unter 2). Ob darüber hinaus auch für den O/o-Formenwechsel etwa mit anderer als bisher geübter Methodik eine regelmäßig reversible, also nur den „serologischen Phänotypus" ändernde Variation möglich sein wird, bleibt abzuwarten. Bisher ist eine solche Möglichkeit mit der gleichen Exaktheit wie hier jetzt für den morphologischen S/R-Formenwechsel noch nicht bewiesen.

Für *andere Antigene* der gramnegativen Darmbakterien wäre bei dem Versuch einer Einbeziehung in das Boivinsche Variationsschema etwa beim *H-Antigen* der Salmonellen an folgendes zu denken: im Falle „diphasischer" Salmonellastämme (Wechselmöglichkeit des H-Antigens von der 1., „spezifischen", in die 2., „unspezifische", Phase) läge dann ein reversibler und nur den Phänotypus ändernder Wechsel in der serologischen Erscheinungsform vor, der auch experimentell mit gleicher Sicherheit und Regelmäßigkeit wie der morphologische S/R-Formenwechsel beeinflußt werden kann. Die hier mit „Phasenwechsel" bezeichnete Formänderung wäre dann im Sinne des Boivinschen Schemas eine Modifikation, ebenso die durch Nährbodenänderung jederzeit mögliche Beeinflußbarkeit der Geißelausbildung und damit der Nachweisbarkeit des H-Antigens („reversibler H/h-Formenwechsel"). Demgegenüber wäre ein Fehlen der H-Antigens — etwa durch echten Geißelverlust wie z. B. bei S. typhi O 901 — als „irreversibler H/h-Formenwechsel" zu kennzeichnen.

Abschließend für dieses Kapitel seien als Beispiele bei anderen Versuchen mit RO-*Formen* des Verfassers ebenfalls vorgekommener, auch die *morphologische Grundform verändernder* („genotypischer") Formenwandlungen angeführt (Kröger 1952 und 1953):

eine *Mucosus*-Form (Sonnenschein 1928, Habs und Blau 1933) nach Mäuseverfütterung der Ro-Form von S. Dublin-Caselitz — s. Abb. 16a,

eine *Zwergform* (s. Schluß des Kapitels IX) — nach von Jensen und Woratz (1952) durchgeführten längeren Hühnerei- und Chloromycetinpassagen der Ro-Form von S. paratyph. B-Kröger B I (Kröger 1953 — s. Abb. 16b).

Es ist dann noch darauf hinzuweisen, daß etwa gleichzeitig, jedoch unabhängig von den geschilderten Versuchen des Verf., auch Heymann (1952) die mögliche Abhängigkeit des S/R-Formenwechsels vom Nährboden festgestellt hat. Von ihm wurden O-, Ω- und o-Formen von Sh. Flexneri auf gewöhnlichem Fleischwasseragar verschiedener Agarkonzentrationen geprüft mit der Schlußfolgerung, daß nur für Nährböden „mittlerer Agarkonzentration die Bezeichnung Glatt für die O- und Rauh für die o-Form zutreffend und im übrigen auch der Endotoxingehalt der Erreger von Einfluß sei. Wenn diese Feststellung nach den obigen Variationsversuchen mit den verschiedenen diagnostischen Nährböden, wie auch nach den sonstigen geschilderten Feststellungen (einschließlich Takita 1937 für ebenfalls Sh. flexneri) über eine prinzipielle Unabhängigkeit von S/R- und O/o-Eigenschaft nicht stimmt, so ist Heymanns weitere Beobachtung richtig, daß nämlich auf feuchten Medien (0,85—1%ige Agarkonzentration) alle Formen glatt, und auf trockenem Agar (5%) alle rauh wüchsen. In einem Schema wurden die Versuchsergebnisse von Heymann wie folgt dargestellt (Tabelle 24).

Als Demonstration hierzu ist vorn das morphologische Bild der Teststammpaare dieser Arbeit auch auf 5%igem Fleischwasseragar beigefügt (s. Abb. 18). Wie ersichtlich, wechselten dabei die S-Formen in der Tat alle in die R-Form über.

Stämme in der „morphologischen Grundform“

R S

E. coli Kauffmann

S. paratyph. B Kröger B I

S. paratyph. B Kröger B II

S. paratyph. B Kröger B III

S. Dublin-Caselitz

Sh. dysent. Prigge

Abb. 18. Die Teststammpaare dieser Arbeit auf 5% Fleischwasseragar.

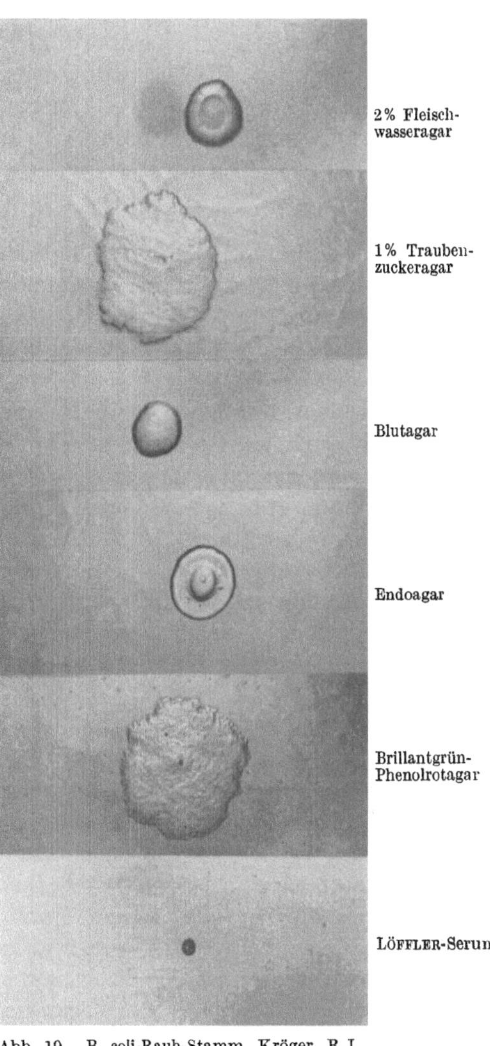

Abb. 19. B. coli-Rauh-Stamm Kröger R I (O/o-Eigenschaft nicht bekannt).

Abb. 18 und 19. Beispiele von S/R-Abwandlungen als „Modifikation“.

Tabelle 24.

	Agarkonzentration					
	0,85%	1%	2%	3%	4%	5%
O-Form	—	—	—	—	×××	×××[1]
Ω-Form	—	—	—	—	×××	×××
o-Form (w) . .	—	—	—	—	×××	×××
o-Form (k) . .	—	×××	×××	×××	×××	×××

[1] — = glatte Wuchsform, ××× = rauhe Wuchsform.

Wenn, wie erwähnt, Heymann auf Grund seiner Versuche die S/R-Kennzeichnung seiner Stämme ganz zugunsten einer O/o-Formenbezeichnung aufgibt, so dürften die Ausführungen und Ergebnisse gerade dieses Kapitels zur Genüge die Zweckmäßigkeit und darüber hinaus die Notwendigkeit der bereits eingangs von uns postulierten Beibehaltung der S/R-Bezeichnung zur Kennzeichnung des morphologischen Variationsgeschehens bei Ergänzung durch die O/o-Formenbezeichnung zur Kennzeichnung der antigenen Abwandlungen erwiesen haben.

XII. Zusammenfassung.

Werden zum Schluß der Abhandlung die Ausführungen der verschiedenen Kapitel nochmals in Kürze zusammengefaßt, so ergibt sich im wesentlichen wohl folgendes:

Es wurde zunächst das *Vorkommen* der bakteriellen Variationen S/R und O/o bei *verschiedenen* Bakterien beschrieben, später dabei jedoch nur noch gelegentlich auf diese Variation bei anderen Bakterien wie Pneumokokken, Streptokokken, Tuberkelbakterien o. a. zurückgekommen. Das Hauptanliegen der Arbeit waren diese *Variationen bei gramnegativen Darmbakterien.* Für diese wurden eingehend sowohl ihre morphologische Formausprägung (S/R) wie ihre somatischen Antigenverhältnisse (O/o- und „R"-Antigen) behandelt. Dabei wird die prinzipielle *Unabhängigkeit von S/R- und O/o-Eigenschaft voneinander* festgestellt und deshalb die Forderung nach *getrennter, streng sich auf die jeweils gemeinte morphologische oder serologische Variation beschränkende Kennzeichnung* erhoben (S/R *oder* O/o bzw. bei Abwandlung beider Variationen S/R *und* O/o).

Die *morphologische S/R-Variation* ist nach dieser Darstellung nicht an der einzelnen Bakterienzelle, auch nicht in der morphologischen Feinstruktur einer Kolonie, sondern nur als *Gruppen- oder Gemeinschaftskriterium* der Zellverbände im makroskopischen Koloniebild ersichtlich. Die morphologische Formtyp-*diagnose S oder R* wird schon aus Gründen der Logik nur nach dem Koloniebild auf 2—2,5%igem gewöhnlichem Fleischwasseragar (Erscheinungsbild in der *„morphologischen Grundform"*) gewünscht, dann aber auch, weil bereits einfache *Nährbodenveränderungen* (andere Agarkonzentrationen oder andere Nährbodensubstrate) den *Phänotypus S oder R abwandeln* können. In diesem Fall ist die im Versuch auch „mit der Sicherheit eines Experimentes" durchführbare S/R-Variation dann als „reversible Variation" (Boivin) eine *Modifikation,* demgegenüber aber auch noch eine experimentell in den Ergebnissen immer entsprechend unregelmäßige und unsichere Abwandlung des Merkmals S/R als „irreversible Variation" (Boivin), d. h. als *Mutation* möglich ist.

Die *antigene O/o-Variation* wird anders als die S/R-Variation *nur als Mutation* gesehen. Als Dokumentation serologischer Eigenschaften soll nach der Darstellung hier die *O/o-Formdiagnose* nur durch die Ergebnisse der *serologischen Prüfungen* (O-Agglutination, O-Agglutininbildung und -bindung, O-Präcipitation, O-Hemmungstest, O-Hämagglutinationshämolysetest) bestimmt sein, wobei für *Zwischenformen* zwischen O und o als ebenfalls „irreversible Variationen" als zweckmäßigere Bezeichnung Ω- und nicht „Halbglatt"- oder „Übergangsformen vorgeschlagen wird. Da das den o-Formen gemeinsame *unspezifische somatische Antigen* auch in den O-Formen bei Colibakterien und Salmonellen nachzuweisen ist, wird für dieses zum morphologischen S/R-Merkmal in keinem kausalen Zusammenhang stehende Antigen eine *andere als „R"-Kennzeichnung* empfohlen, zumal chemisch und serologisch engere Beziehungen dieses Antigens (von mindestens Protein-, vermutlich aber Lipoproteidcharakter) zur ebenfalls Lipoid- und Lipoproteidkomplexe darstellenden *cytoplasmatischen* Membran beider Zellformen zu vermuten sind. Die für die O/Ω/o-Formdiagnose häufig herangezogene *Salz- und Farbstoffempfindlichkeit* nicht in der O-Form vorliegender Bakterien wird als zur Formendifferenzierung *nur bedingt* geeignet dargestellt, wie auch der *Wirkungsmechanismus* dieser Empfindlichkeiten sowohl für den sog. Sedimentationstest wie die Agglutinabilität in basischen Farbstoffen erst noch weitere Aufklärung finden soll. Für eine *chemische* Differenzierung der O- und o-Formen werden wegen des *Fehlens formtypgebundener quantitativer Unterschiede im chemischen Stoffgruppengehalt* der Bakterien Teste wie die *Molisch-Reaktion oder die Reaktion mit Millons-Reagens nicht für geeignet gehalten,* statt dessen aber etwaige differentialdiagnostische Möglichkeiten feinanalytischer Methodiken wie die *papierchromatographische Analyse* hochgereinigter *Lipopolysaccharide* aus den O- und o-Formen diskutiert, da hier z. B. nur O-Formen bisher unbekannte, jedoch mit *hohen Rf-Werten* ausgezeichnete Zuckerbausteine aufwiesen.

Zu den Pathogenitätsmerkmalen der Formen wie *Virulenz, Toxicität, Pyrogenität* wird festgestellt, daß sie zur Unterscheidung von O/o-Formen nicht geeignet sind, da O-Formen wie unter natürlichen Bedingungen auch bei experimenteller Prüfung wie die o-Formen *avirulent* und beide Formen entsprechend der *prinzipiell möglichen Unabhängigkeit von Toxicitäts- und Pyrogenitätseigenschaft* (O- und o-Endotoxine) *vom O-Komplex* sowohl (unterschiedlich oder gleich) *toxisch oder nicht toxisch* wie auch *beide pyrogen* sein können. Auf die erwiesene Bedeutung des *Lipoid A-Anteils* der O-Lipopolysaccharide bei vorhandenem O-Komplex für die *toxischen* wie auch die *pyrogenen Komponenten O-endotoxinhaltiger O-Formen* wurde dabei hingewiesen, dem entsprechende Analysenergebnisse von o-Lipopolysacchariden bei Vorhandensein oder Fehlen von o-Endotoxinen in den *o-Formen* noch nicht gegenüberstehen.

Eine *aktive Schutzwirkung* gegen SO-Formen gramnegativer Darmbakterien wird nach aktiven Schutzversuchen bei Mäusen und Kaninchen auch durch Ro-Formen als im Prinzip *nicht unmöglich* dargestellt. Es erscheint jedoch notwendig, den Grad der dabei erfolgenden Beteiligung an der antiinfektiösen und der antitoxischen Komponente noch genauer zu ermitteln, da sonst für mindestens einen *besseren antiinfektiösen* Wirkungs*grad* der Schutzimpfung wie bei der Virulenz (gegen die er speziell gerichtet ist) der *O-Komplex* „wenn auch nicht allein ausreichend, so doch als eines der dabei notwendigen Erfordernisse" betrachtet wird. Für den mit O- *und* o-Formen (wenn auch graduell unterschiedlich) zu erreichenden antitoxischen Schutzeffekt gilt aber auch, daß wie o-Kompleximmunisierungen nicht immer gegen O-(Endotoxin-)Komplexe auch O-Kompleximmunisierungen nicht ohne weiteres gegen o-(Endotoxin-)Komplexe schützen müssen.

Von den geschilderten Beziehungen von *Sh. dysenteriae zu den menschlichen Blutgruppeneigenschaften* war anzuführen, daß diese sich nicht nur auf die Antinulleigenschaft beschränken, sondern in einer durch Immunisierung mit O- *und* o-Formen erreichbaren quantitativen Titersteigerung in Tierseren überhaupt bereits natürlich vorhandener Agglutinine bestehen.

Die Untersuchungen zur *Antibiotica- und Sulfonamidempfindlichkeit* gramnegativer Darmbakterien schließlich kommen entgegen bisherigen (vereinzelten) Literaturangaben nach Parallelversuche mit O- und o-Formen zu der Schlußfolgerung einer *Unabhängigkeit* dieser Eigenschaft vom O-Antigenkomplex der Bakterien, wie andererseits die Beziehungen von *Phagen* zum S/R- oder O/o-Merkmal der Bakterien über ihre Feststellung als *dissoziationsförderndes* Agenz hinaus noch weiterer Bearbeitung für wert gehalten werden.

Die Darstellung der Literatur wie der vorliegenden experimentellen Untersuchungsergebnisse dürfte somit erwiesen haben, daß Variationsstudien wie am Beispiel der S/R- und O/o-Varianten der gramnegativen und anderen Bakterien *wesentliche* Beiträge nicht nur zur Mikroben*genetik* und ebenso der Lehre über Bakterien*modifikationen*, sondern weiterhin auch zur *strukturellen* und *funktionellen* Bakterien*morphologie*, sowie zu manchen Problemen der *Pathogenese* und *Epidemiologie* der Infektionskrankheiten zu erbringen vermögen. Die bisherigen Bemühungen haben dabei die hier vorhandenen Möglichkeiten sicher noch nicht erschöpft, wie gerade auch hier wieder eine *Kombination morphologischer, chemischer und immunologischer Methodiken* sich in den *Parallelversuchen* mit „Normal"- und Variationsformen als besonders fruchtbar erwies.

Im übrigen unterstreichen die geschilderten Untersuchungen im Endergebnis unter anderem erneut auch die frühere Auffassung Boivins (1944), daß „man versucht sein könnte, die Bakterienzelle als ein einziges Riesenmolekül zu sehen", die auch „ihre ganz bestimmte physikochemische Struktur dadurch erhält, daß deren makromolekularen Bestandteile untereinander gebunden und gegenseitig orientiert sind, wobei ebenso relativ lockere primärchemische Bindungen im Spiel sind wie verschiedene sekundäre Kohäsionskräfte nach Art derjenigen von van der Waals. Dabei sollte man auch nicht mehr vom bakteriellen Antigen im Sinne eines chemisch genau definierten Individuums sprechen, das in die bakterielle Struktur eingebaut ist, sondern vielmehr von der antigenen *Funktion*, welche die einzelnen Stoffe innerhalb der strukturellen Ordnung an der Oberfläche des betreffenden Keims ausüben".

Literatur.

Adler, F. L.: Studies on the bactericidal reaction. J. of Immun. **70**, 69, 79 (1953).

Aichelburg, U., e M. Bogetti: Ricerche sulla dissociazione batterica nel gruppo dei bacilli metadissenterici (Castellani). Boll. Ist. sieroter. milan. **13**, 270 (1934).

Alessandrini, A., e M. Sabatucci: La tripaflavina quale mezzo di differenzazione dei microbi des genere Brucella. Ann. Igiene **41**, 29—34 (1931).

Alexandre, A., e R. Cacchi: Phénomènes dissociatifs produits par le L. bulgaricum sur le B. typhique et sur les bactéries paratyphiques. Soc. Internaz. Microbiol. Boll. Sez. Ital. **10**, 298 (1938).

Almaden, P. J.: The mucoid phase in dissociation of the gonococcus. J. Inf. Dis. **62**, 36 (1938).

Alloway, J. L.: (1) The transformation in vitro of R-pneumococci in S-forms of different specific types by the use of filtered pneumococcus extracts. J. of Exper. Med. **55**, 91 (1932).
— (2) Further observations on the use of pneumococcus extracts in effecting transformation of type in vitro. J. of Exper. Med. **57**, 265 (1933).

Almon, L.: The significance of the Vi antigen. Bacter. Rev. **7**, 43 (1943).

ALTSCHULE, Z. B., B. H. PARKHURST and E. PROMISEL: Effects of intraveneous injection of typhoid vaccine on blood leukocytes and adrenal cortex. Arch. Int. Med. **85**, 505 (1950).

ANDERSON, E. S., and FELIX, A.: Variation in Vi-phase II of Salmonella typhi. Nature (Lond.) **170**, **4325**, **492** (1952).

ANDINA u. O. ALLEMANN: Über die Bedeutung der Resistenzprüfung pathogener Mikroorganismen in vitro und deren Beurteilung für die therapeutische Praxis. „Gezielte antibakterielle Behandlung". Ther. Umschau **7** (1950).

ARCHER, G. T. L.: Factor inhibiting agglutination of Bact. alkalescens by homologous serums. J. Roy. Army Med. Corps **79**, 109 (1942). Zit. nach FELIX (2), S. 573.

ARKWRIGHT, J. A.: (1) Variation in bacteria in relation to agglutination by salts and by specific sera. J. of Path. **23**, 358 (1920).

— (2) Variation of bacteria in relation to agglutination both by salts and specific serum. J. of Path. **24**, 36 (1921).

— (3) The value of different kinds of antigen in prophylactic „enteric" vaccines. J. of Path. **30**, 345 (1927).

— (4) The source and characteristics of certain cultures sensitive to bacteriophage. Brit. J. Exper. Path. **5**, 23 (1924).

— (5) Variation. In: A System of Bacteriol., Med. Res. Counc. Lond. His Majesty's Stat. Off. **1**, 311 (1931).

—, and PITT: The effect of growing smooth and rough cultures in serum. J. of Path. **32**, 229 (1929).

ARMANGUE, M.: Sur la conversation de l'antigène „Vi" chez les E. typhosa tués. Sur les sérums anti-typhiques type „Vi" et leur conversation. Schweiz. Z. Path. u. Bakter. **6**, 81 (1943). Zit. nach H. SCHMIDT, S. 122.

—, u. O. DEDIE: Schweiz. Z. Path. u. Bakter. **7**, 373 (1940). Zit. nach H. SCHMIDT S. 106.

ASSELINEAU, J., u. E. LEDERER: Chimie des lipides bactériens. Fortschr. Chem. organ. Naturstoffe 10, 170—273 (1953).

AUSTRIAN, R.: (1) Morphologie variation in pneumococcus. I. An analysis of the bases for morphologic variation in pneumococcus and description of a hitherto undifined morphologic variant. J. of Exper. Med. **98**, 21 (1953).

— (2) II. Control of pneumococcal morphology through transformation reactions. J. of Exper. Med. **98**, 35 (1953).

—, and C. M. MACLEOD: A type specific protein from pneumococcus. J. of Exper. Med. **89**, 439 (1949).

AVERY, O. T.: Naturwiss. **21**, 777 (1933).

—, C. M. MCLEOD and M. MCCARTY: Studies on the chemical nature of the substance inducing transformation of pneumococcal types. J. of Exper. Med. **79**, 137 (1944).

AVI-DOR, Y., and H. YANIV: Relation between changes in the stability of pasteurella tularensis suspensions and in its bacterial population. I. The stability of suspensions of Pasteurella Tularensis in the presence of electrolytes. J. Bacter. **1**, **1** (1953).

BACON, G. A., T. W. BURROWS and M. YATES: The effects of biochemical mutation on the virulence of bacterium typhosum: The loss of virulence of certain mutants. Brit. J. Exper. Path. **32**, 85 (1951).

BADER, R. E.: Die Typhus-Paratyphus-Enteritis-Gruppe (Die Salmonella-Gruppe). Erg. Hyg. **26**, 235 (1949).

—, u. H. KLEINMAYER: Über ein neuartiges thermolabiles Körperantigen bei gramnegativen Darmbakterien. Z. Hyg. **135**, 434 (1952).

BAER, H., J. K. BRINGAZE and J. MCNAMEE: The effect of the dose of bacterial polysaccharide antigen on antibody production in mice. J. Bacter. **67**, 1 (1954).

BAERTHLEIN, K.: (1) Über Mutationserscheinungen bei Bakterien. Berl. klin. Wschr. **1911**, 373.

— (2) Über bakterielle Variabilität, insbesondere sogenannte Bakterienmutationen. Zbl. Bacter. I Orig. **81**, 369 (1918).

— (3) Abdominaltyphus. In Handbuch der pathologischen Mikroorganismen, Bd. III/2, S. 1175. 1931.

BAILEY, W. R. A.: The effect of p_H on the agglutination of Salmonella typhosa in juman and rabbit antisera. Canad. J. Publ. Health **42**, 336 (1951).

Baker, E. E., W. F. Goebel and E. Perlman: The specific antigens of variants of Shigella Sonnei. J. of Exper. Med. **89**, 325 (1949).

Balteanu, J.: The receptor structure of vibrio cholerae (vibrio comma) with observations on variations in cholera and cholera-like organisms. J. of Path. **29**, 251 (1926).

Bammer, H., u. V. Martini: Neurovegenerative Wirkung von Pyrogenen. Pflügers Arch. **257**, 308 (1953).

Banic, St.: Über die Hypothese von den reversen Mutationen der Bakterien. Schweiz. Z. Path. u. Bakter. **16**, 1 (1953).

Barber, F. W., and W. C. Frazier: Dissociants of lactobacilli. J. Bacter. **50**, 637 (1945).

Barg, G.: Antigenic structure of B. botulinus. Mikrobiol. Zhur. **7**, 63 (1940).

Barthelmess, A.: Mutationsauslösung mit Chemikalien. Naturwiss. **22**, 583 (1953).

Batson, H. C., M. Landy and A. Abrams: Avirulent isolate of Salmonella typhosa 58 (Panama carrier). Publ. Health. Rep. 64, **1949**, 671. Zit. nach Felix u. Pitt S. 108.

—, and M. Brown and M. Landy: Determination of differences in virulence of strains of Salmonella typhosa. J. of Exper. Med. **91**, 219 (1950). Zit. nach Felix u. Pitt, S. 108.

—, and M. Landy and M. Brown: The virulence and immugenecity of strains derived from Salmonella typhosa 58 (Panama Carrier). J. of Exper. Med. **91**, 231 (1950). Zit. nach Felix u. Pitt, S. 108.

Bauch, R.: Über inagglutinable Stämme des Bacterium dysenteriae (Shiga-Kruse). Zbl. Bakter. I Orig. **82**, 228 (1918).

Bavastrelly, L., e F. Cassata: Risposta immunitavia di conigli alla inoculazione di ceppi di S. typhi resi resistenti in vitro al cloroamfenicolo. Boll. Soc. ital. Biol. sper. **28**, 1 (1952).

Bechhold, H.: Die Ausflockung von Suspensionen bzw. Kolloiden und die Bakterienagglutination. Z. physik. Chem. **48**, 385 (1904).

Beck, L. V., and M. Fisher: Physiological studies on tumor-inhibiting agents; effect on rectal temperature in normal rabbits of Serratia marcescens tumor-necrotiping polysaccharide of Shear. Cancer Res. **6**, 410 (1946).

Béguin, S., et J. Grabar: (1) Etudes sur les formes rugueuses des Salmonelles. Ann. Inst. Pasteur **83**, 539 (1952).

— (2) Etudes sur les formes rugueuses des Salmonelles. Ann. Inst. Pasteur **84**, 723 (1953).

Beijerinck, M. W.: (1) Mutation bei Mikroben. Versl. Akad. Wetensch. Amsterd., Wis-en natuurkd. Afd. **9**, 310 (1901).

— (2) Mutation bei Mikroben. Folia Microbiol. **1**, 4 (1912).

Bennett, I. L.: Observations of the fever caused by bacterial pyrogens. J. of Exper. Med. 88, 267 (1948).

—, J. L., and P. B. Beeson: The properties and biologic effects of bacterial pyrogens. Medicine (Baltimore) **29**, 365 (1950).

— L. B. Guze and E. Roberts: The effect of a bacterial pyrogen upon the experimental cardiovacular and venal lesions of anaphylactic hypersensitivity. J. Labor. a. Clin. Med. **41**, 559 (1953).

Berglund, K., u. A. Fagracus: Die Wirkung von Cortison auf die Antikörperbildung. Dtsch. Gesundheitswesen **6**, 195 (1954).

Bergmann, H. u. Mitarb.: Der Einfluß bakterieller Pyrogene (Lipopolysaccharide) auf die Phagocytoseaktivität der Granulocyten und auf die elektrische Oberflächenladung menschlicher Blutzellen in vivo. Klin. Wschr. **1954**, 21/22, 500.

Bergström, S., H. Theorell and H. Davide: Pyolipic acid, a metabolic product of Pseudomonas pyocyanea, active against Mycobacterium Tuberkulosis. Arch. of Biochem. **10**, 165 (1946). — Ark. Kem. Mineral. Biol., Ser. A **23**, Nr 13 (1946).

Bernhardt, G.: Beiträge zur Morphologie und Biologie der Ruhrbakterien. Z. Hyg. **71**, 229 (1912).

Bertani, G.: A method for detection of mutations, using streptomycin dependence in Escherichia coli. Genetics **36**, 598 (1951).

Bettencourt, N. de: Etude sur les types „S et R“ de l'Eberthella typhi. Arqu. Inst. bacter. Câmara Pestana **6**, 11 (1931).

Beurey, J., et E. de Laveragne: Oestogènes et productio d'agglutinines typhiques chez le lapin. C. r. Soc. Biol. Paris **1952**.

BHATHAGAR, S. S., C. G. J. SPEECHLY and M. SINGH: A Vi variant of Salmonella typhi and its application to the serology of typhoid fever. J. of Hyg. **38**, 663 (1938).

BIELING, R., u. L. OELRICHS: Über die paradoxe Immunisierungswirkung von Typhus-Impfstoff. Z. Immun.forsch. **95**, 57 (1939).

BIGGER, J. W., C. R. BOLAND and R. A. Q. O'MEARA: (1) Variant colonies of staphylococcus aureus. J. of Path. **30**, 261 (1927).

— (2) A new method of preparing staphylococcal haemolysin. J. of Path. **30**, 271 (1927).

BILLAUDELLE, H.: Experimentelle Erwerbung neuer serologischer Eigenschaften von Bakterien durch Züchtung in heterologen Kulturfiltraten. Z. Immun.forsch. **107**, 356 (1950).

BINKLEY u. GOEBEL u. Mitarb.: Nach HELMERT u. HEYMANN 1953, und WESTPHAL u. LÜDERITZ 1953.

BINKLEY, F., W. F. GOEBEL and E. PERLMAN: Studies on Flexner group of dysentery bacilli; chemical degradation of specific antigen of typ Z Shigella paradysenteriae (Flexner). J. of Exper. Med. **81**, 331 (1945).

BISSET, K. A.: (1) The structure and mode of growth of bacterial colonies morphologically intermediate between R and S forms. J. of Path. **49**, 491 (1939).

— (2) The structure of „rough“ and „smooth“ colonies. J. of Path. **47**, 223 (1938).

— (3) The Cytology and Life-History of Bacteria. Edinburgh: Livingstone 1950.

— (4) Bacteria. Edinburgh: Livingstone 1952.

— (5) Some relationships between Morphology and Antigenic structure in Bacteria. Nature (Lond.) **171**, 1118 (1953).

— (6) Some relationships between morphology and antigenic structure in bacteria. Nature (Lond.) **171**, 1118 (1953).

BISTER, F., u. F. J. GEKS: Beitrag zur pyrogenen Wirkung von Reizstoffen. Z. Naturforsch. 8b, 667 (1953).

BLAKE, F. G., and J. D. TRASK: Pneumococcus variants intermediate between the S and R forms. J. Bacter. **25**, 289 (1933).

BOECKER, E.: Praktische Diagnostik der Bazillen der Typhus-Paratyphus-Enteritis-Gruppe, der Ruhr-Gruppe und der Coli-Gruppe. Jena: Gustav Fischer 1948.

BOIVIN, A.: (1) Sur le fractionement par ultrazentrifugation de l'antigène O-endotoxine du bacille d'Eberth. C. r. Acad. Sci. Paris **209**, 416 (1939).

— (2) Sur l'existence d'un antigène somatique non protéique commun aux variantes smooth et rough des salmonella. C. r. Acad. Sci. Paris **209**, 494 (1939).

— (3) C. r. Soc. Biol. Paris **131**, 867 (1939).

— (4) Sur les rapports qui existent entre la virulence la structure antigéneique des salmonella. C. r. Soc. Biol. Paris **132**, 370 (1939).

— (5) Action comparée des deux toxines du bacille de Shiga sur diverses espèces animales. C. r. Soc. Biol. Paris **133**, 252 (1940).

— (6) Sur le passage de la variante lisse à la variante rugueuse chez les bactéries à „gram-négativ“ et plus spécialement chez les salmonella. C. r. Soc. Biol. Paris **135**, 487 (1941).

— (7) Sur la reversion de la forme rugueuse (rough) en forme lisse (smooth) et sur la stabilité des types sérologiques (antigène O) chez les salmonella. C. r. Soc. Biol. Paris **135**, 796 (1941).

— (8) Sur la complexité de la structure antigénique (antigènes somatiques) du bacille typhique. C. r. soc. Biol. Paris **135**, 800 (1941).

— (9) Revue d'Immunol. **6**, 1 (1940).

— (10) Les deux toxins du bacille de Shiga et leur place dans la classification générale des toxines bactériennes. Revue d'Immunol. **6**, 86 (1940).

— (11) Virulence, structure antigénique et „équipement toxique“ des salmonella. Revue d'Immunol. **6**, 273 (1940/41).

— (12) Pouvoir vaccinant et structure antigénique des salmonella. Revue d'Immunol. **7**, **16** (1942).

— (13) Bull. Soc. Clin. Biol. **23**, 12 (1941).

— (14) Constitution antigénique, virulence et pouvoir vaccinant du bacille typhique. Bull. Acad. Méd. Paris **124**, 145 (1941).

— (15) Ann. Inst. Pasteur **61**, 426 (1938).

Boivin, A.: (16) Sur le déterminisme de la virulence chez les bactéries. Ann. Inst. Pasteur **67**, 377 (1941).
— (17) Variations bactériennes et antigènes O. C. r. Soc. Biol. Paris **136**, 478 (1942).
— L. Corre et Y. Lehoult: (1) Sur l'impossibilité de tracer entre les salmonella et les colibacilles quelque frontière absolne basée sur la spécificité des antigènes somatiques. C. r. Soc. Biol. Paris **136**, 432 (1942).
— — — (2) Sur la dégradation de la structure antigénique des colibacilles. C. r. Soc. Biol. Paris **137**, 42 (1943).
—, et A. Delaunay: (1) Sur l'existence chez le bacille de Shiga de variantes, très inégalement riches en antigène glucèdo-lipidique et en neurotoxine. C. r. Soc. Biol. Paris **132**, 413 (1939).
— — (2) Sur le compertement comparé des deux toxines du bacille de Shiga, à l'égard des anticorps correspondants. C. r. Soc. Biol. Paris **133**, 376 (1940).
— — (3) Bull. Acad. Med. **128**, 357 (1944).
— — et R. Sarciron: Sur la libération de l'antigène glucido-lipidique et de la neurotoxine par les cellules mortes du bacille de Shiga. C. r. Soc. Biol. Paris **134**, 361 (1940).
— — R. Vendrely u. J. Lehoult: L'acide thymonucléique polymerisé, principe paraissant susceptible de déterminer la specifité sérologique et l'equipment enzymatique des bactéries. Signification pour la biochemie de l'hérédité. Experientia (Basel) **1**, 334 (1945).
— Y. Izard et R. Sarciron: Recherches sur les antigènes somatiques du bacille typhique. Sur le rôle des antigènes glucido-lipidiques O et Vi dans la virulence du bacille d'Eberth et sur la valeur antiinfectieuse des anticorps correspondants. C. r. Soc. Biol. Paris **131**, 870 (1939).
—, et L. Mesrobeanu: (1) Extractron d'un complaxe toxique et antigénique a parativ du bacille d'tertrycke. C. r. Soc. Biol. Paris **114**, 307 (1933).
— — (2) L'antigène „complet“, constituant acidosoluble de l'endotoxine renfermée dans les formes S du bacille d'tertryeke et du bacille de gaertner. C. r. Soc. Biol. Paris **118**, 614 (1935).
— — (3) Sur la composition chimique comparée des formes S et R du bacille d-tertrycke et du bacille de gaertner. C. r. Soc. Biol. Paris **118**, 727 (1935).
— — (4) Recherches sur les antigènes somatiques du bacille typhique. Sur la nature chimique des antigènes „O“ et „Vi“. C. r. Soc. Biol. Paris **128**, 5 (1938).
— — (5) Recherches sur les antigènes somatiques du bacille typhique. Sur quelques propriétés biologiques comparées des antigènes „O“ et „Vi“. C. r. Soc. Biol. Paris **128**, 9 (1939).
— — (6) Sur la specificité qui se manifeste dans l'action immunisante anti-infectieuse des antigènes glucido-lipidiques (antigènes O). C. r. Soc. Biol. Paris **128**, 358 (1938).
— — (7) Recherches sur les antigènes somatiques du bacille typhique. Sur l'action immunisante antiendotoxique des deux complexes glucido-lipidiques qui répresentent les antigènes O et Vi du Bacille d'Eberth. C. r. Soc. Biol. Paris **128**, 835 (1938).
— — (8) Recherches sur les antigènes somatiques du bacille typhique. Sur l'action immunisante anti-infectieuse des deux complexes glucido-lipidiques qui représentent les antigenes O et Vi du bacille d'Eberth. C. r. Soc. Biol. Paris **128**, 837 (1938).
— — (9) Recherches sur les antigènes somatiques et sur les endotoxines des bactéries. I. Considérations générales et exposé des techniques utilisées. Revue d'Immunol. **1**, 553 (1935).
— — (10) Recherches sur les antigènes somatiques et sur les endotoxines des bactéries. Revue d'Immunol. **1**, 113 (1936).
— — (11) Les antigènes somatiques et flagellaires des bactéries. Ann. Inst. Pasteur **61**, 426 (1938).
— — (12) Recherches sur les toxines des bacilles dysentériques. Sur la nature et sur les propriétés biologiques des principes toxiques susceptibles de se rencontrer dans les filtrats des cultures dur bouillon du bacille de Shiga. C. r. Soc. Biol. Paris **124**, 442 (1937).
— — (13) Recherches sur les toxines des bacilles dysentériques. Sur le pouvoir protecteur antitoxique des sérums obtentus en injectant à l'antimal l'endotoxine-antigène O du bacille de Shiga et du bacille de Flexner. C. r. Soc. Biol. Paris **125**, 796 (1937).
— — (14) Recherches sur les toxines des bacilles dysentériques. Su l'existence d'un principe toxique thermolabile et neurotrope dans les corps bactériens du bacille de Shiga. C. r. Soc. Biol. Paris **126**, 222 (1937).

Boivin, A. et L. Mesrobeanu: (15) Recherches sur les toxines des bacilles dysentériques. Sur l'identité entre la toxine thermolabile et neurotrope des corps bactériens du bacille de Shiga et l'exotoxine présente dans les filtrats des cultures sur bouillon de la même bactérie. C. r. Soc. Biol. Paris **126**, 323 (1937).

— — (16) Recherches sur les toxines du bacille dysentérique. Sur la signification des toxines produites par le bacille de Shiga et par le bacille de Flexner. C. r. Soc. Biol. Paris **126**, 652 (1937).

— — (17) Récherches sur les antigènes somatiques et sur les endotoxines des bactéries: antigène somatique o „complet" et variations bactériennes. Rev. d'Immunol. **3**, 319 (1937).

— R. Vendrely et R. Tulasne: Arch. Soc. physiol. **1**, 35 (1947).

Bordet, P.: (1) Transformation réversible de type „Smooth" en type „Rough" par abaissement de la temperature de culture; ses consequences au point de vue des caractères antigéniques de la sensibilité à l'aléxine. Bull. Acad. roy. Méd. Belg. **6**, 258 (1940).

— (2) Antibiotika-Resistenz. Dtsch. med. Wschr. **1952**. (Kleine Mitteilungen.)

—, et J. Beumer: Antibiotiques et Bacteriophages. Bull. Acad. roy. Méd. Belg. **3**, 116 (1949).

Bornstein, S.: The state of the salmonella problem. J. of Immun. **46**, 439 (1943).

Boroff, D. A.: Study on toxins and antigens of shigella dysenteriae. J. Bacter. **57**, 617 (1949).

—, J. A., and B. P. Macri: Study on toxins and antigens of Shigella dysenteriae. II. Active protection of Rabbits with whole organisms and fractions of Shigella dysenteriae. J. Bacter. **58**, 387 (1949).

Boyd, J. S. K.: (1) The antigenic structure of the manitol-fermentating group of dysentery bacilli. J. of Hyg. **38**, 477 (1938).

— (2) Mutation in a Bacterial Virus. Nature (Lond.) **168**, 994 (1951).

Boyden, St. v.: Fixation of bacterial products by erythrocytes in vivo and by leucocytes. Nature (Lond.) **171**, 402 (1953).

—, u. W. E. Stuter: Stimulating effect of tuberculin upon production of circulating antibodies in Guinea pigs infected with tubercle bacilli. J. of Immun. **68**, 577 (1952).

Brandis, H.: Ergebnisse der Vi-Phagentypisierung. Klin. Wschr. **1953**, 869.

— Über Beziehungen zwischen Rauhform und Phagentyp. Vortrag 25. Kongr. Dtsch. Ges. für Hyg. u. Mikrobiol. 1955.

Branham, S. E., S. A. Carlin and D. B. Riggs: A comparison of the incidence of phases I and II of Shigella sonnei in cultures from acute infections and carriers. Amer. J. Publ. Health. **42**, 11 (1952).

Braun, H. B., u. E. K. Unat: Über thermolabile Leibesantigene des Ruhrbazillus Flexner. 2. Mitteilung. Schweiz. Z. Path. u. Bakter. **6**, 142 (1943).

Braun, W.: (1) Factors controlling bacterial dissociation. Science (Lancaster, Pa.) **101**, 182 (1945).

— (2) Dissociation in Brucella abortus: A demonstration of the rôle of inherent and environmental factors in bacterial variation. J. Bacter. **51**, 327 (1946).

— (3) The effect of serum upon dissociation in Brucella abortus: A demonstration of the role of selective environments in bacterial variation. J. Bacter. **52**, 243 (1946).

— (4) Bacterial variation population dynamics, and selective environments. J. Bacter. **51**, 579 (1946).

— (5) Bacterial dissociation. A critical review of a phenomen of bacterial variation. Bakter. Rev. **11**, 75 (1947).

—, and A. Bonestell: Independent variation of characteristics in Brucella abortus variants and their detection (z. Zt. im Druck).

Braun, O. H., H. Specht, O. Lüderitz u. O. Westphal: Untersuchungen über die Endotoxine aus Dyspepsiecoli-Bakterien. Z. Hyg. **139**, 565 (1954).

Brauss, F. W., u. H. Berndt: Antigengewinnung mittels Ultraschall. Arch. f. Hyg. **134**, 211 (1951).

Brieger, L., u. M. Mayer: Weitere Versuche zur Darstellung spezifischer Substanzen aus Bakterien. Dtsch. med. Wschr. **1903**, 309.

Brisou, J., et P. Morand: Escherichia coli produit-il de l'hydrogène sulfure? Ann. Inst. Pasteur. **82**, 643 (1952).

Brossa, G. A.: Über die Agglutination von Bakterien durch Farbstoffe. Z. Immun.forsch. **37**, 221 (1923).
Brounst, G., et R. Jreissaty: Sensibilité des bacilles typho-paratyphiques aux différents antibiotiques. Etude expérimentale et application clinique. Sociétè Libano-Francaise de Médicine Séance du 30. Avril 1952.
Brown, M. H.: Criteria for the selection of suitable strains of B. typhosus for use in the preparation of typhoid vaccine. Canad. J. Publ. Health **27**, 171 (1936).
Buchwald, H.: Versuche zur Darstellung eines Ektotoxins von Schmitz-Ruhr. Z. Immun.-forsch. **96**, 445 (1939).
Buonmini, G., e G. T. Sicca: Il cosiddetto antigene Vi della S. paratyphi B. Boll. Ist. sieroter. milan. **31**, 9 (1952).
Burger, M.: Bacterial polysaccharides. Springfield Ill.: Ch. C. Thomas Publ. 1950.
Burnet, F. M.: (1) „Smooth-Rough" variation in bacteria in its relationship to bacteriophage. J. of Path. **32**, 15 (1929).
— (2) Further observations on the nature of bacterial resistance to bacteriophage. J. of Path. **32**, 349 (1929).
— (3) Bacteriophage activity and the antigenic structure of bacteria. J. of Path. **33**, 647 (1930).
Carlinfanti, E.: Die Disponibilität der Salmonellaantigene. Z. Immun.forsch. **101**, 339 (1942).
—, e L. Molina: Sui tenomeni dissociativi e subla struttura antigene della S. typhi 963 di Rauss. Boll. Ist. sieroter. milan. **21**, 349 (1942).
Carnochan, F. G., and C. N. W. Cumming: Immunization against salmonella infection in a breeding colony of mice. J. Inf. Dis. **90**, 242 (1952).
Caselitz, F. H.: (1) Der S- und R-Formenwechsel bei Salmonellabakterien ohne V-Antigen. Z. Hyg. **130**, 223 (1949).
— (2) Ultraschallwirkung bei Bakterien der Salmonellagruppe. Z. Hyg. **133**, 113 (1951).
— (3) Ein Beitrag zum S-R-Formenwechsel der Salmonellabakterien. Z. Immun.forsch. **109**, 149 (1951).
Cassata, F.: Prove di virulenza e di battericidia su stipiti di S. typhi caf — resistenti e caf — sensibili. Boll. Soc. ital. Biol. sper. **28**, 6 (1952).
Castellani, A.: Observations on typhoid vaccination in man with attenuated live cultures. Zbl. Bakter. I Orig. **52**, 92 (1909).
Castelli, G. D.: Boll. Ist. sieroter. milan. **12**, 3 (1934).
Cavalli, L. L.: Genetic analysis of drug-resistance. Bulletin WHO **6**, 1 (1952).
Cefalu, M.: Alcumi aspetti dell'immunità nelle infeziani da Shigelle. Boll. Ist. sieroter. milan. **31**, 9 (1952).
Chandler, C. A., L. D. Fothergill and J. H. Dingle: Studies on haemophilus influenza. II. A comparative study of the virulence of smooth, rough, and respiratory strains of haemophylus influenzae as determined by infection of mice with mucin suspensions of the organism. J. of Exper. Med. **66**, 789 (1937).
Chedid, L., F. Boyer et M. Saviard: Effect of cortisone on experimental infections with S. typhosa in mice. C. r. Acad. Sci. Paris **233**, 13 (1951).
Chevacci, L.: Varianti opache e diafane della „S. paratyphi C" e della „S. Ballerup". Giorn. Batter. **28**, 269 (1942).
Chinn, B. D.: Characteristics of small colony variants with special reference to Shigella paradysenteriae Sonne. J. Inf. Dis. **59**, 137 (1936).
Chiatellino, A., e G. Ravasini: Ricerche sulla dissociazone negli stafilococchi, Nota Ia. Agglutinaziom da tripaflavina e Gram resistenza degli stafilococchi nei focolai suppurativi. Boll. Ist. sieroter. milan. **13**, 815 (1934).
Christison, M. H.: Untersuchungen über das Vorkommen der 3 Typen (Typus gravis, intermedius und mitis) der Diphtheriebacillen in Berlin und deren Bedeutung. Zbl. Bakter. I Orig. **133**, 59 (1934).
Chu, H. P.: Variation of bacillus anthracis with special reference to the non-capsulated avirulent variant. J. of Hyg. **50**, 433 (1952).
Ciuca, M., L. Nesbrodeanu et G. Badenski: Variantes microbiennes du bacille d'Aertrycke et variabilité possible dans la constitution chimique de l'antigène somatique complet de ce germe. C. r. Acad. Sci. Paris **202**, 1314 (1936).

CLAUBERG, K. W.: (1) Versuch eines Antigenstrukturschemas für die Flexner-Y-Ruhrbazillen. Zbl. Bakter. I Orig. **124**, 23 (1932).
— (2) Über die Bakteriophagendiagnostik als Hilfsmittel für die Typendifferenzierung innerhalb der Ruhrbazillengruppe. Zbl. Bakter. I Orig. **124**, 29 (1932).
— (3) Zur Rezeptorenanalyse der Flexner-Y-Ruhrbazillen. Zbl. Bakter. I Orig. **128**, 269 (1933).
— (4) Disk. Mikrob. Kongreß Hamburg 1950. Zbl. Bakter. I Orig. **157**.
—, W. HELMREICH u. R. W. VIERTHALER: Zur Frage der Typenkonstanz bei den Diphtheriebazillen. Klin. Wschr. **1936**, 231.
CLIFF, L. E.: Studies of the effect of bacterial endotoxins on rabbit leucocytes. J. of Exper. Med. **98**, 349 (1953).
CMELIK, S.: (1) Zur Kenntnis der Lipoide aus den Cystenmembranen von Taenia Echinococcus. Z. physiol. Chem. **289**, 78 (1952).
— (2) Über Bakterienlipoide. 1. Die Lipoide von Salmonella typhi. Z. physiol. Chem. **290**, 146 (1952).
— (3) Über Bakterienlipoide. 2. Die Lipoide von Salmonella ballerup. Z. physiol. Chem. **293**, 222 (1953).
— (4) Ein antigenes Polysaccharid aus den Echinococcuscysten. Biochem. Z. **322**, 456 (1952).
COHN, E. J. u. Mitarb.: Preparation and properties of serum and plasma proteins. IV. A system for the separation into fractions of the protein and lipoprotein components of biological tissues and fluids. J. Amer. Chem. Soc. **68**, 459 (1946).
COLE, L. J., and W. H. WRIGHT: Application of the pure-line concept to bacteria. J. Inf. Dis. **19**, 209 (1916).
COLICHON, H., u. N. GULARDI: Typhoid carriers in Peru. Acad. peruana de Civ. **5**, 8 (1951).
COLWELL, C. A.: Small colony variants of Escherichia coli. J. Bacter. **52**, 417 (1946).
Co TUI, D. HOPE, M. H. SCHRIFT and J. POWERS: Purified pyrogen from Eberthella typhosa on preliminary report on its preparation and its chemical and biologic characteristics. J. Labor. a. Clin. Med. **29**, 58 (1944).
COWAN, M. L.: (1) Variation phenomena in streptococci: with special reference to colony form, haemolysin-production and virulence. Brit. J. Exper. Path. **3**, 187 (1922).
— (2) Variation phenomena in streptococci: further studies on virulence and immunity. Brit. J. Exper. Path. **4**, 241 (1923).
— (3) Variation phenomena in streptococci: further studies on virulence and immunity in mice and rabbits. Brit. J. Exper. Path. **5**, 226 (1924).
CRAIGIE, J., and K. F. BRANDON: The identification of the V and W forms of B. typhosus and the occurence of the V form in cases of typhoid fever and in carriers. J. of Path. **43**, 249 (1936).
—, and A. FELIX: Typing of typhoid bacilli with Vi Bacteriophage. Lancet **1947 I**, 823.
—, and C. H. YEN: The demonstration of types of B. typhosus by means of preparations of Type II V phage. The stability and epidemiological significance of V form types of B typhosus. Canad. J. Publ. Health **29**, 484 (1938).
CRONIN, M. R. I.: The colonial morphology in primary culture of strains of Mycobacterium tuberculosis var. hominis isolated from sputa. Irish. J. Med. Sci. **6**, 320 (1952).
CROSSLEY, V. M., M. FERGUSON and L. BRYDSON: The use of soluble starch medium in the preparation of smooth „O“ Salmonella antigens. J. Bacter. **52**, 367 (1946).
CUNDIFF, R. J., and H. R. MORGAN: The inhibition of the bactericidal power of human and animal sera by antigenic substances obtained from organisms of the typhoid-salmonella group. J. of Immun. **42**, 361 (1941).
CWIAKALA, A.: Wy stepowanie aglutynin dla antigenow salmonella w surowicach szczurow. Exper. Med. **10**, 1007 (1953).
DAGLEY, S., E. A. DAWES and G. A. MORRISON: Effect of aeration on p_H values of bacterial cultures. J. Bacter. **64**, 768 (1952).
—, and A. R. JOHNSON: The relation between lipid and polysaccharide contents of Bact. coli. Biochim. et Biophysica Acta **11**, 158 (1953).
DAHR, P.: (1) Beitrag zur Verbreitung des Anti-O (α_2)-Agglutinins. Klin. Wschr. **1939**, 471.
— (2) Techn. Blutgruppen- und Blutfaktoren-Bestimmung. Georg Thieme 1950.
D'ALLESSANDRO, G.: Antigene Vi e varianti della „Salmonella typhi“. Ann. Igiene **52**, 105 (1942).

Dambroviceanus, A., C. Combiesco et E. Soru: Action in vitro du bactériophage sur les propriétés du vibrion cholérique. C. r. Soc. Biol. Paris **115**, 1320 (1934).
Darvas, J., u. Ujhelyi: Studies on the purification of the antigensubstance of S. typhosa. Népegészségügy **33**, 3 (1952).
Davies, D. A. L., u. W. T. J. Morgan: 6. Internat. Kongr. für Mikrobiol., Rom 1953, Abstr. No 317, 1954 (im Druck).
Dawson, M. H.: (1) Dissociation of pneumococcus. A new colony variant. Proc. Soc. Exper. Biol. a. Med. **30**, 806 (1933).
— (2) Variation in the pneumococcus. J. of Path. **39**, 323 (1934).
— (3) Variation in the pneumococcus. J. of Path. **39** (1934).
—, L. Hobby and M. Olmstead: Variation in the hemolytic streptococci. J. Inf. Dis. **62**, 138 (1938).
—, and J. W. Todd: The assay of bacterial pyrogens. J. of Pharmacol. **4**, 972 (1952).
Dekker, W. A. L., C. van der Meer u. R. Th. Scholtens: The electrophoretic behaviour of Bacterium typhosum in relation to the changes of the antigenic structure observed in the smooth-rough variation. A. v. Leeuwenhoek **8**, 53 (1942).
Delaunay, A.: Mise en évidence d'une nouvelle propriété des antigènes glucido lipidiques, leur pouvoir leucopénisant. C. r. Soc. Biol. Paris **137**, 589 (1943). Zit. nach H. Schmidt S. 121.
Delbrück, M.: Spontaneous mutations of bacteria. Ann. Missouri Bot. Garden **32**, 223 (1945).
Demerec, M.: (1) Production of staphylococcus strains resistant to various concentrations of penicillin. Proc. Nat. Acad. Sci., U.S.A. **31**, 16 (1945).
— (2) Genetic aspects of changes in Staphylococcus aureus producing strains resistant to various concentrations of penicillin. Ann. Missouri Botan. Garden **32**, 131 (1945).
— (3) Induced mutations and possible mechanisms of the transmission of heredity in Escherichia coli. Proc. Nat. Acad. Sci. U.S.A. **32**, 36 (1946).
— (4) Origin of bacterial resistance to antibiotics. J. Bacter. **56**, 63 (1948).
Deskowitz, M. W.: Bacterial variation as studied in certain unstable variants. J. Bacter. **33**, 349 (1937).
Devi, P.: Mutations affecting the nutritional requirements of Aerobacter aerogenes induced by irradiation of dried cells. J. Gen. Microbiol. **5**, 781 (1951).
Dienes, L.: (1) L organisms of klieneberger and streptobacillus moniliformis. J. Inf. Dis. **65**, 24 (1939).
— (2) Origin of L type colonies in bacterial cultures. Proc. Soc. Exper. Biol. a. Med. **43**, 703 (1940).
— (3) The significance of the large bodies and the development of L type of colonies in bacterial cultures. J. Bacter. **44**, 37 (1942).
Digeon, M., M. Raynaud et A. Turpin: Etude de la toxine R_2 du bacille typhique (Eberthella typhosa). Ann. Inst. Pasteur **82**, 206 (1952).
Dische, Z., and L. B. Shettles: A specific color reaction of methylpentoses and a spectrophotometric micromethod for their determination. J. of Biol. Chem. **175**, 595 (1948).
— — and M. Osnos: New specific color reactions of hexoses and spectrophotometric micromethods for their determination. Arch. of Biochem. **22**, 169 (1949).
Downie, A. W.: The specific capsular polysaccharide of pneumococcus type I and the immunity which it induces in mice. J. of Path. **45**, 131 (1937).
Dubos, R. I.: (1) The Bact. cell, S. 51, 203, 204. Cambr. Mass., USA 1947.
— (2) Immunization of experimental animals with a soluble antigen extracted from pneumococci. J. of Exper. Med. **67**, 799 (1938).
— (3) The bacterial cell, S. 460. Cambridge, Mass: Harvard Univ. Press 1945.
— (4) Encymatic analysis of the antigene structure of pneumococci. Erg. Enzymforsch. 8, 135—148 (1939).
—, and J. W. Geiger: Preparation and properties of Shiga toxin and toxoid. J. of Exper. Med. **84**, 143 (1946).
Duff, D. C. B.: Dissociation in Bacillus salmonicida, with special reference to the appearance of a G form of culture. J. Bacter. **34**, 49 (1937).
Dyachenko, S.: Dissociation of typhoid bacillus and virulence antigen („Vi"-Antigen). Mikrobiol. Zhur. **6**, 100 (1939).
Eagle, H.: Bact. Prod. **56** (1951).

EATON, M. D.: Studies on pneumococcus variation. I. Variants characterized by rapid lysis and absence of normal growth under the routine method of cultivation. J. Bacter. **27**, 271 (1934).
EDLINGER, E.: (1) Etude de l'action de la chloromycétine sur la multiplication du bactériophage. Ann. Inst. Pasteur **81**, 514 (1951).
— (2) Die Lysotypie der Salmonella typhi und paratyphi B. Wiener. klin. Wschr. **1952**, 343.
—, et J. GIUNTINI: Bactériophgic du bacille typhique par quelques phages Vi observée au microscope électron que. Ann. Inst. Pasteur **84**, 969 (1953).
EDWARDS, P. R., M. G. WEST and D. W. BRUNER: (1) Serological classification of Arizona group of paracolon bacteria. J. Inf. Dis. **81**, 19 (1947).
— (2) Antigenic studies of a group paracolon bacteria (Bethesda group). J. Bacter. **55**, 711 (1947).
—, and W. H. EWING: The status of serologic typing in the family Enterobacteriaceae. Amer. J. Publ. Health. **42**, 6 (1952).
EIGELSBACH, H. T., W. BRAUN and R. D. HERNIG: Studies on the variation of Bacterium tularense. J. Bacter. **61**, 557 (1951).
EICHENBERG, E.: Nicht veröffentlicht.
EISENBERG, G. M., and N. H. SCHIMMEL: Inhibition of selected Vi-phage types of S. typhosa by Penicillin, chloramphenicol, aureomycin and terramycin. J. Philad. Gen. Hosp. **3**, 27 (1952).
EISENBERG, P.: Untersuchungen über die Variabilität der Bakterien. I. Über sporogene und asporogene Rassen des Milzbrandbacillus. Zbl. Bakter. I. Orig. **63**, 305 (1912).
EISENBERG, RH.: (1) Studium zur Ektoplasmatheorie. IV. Zur Theorie der Gramfestigkeit. Zbl. Bakter. I Orig. **56**, 193 (1910).
— (2) Untersuchungen über die Variabilität der Bakterien. Über den Variationskreis des B. prodigiosum und B. violaceum. Zbl. Bakter. I Orig. **73**, 449 (1914).
— (3) Über spezifische Adsorption von Bakterien. Zbl. Bakter. I Orig. **81**, 72 (1919).
— (4) Über Säureagglutination von Bakterien und über chemische Agglutination im allgemeinen. I. Mitteilung: Über die diagnostische Verwendbarkeit der Säureagglutination. Zbl. Bakter. I Orig. **83**, 70 (1919).
— (5) Über Säureagglutination von Bakterien und über chemische Agglutination im allgemeinen. II. Mitteilung: Über den Mechanismus der Säureagglutination. Zbl. Bakter. I Orig. **83**, 472 (1919).
— (6) Über Säureagglutination von Bakterien und über chemische Agglutination im allgemeinen. III. Mitteilung: Über die sogenannte chemische Agglutination. Zbl. Bakter. I Orig. **83**, 561 (1919).
EISLER, M.: Über Beziehungen der Blutantigene in Paratyphus B und Dysenterie-Shigabakterien zu gewissen tierischen Zellen und menschlichen Erythrocyten. Z. Immun.forsch. **73**, 392 (1931/32).
ENDERLEIN, G.: Bakterienenzyklogenie. Prolegomena zu Untersuchungen über Bau, geschlechtliche und ungeschlechtliche Fortpflanzung und Entwicklung der Bakterien. Berlin-Leipzig: W. de Gruyter & Co. 1925.
ENGELS, W.: Über die Verwendbarkeit des Chrysoidins bei der Choleradiagnostik. Zbl. Bakter. I Orig. **21**, 81 (1897).
ENGLEY, F. B.: The neurotoxin of Sh. dysenteria (Shiga). Bakter. Rev. **16**, 153 (1952).
ESCHE, P. VOR DEM: Über die Umwandlung typischer Paratyphus-B-Bazillen einer Keimträgerin in Mukosusformen während einer Autovakzinetherapie. Z. Immun.forsch. **98**, 75 (1940).
EWING, W. H.: Shigella nomenclature. J. Bacter. **57**, 633 (1949).
— P. R. EDWARDS and M. C. HUCKS: Thermolabile antigens of Shigella boydii, 2 cultures with special reference to an encapsulated culture. Proc. Soc. Exper. Biol. a. Med. **78**, 100 (1951).
FAGRAEUS, A.: Aktuelle Gesichtspunkte zur Antikörperbildung. Dtsch. Gesundheitswesen **39**, 84 (1953).
FARR: Nach O. WESTPHAL 1952.
FELDSTEIN, R. H.: Variability of Bacillus dysenteriae Shiga under the influence of bacteriophage and immune serum. Mikrobiol. Zhur. (Kiev) **7**, 109 (1940).

Felix, A.: (1) Disk. in Nature of Bact. Surf. Oxford 1949. S. 26.
— (2) The properties of different Salmonella Vi antigens. J. of Hyg. **50**, 515 (1952).
— (3) The Vi antigen of Salmonella paratyphi A. J. of Hyg. **4**, 540 (1952).
— (4) The Vi antigen of Salmonella paratyphi B. J. of Hyg. **4**, 550 (1952).
— (5) The serological classification of bacteriaceae. J. Hyg. **50**, 558 (1952).
—, and E. S. Anderson: Bacteriophage, virulence and agglutination test with a strain of Salmonella typhi of low virulence. J. Hyg. Camb. **1951/52**.
—, and S. S. Bathnagar: (1) Brit. J. Exper. Path. **15**, 346 (1934).
— — (2) Further observations on the properties of the Vi antigen of B. typhosus and its corresponding antibody. Brit. J. Exper. Path. **16**, 422 (1935).
—, and B. R. Callow: Typing of paratyphoid B Bacilli by means of V_i bacteriophage. Brit. Med. J. **1943**, 127.
—, and L. Olitzki: The use of preserved bacterial suspensions for the agglutination test. With special reference to the enteric fevers and typhus fevers. J. Hyg. Camb. 28, 55 (1926).
—, and M. Pitt: (1) Virulence of B. typhosus and resistance to O antibody. J. of Path. **38**, 409 (1934).
— — (2) A new antigen of B. typhosus; its relation to virulence and to active and passive immunisation. Lancet **1934 II**, 186.
— — (3) Virulence and immunogenic activities of B. typhosus in relation to its antigenic constituents. J. of Hyg. **35**, 428 (1935).
— — (4) The Vi antigens of various salmonella types. Brit. J. Exper. Path. **17**, 81 (1936).
— — (5) The pathogenic and immunogenic activities of Salmonella typhi in relation to its antigenic constituents. J. of Hyg. **49**, 92 (1951).
Feulgen: Das Verhalten der echten Nucleinsäure zu Farbstoffen. Z. physiol. Chem. **84**, 309 (1913).
Findlay, H. T.: Mouse-virulence of strains of Salmonella typhi from a mild and severe outbreak of typhoid fever. J. Hyg. Camb. **49**, 11 (1951).
Fitch, F. W., P. Barker, K. H. Soules and R. W. Wissler: A study of antigen localisation and degradation and the histologic reaction in the spleen of normal x-irradiated, and spleen-shielded rats. J. Labor. a. Clin. Med. **42**, 598 (1953).
Follis, R. H., J. M. Burnett and Z. E. Laschever: The effect of specific antibody on the oxygen consumption and growth of S. marcescens. S. typhosa und S. paradysenteriae. Bull. Hopkins Hosp. **91**, 463 (1952).
Frappier, A., et S. Sonnea: Propriétés immunologiques des filtrates de cultures jeunes de bacille typhique. Rev. canad. de Biol. **11** (1952).
—, and Shermann: „Pro-infections" properties of certain non exo-toxigenic aerobe culture filtrates. Rev. canad. de Biol. **5**, 471 (1953).
Frattini, J. F.: Purified bacterial antigens: Extraction of glyco-lipid substances from S. typhosa. Ref. Sanid. mil. argent. **50** (1951).
Frédéricq, P., et M. Betz-Bareau: Recombinants génétiques de souches marquées par résistance aux colicines et aux bactériophages. Ann. Inst. Pasteur **83**, 283 (1952).
Freemann, G. G., S. W. Challinor and G. Wilson: The use of a synthetic medium in the isolation of the somatic antigens of Bact. typhi-murium and Bact. typhosum. Biochemic. J. **34**, 307 (1940).
—, and T. H. Anderson: The hydrolytic degradation of the antigenic complex of Bact. typhosum Ty 2. Biochemic. J. **35**, 564 (1941).
— (1) The preparation and properties of a spezific polysaccharide from Bact. typhosum Ty 2. Biochemic. J. **36**, 340, 355 (1942).
— (2) The components of the antigenic complex of Salmonella typhimurium. Biochemic. J. **37**, 601 (1943).
Friedenreich u. Zacho: Die Differentialdiagnose zwischen den Untergruppen A_1 und A_2. Beleuchtet durch systematische Untersuchungen von 103 A-Familien. J. Rassenphysiol. **4, 164** (1931).
Fritze, E., u. P. Doering, H. Manecke u. R. Schoen: Oberflächenveränderungen der Blutzellen durch pyrogene Reizstoffe. Schweiz. med. Wschr. **1953**, 783.
Fritze, H.: Ladungsänderungen der Blutzellen durch pyrogene Reizstoffe. Dtsch. med. Wschr. **1954**, 125.
Fromme, I., O. Lüderitz u. O. Westphal: Z. Naturforsch. **9**b (1954).

FURTH, J., and K. LANDSTEINER: (1) On precipitable substances dirived from Bacillus typhosus and Bacillus paratyphosus B. J. of Exper. Med. **47**, 171 (1928).
— (2) Studies on the precipitable substances of bacilli of the salmonella group. J. of Exper. Med. **49**, 727 (1929).
GABY, W. L.: A study of the dissociative behavior of Pseudomonas aeruginosa. J. Bacter. **51**, 217 (1946).
GÄRTNER, H.: Vergleichende Untersuchungen an Glatt- und Rauh-Formen der E-Ruhr (Kruse-Sonne) mit ausführlicher Übersicht über das über diesen Keim vorliegende Schrifttum. Arch. f. Hyg. **127**, 59 (1941).
GEKS, F. J.: Die Vaccinebehandlung des Typhus und das SANARELLI-SCHWARTZMANNsche Phänomen. Klin. Wschr. **1950**, 335.
—, u. R. HAGEMANN: Besteht bei der Verwendung von Pyrifer die Gefahr einer SANARELLI-SCHWARTZMANNschen Reaktion? Münch. med. Wschr. **1950**, 1.
GERSHENFELD, L., and P. SCHAIN: Modification of the tubercle bacillus treated with diphtheria antitoxin. Quart. Bull. Sea View Hosp. **7**, 400 (1942).
GHELELOVITCH, S.: Un mutant bactérien instable obtenu expérimentalement. Ann. Inst. Pasteur **64**, 255 (1940).
GIANNI, A.: The behaviour of S. typhosa cultivated in presence of immune serum. Boll. Ist., Ser. milan. **9/10**, 510 (1951).
GILBERT, J.: Dissociation in an encapsulated staphylococcus. J. Bacter. **21**, 157 (1931).
GILLESPIE, H. B., and L. F. RETTGER: Bacterial variation: Formation and fate of certain variant cells of Bacillus megatherium. J. Bacter. **38**, 41 (1939).
GILLESPIE, W. A.: Biochemical mutants of coliform bacilli in infections of the urinary tract. J. of Path. **3** (1952).
GIOVANARDI, A.: (1) Untersuchungen über ein besonderes, bei einigen mit Vi-Antigen versehenen B. typhi-Stämmen beobachtetes Dissoziationsphänomen. Zbl. Bakter. I Orig. **141**, 341 (1938).
— (2) Ancora sulla dissociazione degli stipiti di S. typhi dotati dell'antigene Vi. Boll. Ist. sieroter. milan. **19**, 533 (1940).
GLEIBERMAN, E., and D. KRAKOVSCHINSKAYA: Dissociation of gonococci. Microbe Variability and Bacteriophage, S. 236. Kiev: Ukr. SSR Acad. Sci. Press 1939.
GOEBEL, W. F.: (1) Antibodyresponse in man following the administration of the specific antigen of type V Shigella Paradysenteriae (Flexner). J. of Exper. Med. **81**, 349 (1945).
— (2) Studies on Bacteriophage II. Inhibition of Lysis of Escherichia Coli B by the somatic antigen of Phase II. Shigella Sonnei. J. of Exper. Med. **92**, 527 (1950).
— (3) Chemo-immunological studies on conjugated carbohydrate-proteins; immunological properties of artificial antigen containing cellobiuronic acid. J. of Exper. Med. **68**, 469 (1938).
— (4) Studies on the Flexner group of dysenteri bacilli. VI. The detoxification of Shigella paradysenteriae by means of periodici acid. J. of Exper. Med. **85**, 499 (1947).
—, FR. BINKLEY and E. PERLMAN: (1) Studies on the Flexner Group of dysentery Baerli. I. The specific antigens of Shigella Paradysenteriae (Flexner). J. of Exper. Med. **81**, 315 (1945).
— — — (2) Studies on the Flexner Group of dysentery Baerli. II. The Chemical degradation of the specific antigen of type Z Shigella paradysent (Flexner). J. of Exper. Med. **81**, 331 (1945).
—, and M. A. JESAITIS: (1) The somatic antigen of phageresistent variant of phase II. Shigella Sonnei. J. of Exper. Med. **96**, 425 (1952).
— — (2) Chemical and antivival properties of the somatic antigens of Phase II „Sh. Sonnei" and of a Phase-Resistant-Variant, II/3,4,7. Ann. Inst. Pasteur **84**, 66 (1953).
—, E. PERLMAN and F. BINKLEY: Antibody response in man to injection of the specific antigen of type V. Shigella Paradysenteriae. Science (Lancaster, Pa.) **99**, 412 (1944).
— u. Mitarb.: Nach HELMERT u. HEYMENN 1953, und WESTPHAL u. LÜDERITZ 1953.
GOTSCHLICH, E.: Allgemeine Morphologie und Biologie der pathogenen Mikroorganismen. KOLLE usw., Handbuch der pathologischen Mikroorganismen, 3. Aufl., Bd. I/1, S. 33, 129. 1929.
GOWEN, J. W.: Mutation in Drosophila, Bacteria and viruses. Cold Spring Harbor Symp. Quant. Biol. **9**, 187 (1941).

Goyle, A. N.: On bacterial variation with special reference to the alleged convergent phenomena exhibited by certain distinct pathogenic species (Bacillus typhosus and Bacillus enteritidis Gärtner). J. of Path. **29**, 149 (1926).
Grabar, J., et S. le Minor: Pouvier protecteur anti-typhoidique de sérums humains. Etude sur l'embryon de poulet. Ann. Inst. Pasteur **85**, 239 (1953).
Grasset, E., et M. Gory: Sur l'immunisation antityphique du cobaye. Propriétés du sérum des animaux immunisés. C. r. Soc. Biol. Paris **96**, 180 (1927).
—, and W. Lewin: The preparation and comparison of different types of anti-typhoid sera. Brit. J. Exper. Path. **18**, 460 (1937).
Gratia, A.: Variations microbiennes et infection charbonneuse. C. r. Soc. Biol. Paris **90**, 369 (1924).
—, et R. Linz: Le phénomène de Schwarzman dans le sarcome du Cobaye. C. r. Soc. Biol. Paris **108**, 427 (1931).
Gray, C. H., and E. L. Tatum: X-ray induced growth factor requirements in bacteria. Proc. Nat. Acad. Sci. U.S.A. **30**, 404 (1944).
Greene, L. C.: Healing of thermal burns in cats treated with pyromen. Amer. J. Physiol. **167**, 789 (1951).
Greenbaum, F.: Data on the study of variability in microbes of the enteric group. Microbe Variability and Bakteriophage, S. 35. Kiev: Ukr. SSR Acad. Sci. Press 1939.
Greenwood, M., A. B. Hill, W. C. Topley and J. Wilson: Experimental epidemiology. Med. Res. Council. Spec. Rep., Ser. **1936**, 209.
— W. C. Ropley and J. Wilson: Contributions to the experimental study of epidemiology. The effect of vaccination on herd mortality. J. of Hyg. **31**, 257 (1931).
Griffith, F.: (1) Bact. Studies of the Pneumococcus. Publ. Health. Rep. **1923**, Nr 18.
— (2) The significance of pneumococcal types. J. of Hyg. **27**, 113 (1928).
Griffith, A. S.: Avian tubercle bacilli in the udder of a goat. Change of S to R forms. J. Comp. Path. a. Ther. **51**, 151 (1938).
Grinnell, Fr. B.: (1) A study of the comparative value of rough and smooth strains of B. typhosus in the preparation of typhoid vaccines. J. of Immun. **19**, 457 (1930).
— (2) Studies on the relationship of certain variants of B. typhosus. I. Agglutination and agglutinin absorption. J. of Exper. Med. **54**, 577 (1931).
— (3) A study of the dissociation of the Rawlins strains of Bacterium typhosum with special reference to its use in the production of antityphoid vaccine. J. of Exper. Med. **56**, 907 (1932).
Gros, F., M. Mackebring, B. Rybak et P. Lacaille: Action de la streptomycine sur les bactéries non proliférantes. 1. Agglutination des bactéries par la streptomycine. Ann. Inst. Pasteur **97**, 246 (1949).
Grün, L., u. E. Kesseler: Zur Morphologie der Bakterien unter dem Einfluß von Antibiotica und Chemotherapeutica. Arzneimittel-Forsch. **2**, 371 (1952).
Grumbach, A.: Zum Wirkungsmechanismus der Antibiotika. Schweiz. Z. Path. u. Bakter. **5** (1950).
—, u. M. Gundel: Die ansteckenden Krankheiten, S. 163. Georg Thieme 1950.
Gundel, M.: (1) Die Typenlehre in der Mikrobiologie. Ihre Grundlagen und ihre Bedeutung für die Epidemiologie, Klinik und Therapie. Jena: Gustav Fischer 1934.
— (2) Die ansteckenden Krankheiten, Kap. I. Georg Thieme 1950.
—, u. J. Wüstenberg: Untersuchungen über hämolytische Streptokokken und die Bedeutung ihrer Typendifferenzierung. Zbl. Bakter. I Orig. **138**, 825 (1937).
Gutstein: Nach Preuner 1952.
Haas, R.: (1) Über Endo- und Ektotoxine von Shigabazillen. Z. Immun.forsch. **91**, 254 (1937).
— (2) Behringwerk-Mitt. **22** (1942).
Haberman, S., and L. D. Ellsworth: (1) The effect of X-rays on the dissociative rates of certain bacteria. J. Bacter. **38**, 237 (1939).
— — (2) Lethal and dissociativ effects of X-rays on bacteria. J. Bacter. **40**, 483 (1941).
Habs, H., u. N. Blau: Untersuchungen über Variationsformen von Paratyphus-B-Bakterien, insbesondere über die Mucosusform. Zbl. Bakter. I Orig. **128**, 441 (1933).
—, u. L. Seitz: Variationsversuche an Bakterien der Paratyphusgruppe. Z. Hyg. **116**, 111 (1934).
Haddow, A.: Small-colony variation in B. paratyphosus B (tidy) and other bacteria, with special reference to the G type of Hadley. J. Inf. Dis. **63**, 129 (1938).

HADLEY, P.: (1) Proc. Soc. Exper. Biol. a. Med. **23**, 443 (1926).
— (2) Microbic dissociation. The instability of bacterial species with special reference to active dissociation and transmissible autolysis. J. Inf. Dis. **40**, **1** (1927).
— (3) Further advances in the study of microbic dissociation. J. Inf. Dis. **60**, 129 (1937).
— (4) Pathogenic microorganisms, 11. Aufl. Philadelphia: Park & Williams 1939.
—, and V. WETZEL: Conditions contributing to streptococcal virulence. I. Intra-phasic contrasted with intra-phasic variation. J. Bacter. **45**, 529 (1943).
—, and F. P. HADLEY: (1) Variation in distribution of type and group substances in smooth-phase of Group A beta hemolytic streptococci. Proc. Soc. Exper. Biol. a. Med. **39**, 552 (1938).
— — (2) Influence of sulfanilamide on mucoid and smooth-phase cultures of hemolytic streptococci in vitro. J. Inf. Dis. **68**, 246 (1941).
HAENDEL, L., u. K. BAERTHLEIN: Über chininfeste Bakterienstämme. Zbl. Bakter. Ref. **57**, 196 (1912).
HARRIS: J. Bacter. (Proc.) **36**, 218 (1938).
HARRISON, R. W.: Dissociation of Bact. granulosis. J. Inf. Dis. **59**, 244 (1936).
HAUGE, S.: Zit. nach BRAUN (1947).
HAUSER, N.: Über bakterielle pyrogene Stoffe. Z. Hyg. **4**, 418 (1953).
HAWLEY, P. R., and J. ST. SIMMONDS: The effectiveness of vaccines used for the prevention of typhoid fever in the United States army and navy. Amer. J. Publ. Health **24**, 689 (1934).
HAYAKAWA, K.: Study on the variation of B. paratyphus B. Jap. J. Exper. Med. **15**, 197 (1937).
HAYES, W.: Recombination in Bact. coli K 12: Unidirectional transfer of Genetic Material. Nature (Lond.) **169**, 118 (1952).
—, and N. F. STANLEY: Preparations and properties of somatic antigens isolated from bacterium coli. Austral. J. Exper. Biol a. Med. Sci. **28**, 201 (1950).
HEIDELBERGER, M.: Chemical aspects of the precipitin and agglutinin reactions. Chem. Res. **24**, 323 (1939).
— u. Mitarb.: J. of Exper. Med. **92**, 25 (1950).
HELMERT, E., u. G. HEYMANN: Experimentelle Untersuchungen über das Gift des FLEXNERschen Ruhrbacillus. III. Mitt. B. chemischer Teil. Staatl. P. Ehrlich-Inst. Frankfurt **49**, 32 (1951).
HENDERSON, D. W.: (1) The protective value of the Vi and the O antibody in relation to the virulence of strains of Bact. typhosum. Brit. J. Exper. Path. **20**, **1** (1939).
— (2) Experiments with the Vi antigen of Bacterium typhosum and with two new antigenic substances extracted from strains of this organisms. Brit. J. Exper. Path. **20**, **11** (1939).
—, and W. T. MORGAN: The isolation of antigenic substances from strains of Bact. typhosum. Brit. J. Exper. Path. **19**, 82 (1938).
HENRY, B. S.: Dissociation in the Genus Brucella. J. Inf. Dis. **52**, 374 (1933).
HERSHEY, A. D., and J. BRONFENBRENNER: (1) Dissociation and lactase activity in slow lactose-fermenting bacteria of intestinal origin. J. Bacter. **31**, 453 (1936).
— (2) Factors limiting bacterial growth. III. Cell size and physiologic youth in Bacterium coli cultures. J. Gen. Physiol. **21**, 721 (1938).
HERZBERG, M., and S. ELBERG: Immunization against Brucella infection. I. Isolation and characterization of a streptomycin-dependent mutant. J. Bacter. **5**, 585 (1953).
—, S. ELBERG and K. F. MEYER: II. Effectiveness of a streptomycindependent strain of Brucella melitensis. J. Bacter. **5**, 600 (1953).
HEYMANN, G.: (1) Experimentelle Untersuchungen über das Gift des FLEXNERschen Ruhrbacillus. III. Mitteilung. A. Bakteriologisch-serologischer Teil. Staatl. P. Ehrlich-Inst. Frankf. **49**, 23 (1951).
— (2) Über die Veränderungen der Antigenstruktur im Verlauf der Dissoziation bei Sh. flexneri Typ 3 (H). Z. Hyg. **134**, 524 (1952).
HIRSCH, W.: The agglutinability by trypaflavine of B. typhosus and its relation to the Vi antigen. J. of Path. **44**, 349 (1937).
HIRSCHBERG, N., and M. E. YARBROUGH: Fractions of Brucella for adsorbed antigens for collodion agglutination and hemagglutination tests. J. Inf. Dis. **91**, 238 (1952).
HIRST, G. K., and R. C. LANCEFIELD: Antigenic properties of the typespecific substance derived from gropu A hemolytic streptococci. J. of Exper. Med. **69**, 425 (1939).

Höring, F. O.: (1) Beitrag zum Vorkommen der Mucosusform des Bakterium Paratyphi B Schottmüller und zur Frage der Inkonstanz der Arten. Zbl. Bakter. I Orig. **122**, 349 (1931).
— (2) Klinische Infektionslehre. Berlin: Springer 1938.
— (3) Typhusabdominalis. Vortr. prakt. Med., H. 16. Stuttgart: Ferdinand Enke 1943.
Hoff, F.: Über den Einfluß von Bakterienstoffen auf das Blut. Z. exper. Med. **67**, 615 (1929).
Hoffstaedt, R. E., and G. P. Youmans: (1) Staphylococcus aureus: Dissociation and its relation to infection and to immunity. J. Inf. Dis. **51**, 216 (1932).
— — (2) Dissociation of single cell cultures of Staphylococcus aureus. J. Bacter. **35**, 511 (1938).
Hohorst, H. J.: Über das Ektotoxin von Bacterium coli. Z. Hyg. **136**, 159 (1953).
Homma, J. Y., K. Sagehashi and S. Hosoya: Serological types of Pseudomona aeruginosa. Jap. J. Exper. Med. **21**, 375 (1951).
— — — and others (1) Studies on Pseudomonas aeruginosa endotoxin isolated from culture on fluid media with special reference to its nucleic acid fraction. Jap. J. Exper. Med. **21**, 361 (1951).
— — — (2) p 32-labelled endotoxin of Pseudomonas aeruginosa; preliminary report-isolation of radioactive endotoxin from culture filtrate on synthetic media containing p 32-labelled phosphate and its distribution in mice. Jap. J. Exper. Med. **21**, 381 (1951).
— — — Y. Yagi, Y. Sugino and F. Egami: Jap. J. Exper. Med. **19**, 245 (1949).
Hort, E. C.: Morphological studies in the life-histories of bacterial. Proc. Roy. Soc. Lond., Ser. B **89**, 468 (1917).
Hosoya, S., F. Egami u. T. Nishimiya: Jikken Igaku **26**, 1—2 (1942).
Hotchkiss, R. D.: (1) Cold Spring Harbor Symp. Quant. Biol. **16**, 457 (1951).
— (2) The induction of resistance to antibiotics by transformation with desoxyribonucleates. 2. Internat. Kongr. für Biochemie, Paris, 1952, Symp. sur le mode d'action des antibiotiques. Paris: Sedes 1952.
Houwink, A. D.: A macromolecular mono-layer in the cell wall of spirillum spec. Biochem. et Biophysica Acta **10**, 360 (1953).
Hu, K.: Studien über den Entwicklungsmodus der Bakterien bei Einzelkultur auf Nährbodenfilm. III. Mitt. Beobachtungen über den Entwicklungsmodus der S- und R-Form der Bakterien. Jap. J. Exper. Med. **14**, 67 (1936).
Huber, L.: Der Nachweis von Vi- und O-Antikörpern, sowie von Vi- und O-Antigenen durch die Haemagglutination. Schweiz. Z. Path. u. Bakter. **16**, 789 (1953).
Huddleson, J. F.: The presence of a capsule on Brucella cells. J. Amer. Vet. Med. Assoc. **96**, 708 (1940).
Hudemann, H.: Latente Enteritis-Gärtner-Infektionen bei Säuglingen und Kleinkindern. Mschr. Kinderheilk. **73**, 589 (1953).
Humphries, J. C.: Bacterial variation. The influence of environment upon the dissociation pattern of Klebsiella pneumoniae. Yale J. Biol. a. Med. **16**, 639 (1944).
Houni, H.: (1) Unveröffentlichter Versuchsbericht 1953.
— (2) Bei Westphal u. Lüderitz 1953.
Hutner, S. H., and P. A. Zahl: (1) Action of bacterial toxins on tumors; distribution of tumor-hemorrhage agents among bacterial species. Proc. Soc. Exper. Biol. a. Med. **52**, 364; **54**, 48 (1943).
— — (2) A cross-protective reaction between mocassin venom and the endotoxin of Salm. typhimurium. Proc. Soc. Exper. Biol. a. Med. **55**, 134 (1944).
Ibrahim, H. M., and H. Schütze: A comparison of the prophylactic values of the H, O u. R-antigens of Salmonella Aertrycke, together with some observations on the toxicity of its smooth and rough variants. Brit. J. Exper. Path. **9**, 353 (1928).
Ide, M.: On the R type variation of Salmonella group. Serological studies. Kitasato Arch. Exper. Med. **15**, 16 (1938).
Ikawa, M., J. W. Koepfli, S. G. Mudd and C. Niemann: (1) Agent from E. coli causing hemorrhage and regression of experimental mouse tumor, isolation and properties. J. Nat. Canc. Inst. **13**, 157 (1952).
— — — — (2) An agent from E. coli causing hemorrhage and regression of an experimental Mouse Tumor. III. The component Fatty Acids of the Phospholipide Moiety. IV. Some nitrogenous components of the Phospholipide Moiety. J. Amer. Chem. Soc. **75**, 1035, 3439 (1953).

ILLCHMANN-CHRIST, A., u. V. NAGEL: Experimentelle Studien über partielle Rezeptorengemeinschaften in Bakterien unter besonderer Berücksichtigung gruppenspezifischer Isoagglutinogene. Z. Immun.forsch. **2**, 125 (1954).

IMŠENECKI, A. A.: Bacterial dissociation. II. On the characteristics of R-variants. Mikrobiologia **15**, 92 (1946).

IRWIN, M. R.: Antigens, antibodies and genes. Biol. Rev. Camb. Phil. Soc. **21**, 93 (1946).

JACKSON, E. A.: Studies on the dissociation of tubercle bacilli with special reference to the avian and human types. Amer. Rev. Tbc. **33**, 767 (1936).

JANIS, F. G., and M. J. JOHNSON: A glycolipoid produced by Pseudomonas Aeruginosa. J. Amer. Chem. Soc. **71**, 24 (1949).

JARMOC, Z., u. A. STZURSKY: Rola przeciwcial anty-O, anty-H i anty-Vi wodczymic fagocytarnym. Med. dósw. Mikrobiol. **5**, 151 (1953).

JAWETZ, E., and J. B. GUNNISON: Studies on antibiotic synergism and antagonism: Scheme of combined antibiotic action. Antibiotics a. Chemother. **2**, 243 (1952).

—, and K. F. MEYER: Avirulent strains of Pasteurella pestis. J. Inf. Dis. **73**, 124 (1943).

JENNINGS, F. B.: The derivation of encapsulated forms from nonencapsulated hemolytic streptococci. Bull. Johns Hopkins Hosp. **49**, 94 (1931).

JENSEN, J., u. H. WORATZ: Immunitätsvorgänge im bebrüteten Hühnerei. Arch. f. Hyg. **136**, 343 (1952).

JESAITIS, M. A., and W. F. GOEBEL: (1) The chemical and antiviral properties of the somatic antigen of Phase II. Shigella Sonnei. J. of Exper. Med. **96**, 409 (1950).

— — (2) Mechanism of phage action. Nature (London) **172**, 622 (1953).

JOFFÉ, E. W., and S. MUDD: A paradryical relation between zeta potential and suspension stability in S and R variants of intestinal bacteria. J. Gen. Physiol. **18**, 599 (1935).

JOHANNSEN, W.: Elem. exakt. Erbl. Lehre, 3. Aufl. Jena: Gustav Fischer 1926.

JOLLOS, V.: (1) Exp. Protistenst. Jena: F. Fischer 1921. Ref. Mikrobiol. Tagg, Göttingen 1924.

— (2) Variabilität und Vererbung bei Protisten. Zbl. Bakter. I **93** (1924).

— (3) Variabilität und Vererbung bei Mikroorganismen in ihrer Bedeutung für die Medizin. Klin. Wschr. **11**, 1 (1932).

JONES, L. R.: Studies on variability of C. diphtheriae. J. Bacter. **25**, 97 (1933).

JOÓ, I., and T. TARNÓCZY: Wirkung der Ultraschallwellen auf die Antigene der Salmonella typhi. II. Immunisierungs- und Flockungsversuche. Acta physiol. Acad. sci. hungaricae **1952**, 3/1.

JORDAN, E. O.: The interconvertibility of „rough" and „smooth" bacterial types. J. Amer. Med. Assoc. **86**, 177 (1926).

JORDAN, W. E.: The radiatron dose-response curve and bacterial mutations. Science (Lancaster, Pa.) **114**, 436 (1951).

JUDE, A.: L-antigène Vi (Vi antigen). Biol. med. **5**, 39 (1950).

JULIANELLE, L. A.: A biological classification of Encapsalatus pneumoniae (Friedländers Bacillus). J. of Exper. Med. **44**, 113 (1926).

JUNGEBLUT, C. W.: Über Festigungsversuche von Bakterien, mit besonderer Berücksichtigung der physikalisch-chemischen Veränderungen. Z. Hyg. **99**, 254 (1923).

KAHN, M. C.: Motion pictures of the development of bacteria from a single cell. Third. Intern. Congr. Micr. N.Y. Rept. Proc., S. 160. 1939.

KANTOROWICZ, O.: Shaking typaratus for the teratron of bacterial cultures. J. Gen. Microbiol. **5**, 276 (1951).

KAPLAN, R. W.: (1) Genetics of Microorgansms. Ann. Rev. Microb. **6**, 49 (1952).

— (2) Prüfung der Mutagenität ultraviolettbestrahlter Nukleinsäuren. Naturwiss. **1**, 25 (1953).

— (3) Neuere Entwicklungen in der Mikrobengenetik. Zbl. Bakter. I Orig. **160**, 181 (1953).

KARSTRÖM, H.: Enzymatische Adaptation bei Mikroorganismen. Erg. Enzymforsch. **7**, 350 (1937/38).

KAUFFMANN, F.: (1) Die Bakteriologie der Salmonellagruppe. Kopenhagen: Einar Munksgaard 1941.

— (2) Enterobacteriaecae. Kopenhagen: Einar Munksgaard 1951.

— (3) On classification of Enterobacteriaceae. Acta path. scand. (Københ.) **26**, 879 (1949). Zit. nach FELIX (2) S. 573

— (4) On the transduction of serological properties in the Salmonella group. Acta path. scand. (Københ.) **33**, 409 (1953).

Keiderling, W., F. Wöhler u. O. Westphal: Über bakterielle Reizstoffe. IV. Mitteilung. Experimentelle Untersuchungen zur Differenzierung der therapeutischen Wirkungen von bakterieller Vaccine, reinem Polysaccharid-Pyrogen und acetylierten Polysaccharid-Derivaten aus gramnegativen Bakterien. Arch. exper. Path. u. Pharmakol. **217**, 293 (1953).

—, u. O. Westphal: Über die Stimulierung des Hypophysen-Nebennierenrindensystems durch bakterielle Reizstoffe. Verh. dtsch. Ges. inn. Med. **57**, 66 (1951).

Kellner, W., u. H. Martin: Papierchromatographische Untersuchungen an E. coli aus verschiedenen Nährsubstraten. Naturwiss. **7**, 164 (1954).

Kimura, R., W. W. Sukneff u. H. Meyer: Auftreten verschiedener Varianten von Pneumokokken bei Züchtung in Immunserum. Z. Hyg. **109**, 51 (1928).

Klenk, E., u. F. Rennekamp: Über Ganglioside und Cerebroside der Rindermilz. Z. physiol. Chem. **273**, 253 (1942).

—, u. K. Lauenstein: Über die zuckerhaltigen Lipoide der Formbestandteile des menschlichen Blutes. Z. physiol. Chem. **288**, 220 (1951).

Klieneberger, E.: The natural occurrence of pleuropneumonialike organisms in apparent symbiosis with Streptobacillus moniliformis and other bacteria. J. of Path. **40**, 93 (1935).

Klose, F., u. H. Knothe: (1) Zur Wirkungsweise des Chloromycetins (Chloramphenicol). Ärztl. Wschr. **1951**, 558.

— — (2) Das Verhalten von Antibiotika im bebrüteten Hühnerei gegenüber Bacterium typhi. Ärztl. Wschr. **1952**, 358.

Knapp, W.: Ultraschall und Typhusimpfstoffherstellung. Med. Welt **1951**, 884.

Knipschild: Demonstration of capsular antigens in the colon group. Acta path. scand. (Københ.) **22**, 44 (1945).

Kolbmüller, L. O.: Über die Spurigkeit oder Signanz des Phänotypus der Bakterien. Zbl. Bakter. I Orig. **139**, 270 (1937).

Köhne, W.: Beitrag zur Kenntnis arzneifester Bakterienstämme. Z. Immunforsch. **20**, 531 (1914).

Kohler, H.: Immunisierungsvermögen von Salmonellaimpfstoffen im Mäusetest. Schweiz. Z. Path. u. Bakter. **16**, 796 (1953).

Konst, H.: Influence of heredity and environment on pathogenicity of bacteria. In: The Genetics of Pathogenic Organisms. AAAS Publ. **12**, 34 (1940).

Kopper, P. H.: The assimilation of Glucose by resting cells of Escherichia coli. J. Bacter. **5**, 507 (1954).

Korobkova, E., and G. Kotelnikov: The conditions of reversion of R- into S-variants of Paratyphus B bacilli and the appearance of yellow variants. Microbe Variability and Bacteriophage, S. 73. Kiev: Ukr. USSR. Acad. Sci. Press 1939.

Koser, St. A., and N. C. Styron: The production of smooth from rough forms of Bacterium dysenterae Sonnei. J. Inf. Dis. **47**, 443 (1930).

Korsch: Diss. Hyg.-Inst. Göttingen 1949.

Kristensten, M.: Recherches sur la fermentation mutative des bactéries. Acta path. scand. (Københ.) **21**, 214 (1944).

Kritschewski, I. L., and E. S. Heronimus: Über den Pleomorphismus der Bakterien. II. Über die Identität von Pneumo- und Streptokokken. Zbl. Bakter. I. Orig. **131**, 84 (1934).

Kröger, E.: (1) Über die antigene Wirkung gereinigter Typhusautolysate mit negativen Eiweißreaktionen. Z. Immun.forsch. **90**, 223 (1937).

— (2) Die kulturelle Züchtung von Bakterien der Typhus-Paratyphus-Enteritis-Gruppe. Z. Hyg. **132**, 213 (1951).

— (3) Zur Bakterienausscheidung bei Typhus-Paratyphus-Keimträgern. Arch. f. Hyg. **135**, 215 (1951).

— (4) Über S- und R-Formen gramnegativer Darmbakterien. Habil.schr. Göttingen 1952.

— (5) Zum sog. „R"-Antigen in gramnegativen Darmbakterien. Z. Immun.forsch. **110**, 414 (1953).

— (6) Experimentelle Untersuchungen zum morphologischen S/R- und antigenen O/o-Formenwechsel gramnegativer Darmbakterien. Z. Naturforsch. **8b**, 133 (1953).

— (7) Zur Dauer der Bakterienausscheidung bei gesunden „temporären" Salmonella-Keimträgern. Ärztl. Wschr. **1953**, 1083.

— (8) Zur Methodik der Bekämpfung typhöser Epidemien. Öff. Gesdh.dienst **6**, 204 (1953).

KRÖGER, E.: (9) O-Antigenkomplex und Antibiotika-Empfindlichkeit gramnegativer Darmbakterien. Zbl. Bakter. I Orig. 161, 230, 1154.

— (10) Aktive Schutzversuche mit O- und o-Lipopolysaccharid- und -Proteinfraktion gramnegativer Darmbakterien. Z. Hyg. (z. Z. im Druck).

— (11) Serologische Untersuchungen mit Lipopolysaccharid- und -Proteinfraktionenaus SO- und Ro-Formen gramnegativer Darmbakterien. Z. Immun.forsch. (z. Z. im Druck).

—, u. J. GILLESEN: Zur Differenzierungsmöglichkeit pathogener Colibakterien. Zbl. Bakter. I Orig. **155**, 115 (1950).

—, u. M. HOSTENBACH: Modifikationen in der Herstellung diagnostischer Seren für Darmbakterien. Z. Hyg. **130**, 335 (1949).

—, u. E. THOFERN: Serologische Untersuchungen bei Diphtheriebakterien. Z. Hyg. **134**, 474; **135**, 254 (1952).

KRONEBERG, G.: Experimentelle Untersuchungen über das Gift des FLEXNERschen Ruhrbacillus. III. Mitt. C. Pharmakologischer Teil. Staatl. P. Ehrlich-Inst. Frankfurt **49**, 43 (1951).

—, u. W. SANDRITTER: Über die Morphologie der Flexner-Endotoxin-Vergiftung und ihre Beziehungen zum Kreislaufkollaps. Klin. Wschr. **1952**, 423.

KRUEGER, R. C., and H. HEIDELBERGER: Effect of the removal of lipids on specific precipitation. J. of Exper. Med. **92**, 383 (1950).

KRÜPE, M.: Die praktische Brauchbarkeit der spezifischen pflanzlichen Hämagglutinine: Anti-„O" (H), Anti-A und Anti-B in der Blutgruppendiagnostik. Z. Hyg. **136**, 200 (1953).

KRUIF, P. DE: Dissociation of microbic species. I. Coexistence of individuals of different degrees of virulence in cultures of the bacillus of rabbit septicemia. J. of Exper. Med. **33**, 773 (1921).

KUWAJIMA, Y. M. MASUI u. Mitarb.: (1) On the preventive Antigen of S. typhosa. Yokohama Med. Bull. **3/4**, 190 (1952).

— (2) The significance of nucleic acids in the preventive antigen of S. typhosa. Yokohama Med. Bull. **4/5**, 259 (1953).

LANCEFIELD, R. C.: (1) Specific relationship of all composition to biological activity of hemolytic streptococci. Harvey Lect. **1940/41**, 251.

— (2) Studies on the antigenic composition of group A hemolytic streptococci. I. Effects of proteolytic enzymes on streptococcal cells. J. of Exper. Med. **78**, 465 (1943).

LANDSTEINER, K.: The specificity of serological reactions. Cambridge (Mass): Havard Univ. Press **1944**.

LANDY, M., and M. E. WEBSTER: Studies on Vi-antigen. III. Immunilogical properties of purified Vi-antigen dervied from Escherichia coli 5396/38. J. of Immun. **69**, 143 (1952).

LANFRANCHI, F., e G. CASA: Aptene estratto dal bacillo des tifo e siero agglutinazione. Bull. Sci. med. **124**, 3 (1952).

LANGWAD-NIELSEN, A.: Change of capsule in the pneumococci. Acta path. scand. (Københ.) **21**, 362 (1944).

LASSEUR, PH., A. DUPAIX-LASSEUR et S. TABELLION: Action de la temperature de 42° C. sur les Types Ra, Rb et S de B. aurantiacus tingitamus Remlinger et Bailly, 1935. Trav. Labor. Microbiol. Fac. Pharmacie Nancy **11**, **41** (1938).

—, P. FLORENTIN, P. JAKOB u. Mitarb.: Action des radiations ionisamtes sur les bactéries. Trav. Labor. Microbiol. Fac. Pharmacie Nancy **13**, 224 (1944).

LAUTROP: Studies on the antigenic structure of coryne-bacterium diphtheriae. Sep. Acta path. **27**, **443** (1950).

LA QUIRE: Nach WESTPHAL 1952.

LEDERBERG, J.: (1) Studies in bacterial genetics. J. Bacter. **52**, 503 (1946).

— (2) Problems in microbial genetics. Heredity (Lond.) **2**, 145 (1948).

— (3) Bacterial variation. Ann. Rev. Microbiol. **3**, 1 (1949).

— (4) Aberrant heterozygotes in Escherichia coli. Proc. Nat. Acad. Sci. U.S.A. **35**, 178 (1949).

— (5) The selection of genetic recombinations with bacterial growth inhibitors. J. Bakter. **59**, 211 (1950).

— (6) Streptomycin resistance: A genetically recessive mutation. J. Bacter. **61**, 549 (1951).

—, L. CAVALLI and E. M. LEDERBERG: Sex compatibility in Escherichia coli. Genetics **37**, 720 (1952).

Lederberg, J., and E. M. Lederberg: (1) Replica plating and indirect selection of bacterial mutants. J. Bacter. **63**, 399 (1952).
— — (2) Genetic studies of Lysogenicity in Escherichia coli. Genetics **38**, 51 (1953).
—, and E. L. Tatum: (1) Gene Recombination in Escherichia coli. Nature (Lond.) **158**, 558 (1946).
— — (2) Sex in Bacteria: Genetic studies, 1945—1952. Science (Lancaster, Pa.) **118**, 169 (1953).
Lehmann, E.: Bakterienmutationen. Allogonie. Klonumbildungen. Zbl. Bakter. I Orig. **77**, 289 (1916).
LeMinor, L.: A dissociation linkes with H-Antigen. Ann. Inst. Pasteur **83**, 167 (1952).
Lendle, L.: Persönliche Mitteilung 1952.
Leslie, P. H., and A. D. Gardner: The phases of haemophilus pertussis. J. of Hyg. **31**, 423 (1931).
Letterer, E.: Beiträge zur Pathogenese der Bazillenruhr. Virchows Arch. **312**, 673 (1944).
Levine u. Frisch: Zit. nach Brandis.
Levy, E., u. H. Dold: Weitere Versuche über Immunisierung mit desanaphylatoxiertem Bakterienmaterial. Z. Immun.forsch. **22**, 101 (1914).
Lewin, W.: Typhoid fever on the Witwatersround. S. Afric. Med. Res. **7**, 413 (1938).
Lewis, I. M.: Bacterial variation with special reference to behaviour of some mutablie strains of colon bacteria in synthetic media. J. Bacter. **28**, 619 (1934).
Lieb, M.: Forward and revers mutation in a histidine-requiring strain of Escherichia coli. Genetics **36**, 460 (1951).
Lincoln, R. E., and J. W. Gowen: Mutation of Phytomonas Stewartii by X-ray irradiation. Genetics **27**, 441 (1942).
Lindegren, C. C.: Genetical studies of bacteria. II. The problem of bacterial variation. Zbl. Bakter. II **93**, 113 (1935).
Lingelsheim, v.: Zur Frage der Variation der Typhusbazillen und verwandter Gruppen. Zbl. Bakter. I Orig. **68**, 577 (1913).
Lodenkämper, H.: Über Colitoxine. Zbl. Bakter. I Orig. **145**, 1 (1940).
Loeb, J.: The influence of electrolytes on the cataphoretic charge of colloidal particles and the stability of their suspensions. J. Gen. Physiol. **5**, 395 (1922/23).
Löffler, H.: Über die Beziehungen zwischen Toxizität und immunisierendem Vermögen von Typhus-Impfstoffen. Z. Hyg. **133**, 344 (1951).
Löhnis, F.: Studies upon the life cycles of the bacteria. Part. I. Review of the literature 1838—1918. Mem. Nat. Acad. Sci. Washington **16**, 1 (1921).
Loghem, J. J. van: (1) Veranderingen van bacterien in verband met het individueele in den bacterie kloon beschouwd. Nederl. Tijdschr. Geneesk., ze helft no **25**, 2981 (1921).
— (2) De Individualiteitstheorie der Bacterieele Veranderlijkheid. Nederl. Tijdschr. Hyg. Microbiol. Serol. **4**, 32 (1930).
— (3) Die Individualitätstheorie der bakteriellen Veränderlichkeit. Z. Hyg. **110**, 382 (1929).
— (4) The significance of the conceptions genotypus and phaenotypus to bacteriology. Third Intern. Congr. Microbiol. N. Y. Rept. Proc. S. 98. 1939.
Lotze, H.: Probleme der Epidemiologie. II. Bakterienvariation als Grundlage epidemischen Geschehens. Z. Hyg. **116**, 576 (1934).
Lovrekowich, J., u. K. Rouss: Schutzimpfung gegen Abdominaltyphus durch die einmalige Injektion eines neuen, präzipitierten Impfstoffes. Z. Immun.forsch. **101**, 194 (1942).
Lüderitz, O., u. O. Westphal: (1) Über die Chromatographie auf Rundfiltern. Z. Naturforsch. **7b**, 136 (1952).
— (2) Über bakterielle Reizstoffe. II. Mitt. Qualitative und quantitative papierchromatische Bestimmung der Zuckerbausteine eines hochgereinigten Polysaccharid-Pyrogens aus Colibakterien. Z. Naturforsch. **7b**, 548 (1952).
—, u. O. Westphal: Unveröffentlicht.
Luippold, G. F.: Typhoid vaccine studies. V. Studies on the relationship between the antigenic contetn and the immunogenic properties of bacterial suspensions. Amer. J. Hyg. **36**, 354 (1942).
Luria, S.: (1) Action des radiations sur le Bactéerium coli. C. r. Acad. Sci. Paris **209**, 604 (1939).
— (2) Non-independent mutations in bacteria. Records Genetics Soc. Am. No 15, S. 58. 1946.
— (3) Recent advances in bacterial genetics. Bacter. Rev. **11**, 1 (1947).

LURIA, S. and M. DELBRÜCK: Mutations of bacteria from virus sensitivity to virus resistance. Genetics **28**, 491 (1943).

LWOFF, A.: (1) Les facteurs de croissance pour les microorganismes. Ann. Inst. Pasteur **61**, 580 (1938).

— (2) L'évolut. physiol. Etud. d. pertes de function chez. l. mikroorg. Paris: Masson & Cie. 1943.

— (3) Some problems connected with spontaneous biochemical mutations in Bacteria. Cold Spring Harbor Symp. Quant. Biol. **11**, 139 (1946).

MACFADYEN, A. (u. ROWLAND): Über das Vokommen und den Nachweis von intracellulären Toxinen. Dtsch. med. Wschr. **1903**, 310 V.

MACKENZIE, J. M., and R. M. PIKE: Virulence and immunizing properties of rough and smooth strains of Salmonella aertrycke. Third Inf. Cong. Microb. 630 S. 1939.

— — and R. E. SWINNEY: Virulence of Salmonella typhimurium. II. Studies of the polysaccharide antigens of virulent and virulent strains. J. Bacter. **40**, 197 (1940).

MADSEN, ST.: On the classification of the Shigella types. Kopenhagen: Einar Munksgaards 1949. Zit. nach FELIX (2) S. 573.

MALEK, J.: Les propriétés antigéniques de la souch „RO" et les relations avec les souches O et H d'Eberthella typhil. C. r. Soc. Biol. Paris **129**, 802 (1938).

MALLMANN, W. L.: The dissociation of Salmonella pullorum and related species. Mich. Agr. Exper. State Techn. Bull. **1932**, 122.

MALTAUER, V.: A study of „smooth" and „rough" forms of the typhoid bacillus in relation to prophylactic vaccination and immunity in typhoid fever. J. of Immun. **26**, 161 (1934).

MALVOZ, E.: (1) Sur la trasmission interplacentraire des microorganismes. Ann. Inst. Pasteur **2**, 121 (1888).

— (2) Sur l'agglutination du bacillus typhosus par des substances chimiques. Ann. Inst. Pasteur **11**, 582 (1895).

MANWARING, W. H.: Environmental transformation of bacteria. Science (Lancaster, Pa.) **79**, 466 (1934).

MARCONI, R.: Il bacillo tubercolare nelle forme osteoarticulari studiato dal punto di vista dissociativo. Giorn. Batter. **23**, 782 (1939).

MARRIAN, FINDLAY and BENSTED: J. Roy. Army Med. Corps **1933/34**, 60—63.

MASSINI, R.: Über einen in biologischer Beziehung interessanten Colistamm (Bacterium coli mutabile). Arch. Hyg. **61**, 250 (1907).

MAYER, H. D.: Das „Tibi"-Konsortium nebst einem Beitrag zur Kenntnis der Bakterien-Dissoziation. Dissertation. Druck. Naamlooze Vennotschap W. D. Meinema, Delft, Holland.

MCCARTY, M.: Chemical nature and biological specificity of the substance in ducing transformation of pneumococcal types. Bacter. Rev. **10**, 63 (1946).

—, and O. T. AVERY: (1) Studies on the Chemical Nature of the substance inducing transformation of pneumococcal types. II. Effect of Desoxyribonuclease on the biological activity of the transforming substance. J. of Exper. Med. **83**, 89 (1946).

— — (2) Studies on the Chemical Nature of the substance inducing transformation of pneumococcal types. III. An improved method for the isolation of the transforming substance and its application to pneumococcus types II, III and IV. J. of Exper. Med. **83**, 97 (1946).

—, H. E. TAYLOR and O. T. AVERY: Cold Spring Harbor Symp. Quant. Biol. **11**, 177 (1947).

MCCULLOUGH, N. B.: (1) Relative pathogenicity of certain salmonella strains for man and mice. Publ. Health. Rep. **1951**, 1538.

—, and W. EISELE: (1) Experimental human salmonellosis. III. Pathogenicity of strains of Salmonella newport, Salmonella derby and Salmonella bareilly obtained from spray-dried whole egg. J. Inf. Dis. **89**, 209 (1951).

MCILWAIN, H.: The magnitude of microbiol reactions involving vitaminlike compounds. Nature (Lond.) **158**, 898 (1946).

MCKINNEY, R. A., and R. R. MELLON: (1) Variability of tubercle bacillus. I. Mucoid phase of the human-type strain H-37. Proc. Soc. Exper. Biol. a. Med. **49**, 298 (1939).

— — (2) Dissociative aspects of the bacteriostatic action of the sulfonamide compounds. J. Inf. Dis. **68**, 233 (1941).

McLeod, C. M., and G. Daddi: A „sulfapyridine-fast“ strain of pneumococcus type I. Proc. Soc. Exper. Biol. a. Med. **41**, 69 (1939).

—, R. G. Hodges, M. Heidelberger and W. G. Bernhard: Prevention of pneumococcal pneumonia by immunization with specific capsular polysaccharides. J. of Exper. Med. **82**, 445 (1945).

Mellon, R. R.: (1) A study of the diphtheroid group of organisms with special reference to their relation to the streptococci. J. Bacter. **2**, 81 (1917).

— (2) The life-cycle changes of the so-called C. Hodgkinin, and their relation to the mutation changes in this species. J. Med. Res. **42**, 111 (1921).

— (3) The polyphasis potencies of the bacterial cell; general biologic and chemotherapeutic significance. J. Bacter. **44**, 1 (1942).

—, P. Hadley and F. P. Hadley: Possible epidemiologic bearing of anti enic re-constitutions occuring in rough and diphtheroid cyclostages of hemolytic streptococci. J. Bacter. **47**, 473 (1944).

Menkin, V.: Modern views of inflammation. Int. Arch. Allergy **4**, 131—168 (1953).

Mesrobeanu, L.: Les antigènes glycido-lipidiques des bactéries. Paris: Masson & Cie. 1936.

Meyer, K., u. B. Goldenberg: Umwandlungsversuche an pathogenen Darmbakterien. I. Die Rückbildung von R- un S-Formen. Z. Immun.forsch. **80**, 121 (1933).

Mickle, W. A.: Capsule formation by members of the brucella group. J. Inf. Dis. **66**, 271 (1940).

Miegni, M. de: Boll. Ist. sier. med. **13**, 336 (1934).

Mikulaszek, E., L. Rzucidlo u. H. Walecki: Immunochemical studies on variable forms of Salmonella typhi. Med. dòswiadcz. i mikrobiol. **2**, 323 (1950).

Miles, A. A., and N. W. Pirie: (1) The properties of antigenic preparations from Brucella Melitensis. Biochemic. J. **33**, 1709, 1716 (1939).

— — (2) Properties of antigenic preparations from Brucella melitensis: chemical and physical properties of bacterial fractions. Brit. J. Exper. Path. **20**, 83 (1939).

— — (3) Properties of antigenic preparations from Brucella melitensis: serological properties of antigens. Brit. J. Exper. Path. **20**, 109 (1939).

— — (4) Properties of antigenic preparations from Brucella melitensis: biological properties of antigen and products of gentle hydrolysis. Brit. J. Exper. Path. **20**, 278 (1949).

— — (5) The nature of the bacterial surface. Oxford: Blackwell Scientific Publ. 1949.

Miller, C. Rh., and M. Bonhoff: Two streptomycin-resistant variants of meningococcus. J. Bacter. **54**, 467 (1947).

Miller, E. M., and W. F. Goebel: Studies on Bacteriophage I. The relationship between the somatic antigen of Shigella Sonnei and their susceptibility to bacterial viruses. J. of Exper. Med. **90**, 255 (1949).

Mingle, C. K., and C. A. Manthei: Bacterial dissociation in Brucella abortus. Amer. J. Vet. Res. **2**, 181 (1941).

Mitchell, P.: The osmotic barrier in bacteria. The nature of the bacterial surface. Oxford 1949.

Moeschlin, S., J. R. Pelaez u. F. Hugentobler: Untersuchungen über Phasenkontrastveränderungen der Plasmazellen bei der experimentellen Antikörperbildung. Schweiz. med. Wschr. **1951**, 1247.

Mohr, W.: Untersuchungen über antagonistische Vorgänge zwischen Varianten desselben Stammes. Z. Hyg. **116**, 288 (1934).

Molina, L.: C'importanza pratica des rapporto fra agglutinabilità pomatien Vi cd impoagglutinabilità flagellare H per la sierodiagnosi della S. typhil. Boll. Ist. sieroter. milan. **20**, 45 (1941).

Moller, O.: Bacterial variation in Escherichia Coli. Studies of Morphologic, Cultural, Physiologic and Serologic Properties of the Variants. Lund, Sweden: Gleerupska Univ.-Bokhandeln 1948.

Mondolfo, H., e E. Horunie: Über den Ursprung des bakteriellen Pyrogens. El. dia Medico **1947**, 1724.

Monod, J., u. A. Audureau: Siehe bei Lwroff 1946.

Morgan, H. R., and T. D. Beckwith: Mucoid dissociation in the colon-typhoid-salmonella group. J. Inf. Dis. **65**, 113 (1939).

MORGAN, P., D. W. WATSON and W. J. CROMARTIE: (1) Immunization of rabbits with type II pneumococcal polysaccharide. Proc. Soc. Exper. Biol. a. Med. **80**, 512 (1952).
— — — (2) Type-specificity of „immunological Paralysis" induced in mice with pneumococcal type II polysaccharide. J. Bacter. **65**, 2 (1953).
MORGAN, W. T. J.: (1) A specific precipitating polysaccharide from Bact. dysenteria (Shiga). Brit. J. Exper. Path. **12**, 62 (1931).
— (2) Studies in immunochemistry. II. The isolation and properties of a specific antigenic substance from Bact. dysenteria (Shiga). Biochemic. J. **31**, 2003 (1937).
MORGAN, W. T. J.: (1) Isolierung von d-Galaktose und l-Rhamnose aus dem Hydrolysat des spezifischen Polysaccharids von Bakt. dysenteriae (Shiga). Helvet. chim. Acta **21**, 469 (1938).
— (2) Artificial antigen, with bloodgroup a specifity. J. of Exper. Path. **24**, 41 (1943).
— (3) The surface structure of shigella shigae as revealed by antigenic analysis. The nature of the bacterial surface. Oxford 1949.
—, and S. M. PATRIDGE: (1) Studies in immunochemistry. IV. The fractionation and nature of antigenic material isolated from Bact. dysenteriae (Shiga). Biochemic. J. **34**, 169 (1940).
— — (2) Studies in immunochemistry. VI. The use of phenol and of alkali in the degradation of antigenic material isolated from Bact. dysenteriae (Shiga). Biochemic. J. **35**, 1140 (1941).
— — (3) An examination of the O antigenic complex of Bact. typhosum. Brit. J. Exper. Path. **23**, 151 (1942).
—, and H. SCHÜTZE: Prophylactic inoculation with the O-Antigen of Bact. shigae. Lancet **1943 II**, 284.
MORGAN, W. T. J., and A. C. THAYSEN: Decomposition of spezific bacterial Polysaccharides by a species of Myxobacterium. Nature (Lond.) **132**, 604 (1933).
—, and UPHAM: Proc. Soc. Exper. Biol. a. Med. **48**, 114 (1941).
—, and W. M. WATKINS: Blood group A antigen prepared from A-hapten of human origin. J. of Exper. Path. **25**, 221 (1944).
MORRIS, J. F., T. F. SELLERS and A. W. BROWN: The primary isolation of small colony strains of Eberthella typhosa from blood, feces, urine and sputum. J. Inf. Dis. **68**, 117 (1941).
MORTON, H. E.: Corynebacterium diphteriae. A correlation of recorded variations within the species. Bacter. Rev. **4**, 117 (1940).
—, and H. E. SOMMER: The variation of Group C hemolytic streptococci. J. Bacter. **47**, 123 (1944).
MUDD, S., and E. B. H. MUDD: (1) Certain interfacial tension relations and the behaviour of bacteria in films. J. of Exper. Med. **40**, 647 (1924).
— — (2) The surface composition of the tubercle bacillus and other acid-fast bacteria. J. of Exper. Med. **46**, 167 (1927).
MÜLLER, H. J.: 1947, zit. nach R. MÜLLER, Med. Mikrobiol. **1950**, 1225.
MÜLLER, R.: Medizinische Mikrobiologie, 4. Aufl. Verlag: Urban & Schwarzenberg 1950.
NEISSER, M.: Ein Fall von Mutation nach DE VRIES bei Bakterien und andere Demonstrationen. Zbl. Bakter. I Ref. **38**, 98 (1906).
NETER, E., L. F. BERTRAM and C. E. ARLESMANN: Proc. Soc. Exper. Biol. a. Med. **79**, 255 (1952).
— —, D. A. JAK, M. R. MURDOCK and C. S. ARLESMAN: Studies on Hemagglutination ans Hemolysis by Escherichia Coli antisera. J. of Exper. Med. **96**, 1 (1950).
— D. A. JAK, N. J. ZALEWSKI and L. F. BERTRAM: Inhibition of bacterial (Escherichia coli) Modification of erythrocytes. Proc. Soc. Exper. Biol. a. Med. **80**, 607 (1952).
— N. J. ZALEWSKI and W. W. FERGUSON: Escherichia coli. Hemagglutinin response of adult volunteer to Ingested E. coli O 55/B 5 (20070). Proc. Soc. Exper. Biol. a. Med. **82**, 215 (1953).
— —, and D. A. JAK: Inhibition by Lecithin and Chloesterol of bacterial (Escherichia coli) hemagglutination and hemolysis. J. of Immun. **71**, 145 (1953).
— — The Requirement of Electrolysis for the Adsorption of Escheria coli Antigen by red blood cells. J. Bacter. **4**, 424 (1953).

Neufeld, F., u. W. Lewinthal: Beiträge zur Variabilität der Pneumokokken. Z. Immun.-forsch. **55**, 324 (1928).

Newcombe, H. B.: (1) Origin of Bacterial Variants. Nature (Lond.) **164**, 150 (1949).

— (2) A comparison of spontaneous and induced mutation of Escherichia coli to streptomycin resistance and dependence. J. Cellul. a. Comp. Physiol. **39**, 13 (1952).

Nicolle, Ch.: La substance agglutinable des bactéries et le mécanisme de l'agglutination. C. r. Soc. Biol. Paris **5**, 1055 (1898). Zit. nach Béguin u. Grabar.

Nicolle, P., A. Jude et R. Buttiaux: Stabilité des types bactériophagiques des Salmonella Paratyphi B et valeur épidemiologique de la lysotypie par la methode de Felix et Callow. Ann. Inst. Pasteur **79**, 246 (1950).

—, Y. Hamon et E. Edlinger: (1) Recherches sur les facteurs qui conditionnent l'appartenance des bacilles paratyphiques B aux différents types bactériophagiques de Felix et Callow. I. La lysogénéité des différents types de Salmonella Paratyphi B. Ann. Inst. Pasteur **80**, 479 (1951).

— — — (2) Essai de subdivision de quelques Lysotypes B Vi de Salmonella Paratyphi B. Ann. Inst. Pasteur **85**, 706 (1953).

— A. Jude et G. Diverneau: Antigènes enhavant l'action de certains bactériophages. Ann. Inst. Pasteur **84**, 27 (1953).

— — Estimation quantitative du l'antigène Vi élaboré par quelques enterobactériciacées cultivées à differentes temporatures. C. r. Acad. Sci. Paris **234**, 23 (1925).

—, M. Pavlatou et G. Dioveneau: Subdivision de quelques types Vi fréquents de Salmonella typhi par des lysotypics auxiliaires. C. r. Acad. Sci. Paris **236**, 2453 (1953).

Northrop, J. H., and P. H. de Kruif: (1) The stability of bacterial suspensions. II. The agglutination of the bacillus of rabbit septicenia and of bacillus typhosus by elektrolytes. J. Gen. Physiol. **4**, 539 (1922).

— — (2) The stability of bacterial suspensions. III. Agglutination in the presence of proteins, normal serum and immune serum. J. Gen. Physiol. **4**, 655 (1922).

Novick, A., and L. Szilard: Experiments with the chemostat on spontaneous mutations of bacteria. Proc. Nat. Acad. Sci. U. S.A. **36**, 708 (1950).

Nungester, W. J.: (1) J. Inf. Dis. **44**, 73 (1929).

— (2) Independent variation of bacterial properties. J. Bacter. **25**, 49 (1933).

Nutini, L. G., and E. M. Lynch: (1) Effect of tissue extracts in controlling Staphylococcus aureus infections. Nature (Lond.) **156**, 419 (1945).

— — (2) Further studies on effects of tissue extracts on Staphylococcus aureus. J. of Exper. Med. **84**, 247 (1946).

Nyberg, C., K. Bonsdorff u. K. Kauppi: Über die Veränderlichkeit einiger Coli- und Coli-ähnlicher, aus Kloakenwasser isolierter Bakterien. Zbl. Bakter. I Orig. **139**, 13 (1937).

Oatway, W. H., and W. Steenken: Pathogenesis and fate of tubercle produced by dissociated variants of tubercle bacilli. J. Inf. Dis. **59**, 306 (1936). Zit. nach Smith u. Martin S. 384.

Oeding, P.: (1) Thermostable and thermolable antigens in the Diphtheria bacillus. Acta path. scand. (Københ.) **27**, 427 (1950).

Ogata, T.: Unveröffentlicht.

Okamoto, H., and T. Shako: Jap. J. med. Sci., IV. Pharmacol. **10**, 129 (1937).

Olbrich, E.: Über das Antikörperbildungsvermögen bei Mäusen nach Immunisierung mit menschlichen Blutkörperchen und über die Verwendungsmöglichkeit hierbei gewonnener Anti-O-Immunseren für die A_1/A_2-Diagnostik und den Genotypennachweis. Arb. Inst. exper. Ther. Frankf. **1939**.

Olitsky, P. K., and I. J. Kligler: Toxins and antitoxins of Bacillus dysenteriae (Shiga). J. of Exper. Med. **31**, 19 (1920).

Olitzki, L., Sh. Avinery and J. Bendersky: The leucopenic action of different microorganisms and the antileucopenic immunity. J. of Immun. **41**, 361 (1941).

— —, and P. K. Koch: The hypothernic and adreno-hemorrhagie effects of bacterial vaccines. J. of Immun. **45**, 237 (1942).

—, M. Schelubsky and P. K. Koch: Thermolabile substance of Shigella dysenteriae Shiga. J. Hyg. Camb. **44**, 271 (1946). Zit. nach Felix (2) S. 573.

OSTERMANN, E., and L. F. RETTGER: A comparative study of organisms of the Friedländer and Coli-aerogenes gropus. Morphological and cultural characteristics with emphasis on variation. J. Bacter. **42**, 699 (1941).

PACHEKO, G., et M. PARA: Sur quelques propriétés antigéniques de la Salmonella typhosa liées à la présence du „Vi component". C. r. Soc. Biol. Paris **127**, 725 (1938).

PAGE, C. A., R. J. GOODLOW and W. BRAUN: The effect of Threonin on population change and virulence of Salmonella typhimurium. J. Bacter. **62**, 5 (1951).

PALMER, I. W., and T. D. GERLOUGH: A simple method for preparing antigenic substances from the typhoid bacillus. Science (Lancaster, Pa.) **92**, 155 (1940).

PAMPANA, E. J.: (1) La dissociazione microbica e la tripaflavina come suo reattivo. Ann. Igiene **41**, 537 (1931).

— (2) Microbie dissociation: Detection of the „R" variant by means of a specific drop-agglutination. J. of Hyg. **33**, 402 (1933).

PANDOLFI, C. A., e R. BELLI: First observations on the presence of blocking antibodies in sera of typhoid patients. Boll. Soc. ital. Biol. mer. **26**, 102 (1950).

PANJA, G.: An easy method of producing permanent rough variation in cholera vibrios. Indian. Med. Gaz. **80**, 342 (1945).

PARR, L. W., and W. R. SIMPSON: Coliform mutants with respect to the utilization of citrate. J. Bacter. **40**, 467 (1940).

PARVIS, D., e E. MAZZA: Sullo stimolo alla dissociazione S—R esercitato sui germi tifo-paratifici da sostanze disinfettanti usate in dose subbatericida. Giorn. Batter. **23**, 745 (1939).

PATRIDGE, S. M.: Filter-paper partition chromatography of sugars. 2. An examination of the blood group a specific substance from hog gastric mucin and the specific polysaccharide of bacterium dysenteriae (Shiga). Biochemic. J. **42**, 238 (1948).

PATTERSON, R. N.: Efficacy of typhoid prophylaxis in the United States army. Amer. J. Publ. Health **1935**, 258.

PAUL, J. R.: (1) A comparative study of small and rough pneumococcus colonies. J. of Exper. Med. **46**, 793 (1927).

— (2) Pneumococcus variants. II. Dissociants of R pneumococci and their relation to Streptococcus viridans. J. Bacter. **28**, 69 (1924).

— (3) Pneumococcus variants. I. Intermediate forms and the influence of environment in their producation during in-vitro S to R and R to S transitions. J. Bacter. **28**, 45 (1934).

PERLMAN, E., and W. F. GOEBEL: (1) Studies on the Flexner Group of Dysentery Bacilli IV. The serological and toxic properties of the somatic antigens. J. of Exper. Med. **84**, 223 (1946).

— — (2) Studies on the Flexner Group of Dysentery bacilli. V. A Quantitative study of the serological cross-reaction. J. of Exper. Med. **84**, 235 (1946).

PERRY, H. M., and H. T. FINDLAY: Antityphoid inoculation. The rôle of bacterium typhosum, strain Rawlings. J. Army Med. Corps **60**, 241 (1933).

— —, and H. J. BENSTED: Antityphoid inoculation. Observations on the variation of Bact. typhosum in vivo. J. Army Med. Corps **61**, 81 (1933).

PESO, O. A., and P. R. EDWARDS: Changes induced in the flagellar antigens of Salmonella rostock and Salmenolla california Publ. Health Rep. **1951**, 1694.

PETER, H.: Über die antigene Wirkung und Spezifität von Endotoxinen verschiedener pathogener Darmbakterien. Arch. P. Ehrlich-Inst. Frankfurt **49**, 64 (1951).

PETROFF, S. A.: Vaccination with living virulent, avirulent and dead tubercle bacilli. J. Amer. Med. Assoc. **89**, 285 (1927).

—, A. BRANCH and W. STEENKEN jr.: A study of bacillus Calmette-Guérin (B.C.G.). I. Biological characteristics, cultural „Dissociation" and animal experimentation. Amer. Rev. Tbc. **19**, 9 (1929).

—, and W. STEENKEN: Biological studies of the tubercle bacillus. I. Instability of the organism microbic dissociation. J. of Exper. Med. **51**, 831 (1930).

PFEIFFER, R., u. J. BESSAU: Über die angebliche Verwendung der toxischen und der immunisierenden Bestandteile des Typhusbazillus. Zbl. Bakter. I Orig. **64**, 172 (1912).

PIEKARSKI, G.: (1) Zum Problem des Bakterienzellkerns. Erg. Hyg. **26**, 333 (1949).

PIKE, R. M.: A study of group A streptococci from healthy carriers with particular attention to mucoid polysaccharide production. J. Inf. Dis. **79**, 148 (1946).

Pilot, I.: Differentiation of Streptococcus epidemicus. J. Inf. Dis. **55**, 228 (1934).

Pinner, M., and M. Voldrich: Lysozyme — The occurrence of an apparently sterile phase the relation of lysis to dissociation. J. Inf. Dis. **60**, 6 (1937).

Piroski, J.: Sur la specificité des antigènes glucido-lipidiques des Pasteurella et sur leurs affinités sérologiques avec les antigènes glucido-lipidiques des salmonella. C. r. Soc. Biol. Paris **128**, 347 (1938).

Pisu, I.: Osservazioni su un focolaio epidemico di dissenteria infantile. Giorn. Batter. **22**, 806 (1939).

Pittmann, M.: Variation and type specificity in the bacterial species Hemophilus influenzae. J. of Exper. Med. **53**, 471 (1931).

Planet, N., y O. Bier: Phenõmenos di dissociação nos estreptococcos hemolyticos em relação coma a sensibilidade ao bacteriophago especifico. Arch. Inst. biol. (Sao Paulo) **6**, 121 (1935).

Pon, G.: Thèse Universität Paris 1953.

—, et A. M. Staub: Bull. Soc. Chim. biol. Paris **34**, 1132 (1952).

Popescu-Combiesco, C., et E. Soru: Recherches sur l'agglutinabilité des vibrious chlolériques et paracholeriques par la trypaflavine. C. r. Soc. Biol. Paris **115**, 1317 (1934).

Poursines, J., I. Brahic et A. Salignon: (1) L'intradermo-réaction à l'endotoxine typhique chez le lapin inoculé de bacilles typhiques. Ses variations chronologiques avec référence à la courbe des agglutinines, ses différences selon la voie osseuse on veineuse utilisée pour l'inoculation. C. r. Soc. Biol. Paris **146**, 1363 (1952).

— — — (2) Evolution comparée des agglutinins typhiques chez le lapin, après introduction de l'antigène par voies sous-cutanée, intra-veineuse on intra-osseuse. C. r. Soc. Biol. Paris **146**, 582 (1952).

Pregl, F., u. H. Roth: Quantitative organische Mikroanalyse, 5. Aufl., S. 248. Wien: Springer 1947.

Preiss, H.: Studien über das Variieren und das Wesen der Abschwächung des Milzbrandbacillus. Zbl. Bakter. I Orig. **58**, 510 (1912).

Preuner, R.: Die funktionelle Morphologie der Bakterien. Fortschr. Med. **7/8**, 147; **9**, 197 (1952).

Prigge, R.: (1) Aktive Schutzimpfung gegen Bazillendysenteriae. Med. Welt **1942**, **1149**.

— (2) Persönliche Mitteilung 1952.

—, u. L. Kicksch: Experimentelle Untersuchungen über die giftigen Antigene des Ruhrbacillus Shiga-Kruse. Z. Hyg. **123**, 417 (1941).

Prittwitz, v., u. J. Gaffron: Untersuchungen über die Struktur von S- und R-Formen bei gramnegativen Darmbakterien mit dem Phasenkontrastmikroskop. Arch. f. Hyg. **136**, 218 (1952).

Raettig, H.: (1) Typhus-Immuntest und Schutzimpfung. Jena: Gustav Fischer 1952.

— (2) Wann sollen Schutzimpfungen gegen Typhus vorgenommen werden? Dtsch. med. Wschr. **1954**, 173.

Raimondi, A.: Agglutinine da vaccinazione e cloroamfenicolo. Ann. Sanit. punat. **13**, 1145 (1952).

Raistrick, H., and W. Topley: (1) Immunizing fractions isolated from Bact. aertrycke. Brit. J. Exper. Path. **15**, 113 (1934).

— — (2) Immunisation with bacterium typhosum. Lancet **1937 I**, 252, 274.

Randall, H. M., D. W. Smith and W. J. Nungester: Correlation of biologic properties of strains of mycobacterium with their infrared spectrums. II. The differentiation of two strains, H 37 Rv and H 37 Ra, of M. Tuberculosis by means of their infrared spectrums. Amer. Rev. Tbc. **4**, 477 (1952).

— — — Infrared spectroscopy in bacteriological research. J. Opt. Soc. Amer. **11**, 1086 (1953).

Rauss, K.: (1) Die Rolle des Antigens Vi bei der Variation der Typhusstämme. Z. Immun.-forsch. **97**, 281 (1940).

— (2) Ein Beitrag zur immunbiologischen Rolle des Antigens Vi. Z. Immun.forsch. **97**, 365 (1940).

—, u. A. Vertényi: A Vi antigen labilitása. Kisérl. Orvostud. **4/5**, 331 (1952).

Reed, G. B.: (1) Independent variation of several characteristics in S. marcescens. J. Bacter. **34**, 255 (1937).
— (2) Problems in the variation of pathogenic bacteria. In: The genetics of pathogenic organisms. Publ. Amer. Assoc. Adv. Sci., No **12**, 28 (1940).
Reimann, H. A.: (1) Variations in specificity and virulence of pneumococci during growth in vitro. J. of Exper. Med. **41**, 587 (1925).
— (2) The occurrence of degraded pneumococci in vivo. J. of Exper. Med. **45**, 807 (1927).
— (3) Micrococcus tetragenus infection. II. Description of variant froms. J. Bacter. **31**, 385 (1936).
— (4) Bacterial type transformation. IV. Micrococcus tetragenus infection. J. Bacter. **33**, 499 (1937).
— (5) The significance of bacterial variation. V. Micrococcus tetragenus infection. J. Bacter. **33**, 513 (1937).
— (6) Micrococcus tetragenus infection. III. Immunologic studies of variant forms, and discussion. J. Bacter. **31**, 407 (1938).
Roberts, R. S.: (1) Endotoxin of Bact. coli. J. Comp. Path. a. Ther. **59**, 284 (1949).
— (2) Influence of Aeration on Rate of Growth in Cultures. Nature (Lond.) **165**, 494 (1950).
Robertson, R. M., and H. Yu: Leucopenia and the toxic substances of B. typhosus. J. of Hyg. **38**, 299 (1938).
Robinow, C. F.: In Dubos, The Bacterial cell. Harvard Univ. Cambridge, Mass. 1947.
Robinson, E. S., and B. A. Flusser: J. of biol. Chem. **153**, 529 (1944).
Röhrer, H., u. K. Dehmel: Zur Entwicklung eines Typhus-Absorbat-Impfstoffes. Zbl. Bakter. I Orig. **155**, 121 (1950).
Roelcke, K.: (1) Über die Resistenz verschiedener Ruhrkeime. Z. Hyg. **120**, 307 (1938).
— (2) Zur Pathogenitätsfrage der Flachform von Kruse-Sonne-Bakterien. Z. Hyg. **121**, 743 (1939).
— (3) Zur Pathogenese der Kruse-Sonne-(E)-Ruhr. Zbl. Bakter. I Orig. **148**, 179 (1942).
—, u. W. Bertram: (1) Die Umwandlung der Flachform von Kruse-Sonne-Bakterien in die Rundform. Z. Hyg. **122**, 295 (1939).
— — (2) Über die Wuchsformen des Bacterium proteus. Zbl. Bakter. I. Orig. **143**, 247 (1939).
—, u. H. Intlekofer: Untersuchungen über drei verschiedene Wuchsformen eines Enteritis-erregers. Zbl. Bakter. I Orig. **142**, 42 (1938).
Roepke, R. R.: Studies of muttions in Escherichia coli. J. Bacter. **52**, 504 (1946).
—, R. L. Libby and M. H. Small: Mutation or variation of Escherichia coli with respect of growth requirements. J. Bacter. **48**, 401 (1944).
Roepke, R., and F. E. Mercer: Lethal and sublethal effects of x-rays on Escherichia coli as realted to the yield of biochemical mutants. J. Bacter. **54**, 731 (1947). Zit. nach Smith u. Martin S. 131.
Rohrer, E.: Studien über die verzögerte Mutation bei Escheria colli. Schweiz. Z. Path. u. Bakter. **1**, 105 (1953).
Roland, F., and C. A. Stuart: Directed Mutation toward Streptomycin Resistance in Salmonella typhi. Antibiotics a. Chemother. **8**, 523 (1951).
Roschka, R.: (1) Bericht über einen neuen glatten, Vi-freien und geißellosen Typhusstamm (0—125). Z. Hyg. **136**, 400 (1953).
— (2) Über das Vorkommen serologischer Varianten von Salmonella typhi und paratyphi B in Österreich. Z. Immun.forsch. **110**, 106 (1953).
Rosenthal, F., u. E. Stein: Zur experimentellen Chemotherapie der Pneumokokken-infektion. Z. Immun.forsch. **20**, 577 (1914).
Rosgon, I.: The role of bacteriophage in the variation of the virus and vaccine of anthrax. In: Microbe variability and bacteriophage, S. 389. Kiev: Ukr. SSR Acad. Sci. Press 1939.
Rouchdi, M.: Sur la recherche de l'antigène Vi chez les bactériès. C. r. Soc. Biol. Paris **128**, 1024 (1938).
Rubinstein, H., u. U. F. Windholz: (1) Zur Kenntnis der Ausflockung von Bakterien durch Farbstoffe. Z. Immun.forsch. **49**, 102 (1926).
— — (2) Mikrobiol. Enzymforsch. **1949**, 81 u. 83.
— — (3) Erg. Hyg. **1**, 28 (1914).

Rühling, O.: Klinische Beobachtungen über den Einfluß von Chloromycetin auf den Agglutinationstiter bei typhösen Erkrankungen. Ärztl. Wschr. **1954, 313.**

Ryan, F. R., and L. K. Schneider: Mutations during the growh of biochemical mutants of Escherichia coli. Genetics **24**, 72 (1949).

— —, and R. Ballentine: Mutations involving the requirement of uracil in Clostridium. Proc. Nat. Acad. Sci. U.S.A. **32**, 261 (1946).

Ryzhkov, V.: Variability in microbes in the light of the modern theory of genetics. In: Mirobe variability a. bacteriophage, S. 9. Kiev: Ukr. SSR Acad. Sci. Press 1939.

Saenz, A.: Recherches sur les caractères biologiques du bacille tuberculeux aviare. Ann. Inst. Pasteur **61**, 662 (1939).

Salton, M. R. J.: The nature of the cell walls of some Gram-positive and Gram-negative bacteria. Biochim. et Biophysica Acta **9**, 334 (1952).

— u. Mitarb.: (1) Biochim. et Biophysica Acta **7**, 19 (1951).

— — (2) Studies on the bacterial cell wall. IV. The composition of the cell walls of some grampositive and gramnegative bacteria. Biochim. et Biophysica Acta **10**, 512 (1953).

— — (3) J. Gen. Microbiol. **5**, **405** (1951).

— — (4) J. Gen. Microbiol. **9**, 512 (1953).

—, and R. W. Horne: (1) Studies of the bacterial cell wall. I. Electron microscopical observations on heated bacteria. Biochim. et Biophysica Acta **7**, **42** (1951).

— (2) Studies of the bacterial cell wall. II. Methods of preparation and som properties of cell walls. Biochim. et Biophysica Acta **7**, 177 (1951).

— —, and V. E. Crosslett: Electron microscopy of bacteria treated with aetyltrimethylammonium bromide. Biochim. et Biophysica Acta **7**, **19** (1951).

Sartorius, F., u. H. Reploh: Über die weitere Entwicklung der Ruhrrassenforschung, insbesondere in der Pseudodysenterie- resp. Flexnergruppe. Zbl. Bakter. I Orig. **126**, 10 (1932).

Savage, W. G.: J. of Path. **7**, 388 (1900).

—, and P. B. White: An investigation of the Salmonella group, with special reference to food poisoning. Med. Res. Council Spec. Rep. **91**, 53 (1925).

Schelubsky, M., and L. Olitzki: (1) Separation and concentration of a thermolabile precipitinogen from Shigella Dysenteriae (Shiga). J. Hyg. Camb. **45**, **123**; **46**, 65 (1948). Zit. nach Felix S. 573.

— — (2) The labile antigens of Shigella dysenteriae (Shiga).

Schiemann, O.: Die Beziehungen zwischen Typenspezifität, Virulenz und Pathogenität bei Pneumokokken. Z. Hyg. **110**, 175 (1929).

Schiff, F.: (1) Über gruppenspezifische Serumpräcipitine. Klin. Wschr. **1924**, 679.

— (2) Über den serologischen Nachweis der Blutgruppeneigenschaft 0. Klin. Wschr. **1927**, 303.

Schlossberger, H.: In Kolle-Hetsch, Experimentelle Bakteriologie und Infektionskrankheiten, 11. Aufl., Kap. 1. Urban & Schwarzenberg 1952.

—, u. W. Trieber: Zur Frage der Umwandlung von Typhusbazillen in Paratyphus-B-Bazillen. Z. Hyg. **128**, 331 (1948).

Schmetze, H.: Z. Hyg. **20**, 330 (1922).

Schmid, L., H. Michl u. G. Zwettler: Über ein Antigen von Brucella abortus Bang. Mh. Chemie **81**, 198 (1950).

Schmidt, H.: Fortschritte Serologie. Darmstadt: Theodor Steinkopff 1950/51.

Schmidt, W. H., G. E. Ward and R. D. Goghill: Penicillin. VI. Effect of dissociation phases of Bacillus subtilis on penicillin assay. J. Bacter. **49**, **411** (1945).

Schmidt-Schleicher, J.: Zur Kenntnis der antigenen Beziehungen des Shiga-Ruhr-Bazillus und der Blutgruppensubstanz Null des Menschen. Z. Immun.forsch. **97**, 14 (1939).

Schnabel, E.: Experimentelle Untersuchungen über die Einwirkung des Chloromycetins auf die Agglutininbildung. Wien. Z. inn. Med. **32**, **460** (1951).

Schnitzer, R. J., L. J. Camagni and M. Buck: Resistance of small colony variants (G-forms) of a staphylococcus towards the bacteriostatic activity of a penicillin. Proc. Soc. Exper. Biol. a. Med. **53**, 75 (1943).

Schoening, H. W., W. S. Gochenour and C. G. Grey: Studies on Erysipelothrix rhusiopathiae with special reference to smooth and rough type cultures. J. Amer. Vet. Med. Assoc., N. S. **45**, 61 (1938).

SCHOLTENS, R. TH.: (1) Der Glatt-Rauhformenwechsel des Bacterium typhi. Zbl. Bakter. I Orig. **139**, 467 (1937).
— (2) The importance of receptor analysis for the study of physico-chemical properties of typhoid bacilli. J. of Hyg. **38**, 273 (1938).
SCHRAMM, G., O. WESTPHAL u. O. LÜDERITZ: Über bakterielle Reizstoffe. III. Mitt. Physik.-chem. Verhalten eines hochgereinigten Coli-Pyrogens. Z. Naturforsch. **7**b, 594 (1952).
SCHROER, M. H.: Über die Darstellung von Ekto- und Endotoxinen mit Versuchen zur Gewinnung dieser Gifte aus Schmitz-Ruhr-Bazillen. Arch. f. Hyg. **123**, 193 (1939).
SCHÜRMAYER, B.: J. of Hyg. **20**, 281 (1895).
SCHÜTZE, H.: The agglutinability of bact. Shigae. J. of Path. **56**, 250 (1944). Zit. nach FELIX, S. 573.
SCHWAB, J. H., D. W. WATSON and W. J. CROMARTIE: Production of generalized Schwarzman Reaction with Group A Streptococcal Factors. Proc. Soc. Exper. Biol. a. Med. **82**, 754 (1953).
SCOTT, W. M.: The Thompson of salmonella. J. of Hyg. **25**, 398 (1926).
SEAL, S. C.: J. of Hyg. **40**, 106 (1937).
SEARS, H. J., and M. SCHOOLNIK: Fermentative variability of Shigella paradysenteriae, Sonne. J. Bacter. **31**, 309 (1936).
SEELEMANN, M.: Biologie der bei Tieren und Menschen vorkommenden Streptokokken. Nürnberg: H. Carl 1947.
SEELIGER, H.: Die Herstellung und Verwendung diagnostischer Faktorenseren zur Typendiagnostik in der Flexnergruppe. Arch. f. Hyg. **134**, 245 (1951).
—, u. K. O. VORLAENDER: Die Widal-Reaktion bei Typhus und Paratyphus unter besonderer Berücksichtigung chloromycetinbehandelter Fälle. Z. Immun.forsch. **2**, 128 (1953).
SEIFFERT, G.: Beitr. Klin. Inf.krkh. **5**, 319 (1917). Zit. nach BAERTHLEIN.
SEIFFERT, W.: Bakterielle Mutation. Zbl. Bakter. I. Ref. **121**, 143 (1936).
SEPPILI, A.: Parasitism and differentiation in facultative parasitic bacteria. Third. Inter. Congr. Microb. N.Y. Rept. Proc., S. 162. 1939.
—, e R. VENDRAMINI: Contributi allo studio dei nucleoproteidi batterici. I. Diverso comportamento delle due fasi „R" ed „S" dei batteri al traktamento secondo LUSTIG e GALEOTTI per l'estrazione del nucleoproteide. Boll. Ist. sieroter. milan. **13**, 352 (1934).
SERTIC, V., et N. BOULGAKOV: (1) Sur la sensibilité des souches d'Eberthella typhi au bactériophage, en relation avec les caratères antigéniques. C. r. Soc. Biol. Paris **122**, 35 (1924); **123**, 951 (1926). Zit. nach H. SCHMIDT S. 108.
— — (2) L'agglutination par la trypaflavine des Salmonella des structure antigénique flagellaire non-spécifique.
SEVAG, M. G.: (1) Enzyme problems in relation to chemotherapy, "adaptation", mutations, resistance, and immunity. Adv. Enzymol. **6**, 33 (1946).
— (2) Immuno-Catalysis. Springfield, Ill.: Ch. C. Thomas 1951.
— J. SMOLENS and D. B. LACKMAN: The nucleic acid content and distribution in Streptococcus pyogenes. J. of Biol. Chem. **134**, 523 (1940).
SEVERRENS, J. M., and F. W. TANNER: The inheritance of environmentally induced chracters in bacteria. J. Bacter. **49**, 383 (1945).
SEYMOUR, L. H., J. R. STEVENSON u. Mitarb.: Glykogen of Enteric Bacteria. J. Bacter. **6**, 665 (1953).
SHEAR, M. J., and H. B. ANDERVOUT: Chemical treatment of tumors. III. Separation of hemorrage-producing fraction of B. coli filtrate. Proc. Soc. Exper. Biol. a. Med. **34**, 323 (1936).
—, and F. C. TUMA: Chemical treatment of tumors; isolation of hemorrhage-producing fraction from Serratia marcescens (Bacillus prodigiosus) culture filtrate. J. Nat. Canc. Inst. Wash. **4**, *81*, *107* u. *123* (1943). Zit. nach WESTPHAL.
SHILO, M., D. FEINGOHL and SH. HESTRIN: Promotion of infection by intravenously administered Polysaccharides. Nature (Lond.) **172**, 765 (1953).
SHINN, L. E.: The ultimate R culture phase of the pneumococcus. J. Bacter. **33**, 18 (1937).
SHRIVASTAVA, G. C., S. C. AGARWALA and S. S. BATHNAGAR: Antigenicity and Enzyme Activity of Salmonella typhosa. Sep. Exper. **11**, 421 (1953).
SHWARTZMAN, G.: (1) Phenomenon of local tissue reactivity. New York: P. B. Hoeber 1947.
— (2) Hemorrhage. Ann. N. Y. Acad. Sci. **49**, 483 (1948).

Siler, S. F.: (1) Protective antibodies in the blood serum of individuals after immunization with typhoid vaccine. Amer. J. Publ. Health **1937**, 192.

— (2) Discussion of some of the lements of immunity with particular reference to results obtained in experimental studies of strains of E. typhosa. Mil. Surgeon **85**, 23 (1939).

Slein, M. W., and G. W. Schnell: The polysaccharide of shigella Flexnerie Type 3. J. of Biol. Chem. **203**, 837 (1953).

Smith, D. R., and D. S. Martin: Zinssers Textb. Bact. Bd. **9**, Appelt. New York: Cent. Crofts Inc. 1948.

Smithburn, K. C.: The colony morphology of tubercle bacilli. III. The relation between virulence and colony form. J. of Exper. Med. **62**, 635 (1935).

Smolens, J., and A. B. Vogt: Studies on antibiotic resistence and the nucleid acid content of bacteria. J. Bacter. **66**, 2 (1953).

Solotorvsky, M., and L. Buchbinder: Dissociation of beta hemolytic streptococci revealed by size of hemolytic zone on blood agar plates. J. of Immun. **40**, 243 (1941).

Sonnenschein, C.: (1) Über Paratyphus-Bakteriophagen und -Antiphagine. Zbl. Bakter. I Orig. **97**, 312 (1926).

— (2) Atypische Wuchsformen von Bakterien als Krankheitserreger „Mucosus-Form" von B. paratyphi im Blut eines Paratyphuskranken. Zbl. Bakter. I Orig. **100**, 11 (1926).

Soru, E.: Le potentiel électrique de quelques espèces de vibrious cholériques. C. r. Soc. Biol. Paris **115**, 1319 (1934).

Spaun, J.: Determination of Salmonella typhi O and Vi antibodies by Haemagglutination. Acta path. scand. (København.) **31**, 462 (1952).

Spector, W. G.: The role of some higher peptides in inflammation. J. of Path. **63**, 93 (1951).

Spencer, R. R.: Further studies of the effect of radium upon bacteria. U. S. Publ. Health Rep. **50**, 1642 (1935).

Spicer, S.: A study of variation in hemolytic streptococci from scarlet fever and erysipelas. II. Comparative virulence, carbohydrate fermentation, toxin production of the S and R strains. Protective power of S and R vaccines. Reversion. J. Bacter. **32**, 105 (1936).

Spink, W. W., and D. Anderson: Experimental studies on the significance of endotoxin in the pathogenesis of brucellosis. J. Clin. Invest. **33**, 540 (1954).

Stapp, C., and H. Zycha: Morphologische Untersuchungen an Bacillus mycoides. Ein Beitr. z. Frage d. Pleomorphismus d. Bakt. Arch. Mikrobiol. **2**, 493 (1931).

Staub, A. M., et R. Combes: Essai de dosage des antigènes somatiques au sein de S. typhi. II. Dosage de l'antigène O dans des microbes de nombreuses souches de S. typhi. Ann. Inst. Pasteur. **83**, 528 (1952).

Steabben, D.: A study on bacteriological lines of antigen derived from Bact. dysenteriae (Shiga). J. of Hyg. **43**, 83 (1943).

Stearns, R. W., and M. H. Roepke: The effect of dissociation on the electrophoretic mobility of Brucella. J. Bacter. **42**, 745 (1942).

Steenken, W.: (1) Lysis of tubercle bacilli in vitro. Proc. Soc. Exper. Biol. a. Med. **33**, 253 (1935).

— (2) Effect of egg oil on tubercle bacilli. A study on the growth and macroscipical appearance of tubercle bacilli variants of H 37, R 1 and undissociated strains. Amer. Rev. Tbc. **42**, 422 (1940).

—, and Gardner: (1) Vaccination properties of avirulent dissociates of 5 different strains of tubercle bacilli. Yale J. Biol. a. Med. **15**, 393 (1942/43).

— — (2) Amer. Rev. Tbc. **54**, 51 (1946). Zit. nach Smith u. Martin S. 403.

Steinhardt, E.: Variations in virulence in organisms acted upon by serum and the occurrence of spontaneous agglutination. J. Med. Res. **13**, 409 (1904/05).

Sterne, M.: Ovnderstepoort J. veg. Sci. 8, 271; **9**, 49 (1937); **10**, 245 (1938).

Stevenson, H. J. R., u. S. Levine: Zit. nach Dtsch. med. Wschr. **1953**, 251 (Bakt. Diagnostik mit dem Spektroskop).

Stich, H.: Trypflavin und Ribonucleinsäure. Untersucht an Mäusegeweben, Condolystoma spez. und Acetabularia mediterranea. Naturwiss. **1951**, 435.

Stuart, C. A., K. M. Wheeler and V. McGann: Further studies on one anaerogenic paracolon organism, type 2911. J. Bacter. **52**, 43, 191 (1946).

Swingle, E. L.: Studies on small colony variants of Staphylococcus aureus. J. Bacter. **29**, 467 (1935).

TAEGUE u. BUXTON: Z. phys. Chem. **57**, 76 (1907). Zit. nach WELLS S. 144.
TAKANO, Y.: Über die Gerinnung von differential-diagnostischen Seren für Bakterien der Paratyphus-Enteritisgruppe. Z. Immun.forsch. **82**, 361 (1934).
TAKEDA, Y.: Rev. Canad. de Biol. **12**, 347 (1953).
—, and N. KASAI: Studies on the chemical construction of several Endotoxins from the view point of their ultraviolett absorption spektra. Yokohama Med. Bull. **4**, 224 (1952).
TAKITA, J.: A new type of antigenic variation occurring in the Flexner group of dysentery bacilli. J. of Hyg. **37**, 27 (1937).
TAL, CH.: Differences in toxicity of the S- and R-variants of Shigella dysenteriae. J. of Immun. **60**, 221 (1950).
—, and W. F. GOEBEL: On the nature of the toxic component of the somatic antigen of Shigella paradysenteriae type Z (Flexner). J. of Exper. Med. **92**, 25 (1950).
—, and L. OLITZKI: The toxic and antigenic properties of fractions prepared from the complete antigen of Shigella dysenteriae. J. of Immun. **58**, 337 (1948).
TAO, S.: A comparative study on the virulence and antigenic properties of B. typhosus Rawlings and an inagglutinable Chinese strain. Far East. Assoc. trop. Med., Nanking **1**, 91 (1934).
TARNÓCZY, T., u. J. IVÓ: Wirkung der Ultraschallwellen auf die Antigene der Salmonella typhi. Agglutinationsversuche. Acta Physiol. Acad. sci. hung. **3**, 1 (1952).
TATUM, E. L.: X-ray induced mutant strains of Escherichia coli. Proc. Nat. Acad. Sci. U.S.A. **31**, 215 (1945).
—, and J. LEDERBERG: Gene recombination in the bacterium Escherichia co i. J. Bacter. **53**, 673 (1947).
TAYLOR, H. E.: Additive effects of certain transforming agents from some variants of pneumococcus. J. of Exper. Med. **89**, 399 (1949).
TERMI, M.: Sull' attività tossica e antigene degli estratti tricloroacetici O di S. typhi dopo trattamento col calore. Boll. Soc. ital. Biol. sper. **28**, 1262 (1952).
TETI, M., u. G. FALCONE: Ricerche manometriche sulle modificazioni della respirazione propria ed in presenza di substrato di alcuni stipiti di S. typhi sottoposti all'azione del lisozima. Riv. Ist. sieroter. ital. **27**, 462 (1952).
THIBAULT, P.: Action de l'antigène glucido-lipidique du B. de Shiga sur le pouvoir bactéricide du sérum frais normal de lapin. Ann. Inst. Pasteur **63**, 462 (1939).
THOMSEN: Zit. nach DAHR (2).
TJOTTA, GH., and E. WHAALER: Dissociation and sensitivness to normal sera in dysentery bacilli of Type III. J. Bacter. **24**, 301 (1932).
TOMSSIK, J.: Die Impfung als Infektschutz. Wien. klin. Wschr. **1952**, **61**.
TOOMEY, J. A., and W. S. TAKACS: The effect of various blood mediums on the growth characteristics of H. pertussis. J. Inf. Dis. **62**, 297 (1938).
TOPLEY, W., and J. AYRTON: Further inverstigations into the biological characteristics of B. enteritidis. (Aertrycke). J. of Hyg. **23**, 198 (1924).
—, and H. RAISTRICK, J. WILSON, M. STACEY, S. W. CHALLINOR u. R. O. J. CLARK: The immunizing potency of antigenic components isolated from different strains of Bact. typhosum. Lancet **1937**, 252.
—, and J. WILSON: Princ. Bakt. Imm., 3. Aufl. Baltimore: Williams & Wilkins 1946.
TORREY, J. C., and E. MONTU: A study of the characteristics of variants derived from single cells of Escherichria coli. J. Bacter. **32**, 329 (1936).
TREFFERS, H. P.: The detoxification by acetylation of soluble antigens from Shigella dysenteriae (Shiga) and E. typhosa. Science (Lancaster, Pa.) **103**, 387 (1946).
T'UNG, T., and HSÜ CHIEN-LIANG: Dissociation of pneumococcus by radon irradiation. Proc. Soc. Exper. Biol. a. Med. **43**, 744 (1940).
TUNNICLIFF, R.: Effect of sulfapyridine on phagocytosis and dissociation. J. Inf. Dis. **66**, 148 (1940).
—, and C. HAMMOND: The relation of the anticlotting property, of S. viridans to dissociation and hydrogen ion concentration. J. Inf. Dis. **62**, 121 (1938).
VAHLNE, G.: Serological typing of the colon bacterial. Acta path. scand. (Københ.) Suppl. **42** (1945) u. Lund: Gleerupsha Univ. Bokhandeln 1946.
VENDRAMINI, R.: Ulteriori ricerche sul nucleo-proteide delle due fasi „S" ed „R" dei batteri. Boll. Ist. sieroter. milan. **14**, 840 (1935).

Vendrely, R., and R. Tulasne: Chemical constitution of the L-Forms of bacteria. Nature (Lond.) **171**, 262 (1953).

Vignais, P., E. Barbu, Ph. Daniel et M. Macheboeuf: Actions comparées de la chaleur et de la pression hydrostatique sur les antigènes de Salmonella Paratyphi C. Ann. Inst. Pasteur **86**, 647 (1954).

Vincent, H.: (1) Sur l'élimination urinaire du Bacillus coli communi et sur son origine hématogène. C. r. Acad. Sci. Paris **180**, 239 (1925).

— (2) Sur la pathogéne et les conditions d'entretien de la colibacillurie. C. r. Acad. Sci. Paris **180**, 407 (1925).

— (3) Sur la pluralité des toxines du Bacillus coli et sur les bases expérimentales de la sérothérapie anticolibacillaire. C. r. Acad. Sci. Paris **180**, 1624 (1935).

— (4) Sur les propriétés de la neurotoxin secrétée par le bacille de la fièvre typhoïde. C. r. Acad. Soc. Paris **214**, 525 (1942). Zit. nach H. Schmidt S. 134.

— (5) Sur les toxines sécrétées par le bacille de la fèvre typhoïde et spécialment sur la toxine entèrotrope de cet agent pathogène. C. r. Acad. Soc. Paris **216**, 707 (1943). Zit. nach H. Schmidt S. 134.

— (6) Bull. Acad. Méd. Paris **128**, 207 (1944). Zit. nach H. Schmidt S. 134.

Vogelsang, Th. M.: Über das Vorkommen von glatten („S"-) und rauhen („R"-)Formen des Bac. paratyphosus B. Schottmüller in direkter Aussaat frischen Materials. Zbl. Bakter. I Orig. **125**, 513 (1932).

Vorlaender, K. O., u. H. Schmidtz: (1) Klinische und experimentelle Ergebnisse zur Frage der Wirkungsweise des Chloromycetins bei typhösen Erkrankungen. Ärztl. Wschr. **1952**, 49.

— (2) Zusammenhänge zwischen Toxin-Neutralisation und Immunitätsbeeinflussung durch Chloromycetin bei typhösen Erkrankungen. Ärztl. Wschr. **1952**, **934**.

Voureka, A.: (1) Production of bacterial variants in vitro with chloramphenicol and specific antiserum. Lancet **1951**, 27.

— (2) Bacterial variants in patients treated with chloramphenicol. Lancet **1951**, 27.

Waaler, E.: Studies on dissociation of the dysentery bacilli. Skrift. Norske Vidensh-Akad. Oslo, Mat.-Naturvidensk. Kl. **1925**, 1—176 (1936).

Wagner, R. R., and I. L. Bennet: The production of seren by influencal viruses. III. Effect of receptor -destroying substances. J. of Exper. Med. **91**, 135 (1950).

Wagner, W. H., u. H. Bredehorst: (1) Das Wesen der Trypaflavin-Agglutination unter besonderer Berücksichtigung der Verhältnisse bei Shigella dysenteriae. Naturwiss. **22**, 529 (1951).

— (2) Untersuchungen über Farbstoffagglutination und elektrophoretisches Verhalten von Ruhrbakterien. Zbl. Bakter. I Orig. **159**, 323 (1953).

Wagner-Jauregg, Th.: Angew. Chem. **53**, 319 (1940).

—, u. E. Helmert: Die beiden Gifte der Ruhrbazillen. Die Chemie, Bd. 55, S. 21. 1942.

Walker, A. W., and G. P. Youmans: Growth of bacteria in media containing colchicine. Proc. Soc. Exper. Biol. a. Med. **44**, 271 (1940).

Walker, J.: A method for the isolation of toxic and immunizing fractions from bacterial of the Salmonella group. Biochemic. J. **34**, 325 (1940).

Ward, H. K., and C. Lyons: Studies on the hemolytic streptococcus of human origin. I. Observations on the virulent, attenuated and avirulent variants. J. of Exper. Med. **61**, 515 (1935).

Wassermann, A.: Festschrift zum 60. Geburtstag von Robert Koch, Jena 1903, S. 527.

Webster, L., and C. Burn: Studies on the mode of spread of B. enteritidis mouse typhoid infection. IV. The relativ virulence of smooth, mucoid and rough strains. J. of Exper. Med. **46**, 887 (1927).

Webster, M. E., M. Landy and M. E. Freeman: Studies on Vi-antigen. II. Purification of Vi-antigen from E. coli 5396/38. J. of Immun. **2**, 135 (1952).

Weger, P.: Über rein dargestellte hochwirksame Fieberstoffe. Naturwiss. **34**, 59 (1947).

Weibull, C., and J. Hedvall: Some observations of fractions of disintegrated bacterial cells obtained by differential centrifugations. Biochim. et Biophysica Acta **10**, 35 (1953).

Weicker, B.: Bedrohliche Zwischenfälle bei Pyriferbehandlung. Deutsch. Gesundheitswesen **17**, 1206 (1952).

WEIDEL, W.: (1) Über die Zellmembran von Escherichia coli B. Z. Naturforsch. **6b**, 251 (1951).
— (2) Erzwungene Infektion einer phagenresistenten Mutante von Escherichia coli B. Z. Naturforsch. **7b**, 145 (1952).
— (3) Further studies on the membrane of „E. coli" B. Ann. Inst. Pasteur **84**, 60 (1953).
—, G. KOCH u. F. LOHSS: Über die Zellmembran von Escherichia coli B. Z. Naturforsch. **9b**, 6, 398 (1954).
WEIL, E., u. A. FELIX: Über den Doppeltypus der Rezeptoren in der Typhus-Paratyphus-Gruppe. Z. Immun.forsch. **29**, 24 (1920).
WEINBERG, M., et A. R. PRÉVOT: Recherches sur le Bacillus coli et l'immunisation anti-colibacillaire. C. r. Soc. Biol. Paris **97**, 127 (1927).
WELLS, M.: Chem. Ansch. u. Immun. Vorg. Verlag: Gustav Fischer 1927.
WELSCH, M.: (1) Recherches sur l'origine de la résistance microbiènne à la streptomycine. Bull. Acad. roy. Méd. Belg. **15**, 454 (1950).
— (2) Microbiol resistance to Streptomycin. Bulletin WHO **6**, Spez. No. (1952).
WERNER, G.: Unveröffentlicht.
WESTPHAL, O.: (1) Unveröffentlicht, in H. SCHMIDT S. 141.
— (2) Angew. Chem. **57**, 57 (1944).
— (3) Typumwandlungen bei Pneumococcen. Angew. Chem. **59**, 69 (1947).
— (4) Bakterienreizstoffe und ihre Wirkungsweise. Anorg. Chem. **11**, 314 (1952).
— (5) Über bakterielle Reizstoffe und die Analyse ihrer Wirkung, insbesondere auf das Hypophysen-Nebennierenrinden-System. Chimia **115**, 6 (1952).
—, u. B. KICKHÖFER: Über endogene Reizstoffe. Z. Rheumaforsch. **12**, 321 (1953).
—, u. O. LÜDERITZ: (1) Über die chemische und biologische Analyse hochgereinigter Bakterien-polysaccharide. Dtsch. med. Wschr. Allergiebeilage **3**, 17 (1953) u. **2**, 17 (1953).
— — (2) Zur chemischen Analyse von Lipopolysacchariden gramnegativer Bakterien: Neue Desoxyzucker sowie ein Beitrag zur chemischen Differenzierung einiger O-Glatt- und o-Rauh-Keime. Kongreßmitteilung VI. Internat. Mikrobiologen-Kongreß, Rom, 1953.
— — (3) Chemische Erforschung von Lipopolysacchariden gramnegativer Bakterien. Angew. Chem. **66**, 407 (1954).
— —, u. F. BISTER: Über die Extraktion von Bakterien mit Phenol/Wasser. Z. Naturforsch. 7b, 148 (1952).
— —. E. EICHENBERGER u. W. KEIDERLING: Über bakterielle Reizstoffe I. Reindarstellung eines Polysaccharid-Pyrogens aus B. coli. Z. Naturforsch. 7b, 536 (1952).
— —, W. KEIDERLING u. E. EICHENBERGER: Unveröffentlicht.
— —, J. FROMME u. N. JOSEPH: Neue Desoxyzucker als Bausteine von Polysaccharid-Symplexen gramnegativer Bakterien — Tyvelose und Abequose. Angew. Chem. **22**, 555 (1953).
— —, u. W. KEIDERLING: Über die Wirkungsweise bakterieller Reizstoffe. Zbl. Bakter. I Orig. **158**, 152 (1952).
— —, B. KICKHÖFEN, E. EICHENBERG ERu. W. KEIDERLING: Rev. canad. de Biol. **12**, 289 (1953).
WHEELER, K. M.: Antigenic relationship of Shigella paradysenteriae. J. of Immun. **48**, 87 (1944).
—, u. F. L. MICKLE: Antigens of Shigella sonnei. J. of Immun. **51**, 257 (1945).
WHITE, P. B.: (1) An investigation of the Salmonella group, with special reference to food poisoning. Med. Res. Council Spec. Rep. Ser. **91** (1925).
— (2) Further studies of the salmonella group. Med. Res. Council. Spec. Rep. Ser. **103** (1926).
— (3) On the relation of the alcohol-soluble constituents of bacteria to their spontanceuous agglutination. J. of Path. **30**, 113 (1927).
— (4) Further notes on spontaneous agglutination of bacteria. J. of Path. **31**, 423 (1928).
— (5) Notes on intestinal bacilli with special reference ro smooth and rough races. J. of Path. **32**, 85 (1929).
— (6) Observations on salmonella agglutination and related phenomena. Fication of somatic agglutinins by receptors in solution. J. of Path. **34**, 325 (1931).
— (7) Observations on Salmonella agglutination and related phenomena. Concerning an alcohol-soluble antigen (substance Q). J. of Path. **35**, 77 (1932).

White, P. B.: (8) Observations on Salmonella agglutination and related phenomena. IV. The P-variant and an antigen soluble in acidified 75% alcohol. J. of Path. **36**, 65 (1933).
— (9) The rugose variant of vibrios. J. of Path. **46**, 1 (1938).
— (10) A heat-labile somatic protein antigen of vibrios. J. of Path. **50**, 165 (1940).
— (11) The Salmonella group. A system of bacteriology in relation to medicine. Med. Res. Counc. London 1929.
— (12) The serological grouping of rough vibrios. J. of Hyg. **35**, 347 (1935).
— (13) Q proteins and non specific O-Antigens of cholera vibrio. J. of Hyg. **35**, 498 (1935).
— (14) Observations on the polysaccharide complex and variants of Vibrio cholerae. Brit. J. Exper. Path. **17**, 229 (1936).
Wiener, M., C. A. Zittle and S. Mudd: The antigenic structure of hemolytic streptococci of Lancefield group A. XII. Antigenicity of the type-specific M-protein. J. of Immun. **45**, 29 (1942).
Wilson, G. S.: (1) Discontinuous variation in the virulence of Bact. aertrycke Mutton. J. of Hyg. **28**, 295 (1928).
— (2) The relationship between morphology, colonial appearance, agglutinability, and virulence to mice of certain variants of Bacterium aertrycke. J. of Hyg. **30**, 40 (1930).
—, and A. A. Miles: Topley and Wilson's Principles of Bacteriology and Immunity, 3. Aufl., S. 277. Baltimore: Williams & Wilkins Company 1946.
Windle, W. F., and W. W. Chambens: (1) Regeneration in the spinal card of the cat and dog. Arch. of Neur. **65**, 261 (1951).
— (2) Trans. N. Y. Acad. Sci. **14**, 159 (1952).
Winkle, St.: Beitr. Hyg. **1948**, H. 4. Zit. nach H. Schmidt.
Wissemann, C. L., J. E. Smadel, F. E. Hahn and H. E. Hopps: Mode of action of Chloramphenicol. J. Bacter. **67**, 662, 674 (1954).
Wolters, K. L., E. Fischoeder u. H. Weidemüller: Typhus-Paratyphus-Adsorbat-Vaccine, ihre Herstellung und Prüfung auf antigene Eigenschaften. Z. Hyg. **130**, 693 (1950).
Wright, A. E.: (1) Antityphoid inoculations. Lancet **1900 I**, 150, 245.
— (2) Lancet **1900**, 1556.
Wunderly, Ch.: Neue Ergebnisse mit Papier-Elektrophorese. Dtsch. med. Wschr. **1953**. Verhandlungsberichte. Berl. Med. Ges.
Wussglass, A., V. Lopasic u. L. Celguska: Die Gewinnung einiger Antigene mittels Ultraschall. Schweiz. Z. allg. Path. u. Bakter. **15**, 322 (1952).
Yaniv, H., and Y. Avi-Dor: Relation between changes in the stability of Pasteurella Tularensis suspensions and in its bacterial population. II. Mutual influence between Salt-Agglutinable and Salt-Nonagglutinable Types. J. Bacter. **1**, 6 (1953).
Youmans, G. P.: Production of small-colony variants of Staphylococcus aureus. Proc. Soc. Exper. Biol. a. Med. **36**, 94 (1937).
—, and E. Delves: The effect of iorganic salts on the production of small colony variants by Staphylococcus. J. Bacter. **44**, 127 (1942).
— E. H. Wiliston and M. Simon: Production of small coloni variants of Staphylococcus aureus by the action of penicillin. Proc. Soc. Exper. Biol. a. Med. **58**, 56 (1945).
Zamenhof, S.: (1) Studies on bacterial mutability: The time of appearance of the mutant in Escherichia coli. J. Bacter. **51**, 351 (1946).
— (2) Unstable strains of the colon bacillus. Two new mutants of B. coli-mutabile. J. Hered. **37**, 273 (1946).
Zelle, M. R.: (1) On the mechanisme of variagation in bacterial colonies. Genetics **26**, 174 (1941).
— (2) Genetic constitutions of host and pathogen in mouse typhoid. J. Inf. Dis. **71**, 131 (1941).
—, and J. Lederberg: Single-cell isolations of diploid heterozygous Escherichia coli. J. Bacter. **61**, 351 (1951).
Zinder, N. D., and J. Lederberg: Genetic exchange in Salmonella. Bact. Proc. **43** (1952).

Nachtrag zum Literaturverzeichnis s. S. 690.

Nachtrag

zur Literatur des Beitrages „KRÖGER, Die Variationen S/R und O/o, insbesondere bei gram-negativen Darmbakterien", S. 475—622.

ALBERTY, R. A., and M. HEIDELBERGER: Fractionation and physical-chemical studies of a commercial preparation of the specific polysaccharide of type I Pneumococcus. J. Amer. Chem. Soc. **70**, 1, 211 (1948).

AUSTRIAN, R., C. M. MCLEOD: (2) Aequisition of M protein by pneumococcus through transformation reactions. J. of Exper. Med. **89**, 451 (1949).

BARNES, F. W., M. M. DEWEY, S. S. HEMY and M. H. LUPFER: Chemical detoxification of dysentery antigen. J. Bacter. **51**, 621 (1946).

BOIVIN, A.: (18) Pouvoir vaccinant et structure antigenique des Salmonella. Rev. d'Immunol. **7**, 16 (1942).

—, and A. DELAUNAY: (4) Les antigènes glucido lipidiques facteurs favorisant les infections bactériennes. Antigènes glucido-lipidiques et aggressines. Rev. d'Immunol. **7**, 193 (1942).

CANDELI, A., and M. PITZURRA: Ricerche sulle prime fasi di sviluppo delle colonie „S" ed „R" di E. coli. Estratto da „Bollettino I.S.M." **32**, 312 (1953).

CASTELLI, G. D.: (1) Contributi allo studio dell,agglutinazione specifica, l'agglutinazione acida combinata. Boll. Ist. sieroter. milan. **12**, 171 (1933).

— (2) L'agglutinazione du tripaflavina. Boll. Ist. sieroter. milan. **13**, 181 (1934).

DISCHE, Z.: Spectrophotometric method for the determination of free pentose and pentose in nucleotides. J. of Biol. Chem. **181**, 379 (1949).

—, and E. BORENFREUND: A new spectrophotometric method for the detection and determination of Keto Sugars and Trioses. J. of Biol. Chem. **192**, 583 (1952).

EAGLE, H., R. FLEISCHMANN and A. D. MUSSELMANN: Effect of schedule of administration on the therapeutic efficacy of penicillin; importance of the aggregate time, penicillin remains at effectively bactericidal levels. Amer. J. Med. **9**, 280 (1951).

EDWARDS, P. R., L. B. MORAN and D. W. BRUNER: Intertransformability of Salmonella simsbury and Salmonella Senftenberg. Proc. Soc. Exper. Biol. a. Med. **66**, 230 (1947).

FELIX, A., and L. OLITZKI: The qualitative receptor analysis. II. Bactericidal serum action and qualitative receptor analysis. J. of Immun. **31** (1926).

FORMAL, S. B., L. S. BARON and W. SPILMAN: Studies on the virulence of a naturally occurring mutant of Salmonella typhosa. J. Bacter. **1**, 117 (1954).

HEIDELBERGER, M., and M. DI LAPI: Measurment and preservation of antibodies in human sera. J. of Immun. **61**, 153 (1949).

—, C. M. MCLEOD, J. KAISER and B. ROBINSON: Antibody formation in volunteers following injection of pneumococci or their type-specific polysaccharides. J. of Exper. Med. **83**, 303 (1946).

— —, and M. M. DI LAPI: The human antibody response to simultaneous injection of six specific polysaccharides of pneumococcus. J. of Exper. Med. **88**, 369 (1948).

— —, H. MARKOWITZ and M. M. DI LAPI: Absence of a protein group in a type specific polysaccharide of pneumococcus. J. of Exper. Med. **94**, 359 (1951).

— — —, and A. S. ROE: Improved methods for the preparation of the specific polysaccharids of pneumococcus. J. of Exper. Med. **91**, 341 (1950).

HOMMA, J. Y.: Schwartzmann phenomenon in mouse. Jap. J. Exper. Med. **22**, 17 (1952).

KAUFFMANN, F.: (3) On serology of Klebsiella group. Acta path. scand. (København.) **26**, 381 (1949).

LANCEFIELD, R. C., and V. P. DOLE: The properties of T antigens extracted from group A hemolytic streptococci. J. of Exper. Med. **84**, 449 (1946).

MILES, A. A.: The antigenic surface of smooth Brucella Abortus and Melitensis. Brit. J. Exper. Path. **20**, 63 (1939).

MORGENROTH, J.: Die Bedeutung der Variabilität der Mikroorganismen für die Therapie. Kongr. Mikrobiol., Göttingen 1924. Zbl. Bakter. **93**, 94 (1924).

—, u. R. SCHNITZER: Zur chemotherapeutischen Biologie der Mikroorganismen. I. Chemotherapeutische Antisepsis und Zustandsänderungen der Streptokokken. Z. Hyg. **97**, 77 (1922).

NORRIS, R. F., M. DE SIPIN, F. W. ZILLIKEN, TH. S. HARVEY and P. GYÖRGY: Occurence of mucoid variants of lactobacillus bifidus. Demonstration of extracellular and intracellular polysaccharide. J. Bacter. **67**, 2 (1954).

OLITZKI, L.: Agglutinine, komplementbindende und bakterizide Ambozeptoren und davon gegenseitige Beziehungen in der Paratyphus B-Gruppe. Z. Immun.forsch. **1926**, 352.

PARTRIDGE, S. M.: (1) Filter-paper partition chromatography of sugars. 1. General description and application to the qualitative analysis of sugars in apple juice, egg white and foetal blood of sheep. Biochemic. J. **42**, 238 (1948).

TODD, E. W.: Further observations on the virulence of hemolytic streptococci, with special reference to the morphology of the colonies. Brit. J. Exper. Path. **9**, 1 (1928).

—, and R. C. LANCEFIELD: Variants of hemolytic streptococci; their relation to type-specific substance, virulence and toxin. J. of Exper. Med. **48**, 751 (1928).

TOPLEY, W. W.: Anti-Vi phage in typhoid 319; immunization with bact. typhosum. Lancet **1937 I**, 252, 274.

VINCENT, H.: (6) La fièvre typhoide, malaché d'intoxication. Etude des deux toxins (neurotoxine et enterotoxine) sécrèteés par son bacille pathogène. Bull. Acad. Méd. Paris **129**, 145 (1945).

WELCKER, A.: Variationsstudien von Bakterien der Paratyphusgruppe im Tierversuch. Z. Hyg. **116**, 273 (1934).

WEST, M. J., P. R. EDWARDS and D. W. BRUNER: A group of dipharie paracolon bacteria. J. Inf. Dis. **81**, 24 (1947).

WOLFROM, M. L., R. D. SCHUETZ and L. F. CAVALIERY: Chemical interactions of Amino Compounds and Sugars. IV. Significance of Furan Derivatives in Color Formation. J. Amer. Chem. Soc. **71**, 3518 (1949).

ZAHL, P. A., S. H. HUTNER and T. S. COOPER: (1) Action of bacterial toxins on tumors immunological protection against tumor hemorrhages. Proc. Soc. Exper. Biol. a. Med. **54**, 48 (1943).

— — — (2) Age as factor in susceptibility of mice to endotoxin of bacillary dysentery. Proc. Soc. Exper. Biol. a. Med. **54**, 137 (1943).